D1616119

El enemigo conoce
el sistema

El enemigo conoce el sistema

Manipulación de ideas, personas e influencias
después de la economía de la atención

MARTA PEIRANO

Primera edición: junio de 2019
Primera reimpresión: junio de 2019

© 2019, Marta Peirano
© 2019, Penguin Random House Grupo Editorial, S. A. U.
Travessera de Gràcia, 47-49. 08021 Barcelona

Printed in Spain – Impreso en España

ISBN: 978-84-17636-39-5
Depósito legal: B-10.615-2019

Compuesto en Pleca Digital, S. L. U.

Impreso en Romanyà Valls, S. A.
Capellades (Barcelona)

C 636395

Penguin
Random House
Grupo Editorial

A mi padre, Jorge Peirano

Índice

Las herramientas del poder nunca servirán para desmantelar el poder.

AUDRE LORDE

1

Adicción

Aquellos que sufren ansias de poder encuentran en la mecanización del hombre una manera sencilla de conseguir sus ambiciones.

NORBERT WIENER, *The Human Use of Human Beings: Cybernetics and Society*, 1950

El precio de cualquier cosa es la cantidad de vida que ofreces a cambio.

HENRY DAVID THOREAU

Hay cuatro empresas en el mundo que producen los olores y sabores de todas las cosas que compramos: Givaudan, Firmenich, International Flavors & Fragrances (IFF) y Symrise. Se reparten una industria de más de veinticinco mil millones de dólares al año y su cartera de clientes incluye fabricantes de refrescos y sopas, suavizantes, tabaco, helados, desodorantes, tapicería de coches, cosméticos, medicamentos, pintura, artículos de oficina, desinfectantes, dildos, chucherías y juguetes. Su contribución al producto final suele oscilar entre un 1 y un 5 por ciento, pero es la parte que lo cambia todo. Los saborizantes y aromatizantes que aparecen mencionados genéricamente en las etiquetas de los recipientes son los responsables de transformar el producto en otro completamente distinto, cambiando el sabor, el olor y hasta su textura sin alterar uno solo de los ingredientes ni el proceso de elaboración. La más veterana y prestigiosa es Givaudan, su sede está en Suiza.

Como casi todas las industrias que dominan el mundo en el que vivimos, la imagen de la empresa es muy diferente al producto que ofrece. La industria del aroma viene envuelta en el aura de la perfumería antigua con la que empezó, hace poco más de un siglo. Todos los anuncios y la mayoría de los documentales sobre ella muestran recolectores de rosas en Grasse, de bergamota en Calabria y otras fuentes certificadas y sostenibles de las que obtienen vainilla, vetiver o ylang-ylang, antes de procesarlas de manera artesana y delicada en tornos de madera y bidones llenos de aceite. Sus «narices» son entrevistados de manera rutinaria en fascinantes artículos y documentales donde explican cómo analizar las moléculas odoríferas de una violeta salvaje con un espectrómetro de masas o que la sustancia más codiciada de la alta perfumería es el vómito de cachalote al que llaman «ambergris». Pero su negocio está en otro sitio. «Todo el mundo come, bebe, se ducha y limpia su casa. Esto es el 80 por ciento de nuestro negocio —explicaba en 2012 el jefe de inversiones de Givaudan, Peter Wullschleger, en una revista—. La única parte cíclica del negocio es la perfumería de lujo. Por eso las crisis no nos afectan demasiado.» La firma más grande de este mercado es International Flavors & Fragrances y está en Nueva York.

Sus fórmulas millonarias son capaces de invocar el aroma de un melocotón perfecto en una gominola hecha de nudillos de cerdo hervidos, o sacar la magdalena de Proust de un bizcocho hecho con azúcar refinado, aceite de palma y harina blanqueada en un polvoriento polígono industrial. Su objetivo no es el estómago sino el cerebro, para el que producen recreaciones volátiles de los sabores que más nos intoxican, que son los que huelen a nuestra infancia y, por lo tanto, al amor. Son distintos para cada cultura: el caldo de pollo en Asia, los canelones en Italia, el bife con chimichurri en Argentina o el guiso de carne, verdura y legumbres que preparaban las abuelas europeas sobre una cocina económica, mezclando sus deliciosos olores con el de la leña, y los recuerdos del lugar caliente y bullicioso donde se juntan las familias a comer, beber y compartir su vida. Y los plantan en los lugares más inesperados, con la ayuda de equipos que incluyen nóbeles de química, prestigiosos investigadores de sociología y jefes del Departamento de Neurobiología de instituciones como la Max Plank.

Si te sientes más seguro volando con British Airways, podría ser porque en sus aviones se dispersa un aroma diseñado para «estimular la recolección de buenos recuerdos durante el vuelo» y quitar la ansiedad del viaje. Es el mismo aroma que Singapore Airlines pone en sus toallitas calientes. Se llama Stefan Floridian Waters y cumple la misma función. Las cápsulas de Nespresso integran un aroma que se volatiliza durante el preparado para que sientas que estás «haciendo» café. Es el olor de las cafeterías que tuestan su propio grano. El olor de coche nuevo está pensado para que notes que conduces un coche más caro, hecho en otra época, con otros materiales. Lo encargó Rolls-Royce Motor Cars cuando cambió elementos de su famosa tapicería de cuero y madera por otros de plástico y las ventas bajaron de golpe; el coche no olía igual. Irónicamente, hoy los coches que más huelen a lujo son los más baratos, y el café que más huele a café de barista es lo menos parecido a un café. Cada año, la Unión Europea prohíbe el uso de ciertas moléculas olfativas basándose en su potencial alergénico, pero no hay leyes que prohíban a una empresa lanzar al mercado un producto que recree imágenes de cosas que no tiene. Como la autenticidad.

Gran parte de los deliciosos aromas a café, pan recién hecho y bizcocho de chocolate que desprenden las cafeterías salen de un difusor. Lo usan porque aumenta las ventas un 300 por ciento. Un estudio de la Universidad de Washington descubrió que el olor cítrico aumenta las ventas un 20 por ciento. Nike se dio cuenta que perfumando sus tiendas con un aroma sintético diseñado *ad hoc* disparaba las suyas un 84 por ciento. Los difusores de Muji no solo venden difusores, aumentan las ventas de todo lo demás. Puedes oler una tienda de Lush a varias calles de distancia, un oasis de limpieza en mitad de la polución urbana. Hasta las galerías de arte (y sus galeristas) huelen a algo muy específico: Comme des Garçons 2.

Los ingenieros del aroma son magos que operan sobre la mente con material invisible y el efecto puede ser devastador. No trabajan solos. Sus creaciones nos llegan reforzadas por un envoltorio, un *branding*, una campaña de marketing y un contexto diseñados por otros laboratorios llenos de magos expertos en otra clase de química. Los que saben que se vende más merluza si la llamas «lenguado chileno»; que el chocolate es más dulce y cremoso si tiene los bordes redondos o que el mismo filete de carne parece más salado, grasiento, correoso y mal hecho si la etiqueta dice «granja intensiva» en lugar de «orgáni-co» o «criado en libertad».[1] Y que la música alta, rápida y en clave mayor («Girls Just Wanna Have Fun» de Cindy Lauper) te hace comer y comprar más deprisa, pero que la música sutil, suave y en clave me-nor («Time After Time») te hace quedarte más tiempo en la tienda y comprar más cosas.

Su trabajo es engañar a nuestro cerebro a través de los sentidos, para que crea que nos estamos comiendo algo muy diferente a lo que en realidad nos hemos metido en la boca. Consiguen hacernos comer cosas que no nos alimentan, y sobre todo mucha más cantidad de la que nos conviene. No es un trabajo tan difícil: la oferta resulta irresis-tible. No lo podemos evitar. A lo largo de miles de años, el ser huma-no ha desarrollado herramientas para gestionar la escasez, no la abun-dancia. Lo natural, cuando hay exceso de comida, es comérsela, porque antes de que se inventaran las neveras no era comestible du-rante mucho tiempo y uno nunca sabía cuándo habría más. Nuestro mediador principal entre la comida y nosotros es precisamente el olfato, que tiene línea directa con la central. Cuando saboreamos un plato, se liberan moléculas volátiles que ascienden hasta el epitelio olfativo, una capa de células sensoriales ubicada en la base de la nariz, entre los ojos. Es la parte que duele cuando comes mucho wasabi. El resto de los sentidos son procesados por el tálamo, pero el del olfato le habla de manera profunda a nuestro cerebro. Conecta con el siste-ma límbico, una estructura que evolucionó a partir del tejido que procesaba información olfativa. Nuestra capacidad para percibir compuestos químicos volátiles fue la primera manifestación sensorial que apareció cuando éramos organismos unicelulares. La necesitamos para comprender nuestro entorno, reproducirnos y encontrar ali-mento. Lleva mucho tiempo diciéndonos lo que se puede comer y lo que no.

Hasta hace poco, el código estaba claro. El dulce suele indicar la presencia de hidratos de carbono, que son nuestra principal fuente de energía, y que el objeto de deseo está listo para ser engullido. A los niños les gusta lo dulce porque las plantas comestibles son dulces, mientras que rechazan lo ácido y lo amargo porque las frutas ácidas no están maduras y las carnes ácidas indican la presencia de bacterias, levaduras y moho (dicho de otra forma: están podridas). Las plantas y bayas amargas suelen ser venenosas. El olor sulfúrico de un huevo podrido nos resulta tan alarmante que se le añade al gas butano para que notemos si hay una fuga. Toda esta experiencia evolutiva ha hecho que nuestro cerebro premie el consumo de azúcar estimulando la vía mesolímbica de la dopamina, la misma ruta neuronal que se activa con el sexo y las drogas. La liberación de dopamina nos hace sentir tan bien que, cuando aparece, el córtex prefrontal le dice al cerebro: vamos a acordarnos de esto que hemos comido para comer más en cuanto podamos.

Pero ahora podemos hacerlo todo el tiempo y no sabemos parar. Cuando el cerebro libera demasiada dopamina, acaba suprimiendo su producción normal. La abstinencia nos produce ansiedad y nerviosismo, que intentamos mitigar consumiendo más cosas que nos hagan liberar dopamina. De hecho, cualquier persona en el primer mundo está rodeada de un sinfín de alimentos con azúcar, solo que no los identificamos: la mayor parte del azúcar que comemos está escondido en productos aparentemente salados como sopas, salsas, patés, hamburguesas, patatas fritas, vinagretas o pan. A partir de los sesenta, las grandes cuentas del negocio de la industria de los aromas habían dejado de ser Guerlain, Chanel o L'Oréal para convertirse en los gigantes de alimentos procesados: Procter & Gamble, Unilever, Nestlé, Danone, Coca-Cola y Mars. Si la base del negocio original habían sido las esencias de rosa, jazmín, bergamota y sándalo, después de la guerra pasaron a ser el azúcar, la grasa y la sal.

CUANDO HACES POP, YA NO HAY STOP

Hay muchos motivos para encontrar sal y azúcar en muchos productos alimenticios. Funcionan como conservantes y gasificantes naturales, reducen el punto de congelación. Pero su popularidad obedece a otra cosa: la mezcla de grasa, sal y azúcar potencia el sabor dulce. La industria los combina para encontrar el «bliss point» o cumbre de la felicidad. El concepto lo inventó Howard Moskowitz, un nombre que se convirtió en leyenda poniendo trozos a la salsa de tomate y sirope de cereza y vainilla al Dr. Pepper original. Moskovitz es psico-físico, la rama de la psicología que estudia la relación entre la magnitud de un estímulo físico y la intensidad con la que es percibido por el sujeto estimulado. Su trabajo era medir las sensaciones, encontrar fórmulas para alejar el gusto de la subjetividad. La cumbre de la felicidad es como el punto G de la industria alimentaria, una combinación exacta de azúcar, sal y grasa que activa la producción de dopamina en nuestro cerebro sin llegar a saturarnos. Es decir, que nos hace seguir comiendo de manera compulsiva porque no nos acaba de satisfacer del todo. En palabras de una de sus más descaradas encarnaciones: cuando haces pop, ya no hay stop.

La cumbre de la felicidad fue un salto de pantalla. Los productos «optimizados» para alcanzar ese punto hacen que el consumidor se sienta embriagado de dopamina pero nunca satisfecho, provocando que siga comiendo de forma frenética hasta que no queda nada. Irónicamente, la ausencia de valor nutritivo en esta clase de productos refuerza el proceso, dejándonos más hambrientos que antes de empezar a comer. Pero el producto es barato y siempre hay de oferta una nueva ración de patatas fritas, de hamburguesas, de cereales, de crackers con pipas de girasol o de nuggets de pollo, así que seguimos comiendo y comiendo y comiendo. Mientras nos increpamos en alto para no comer más. Es el círculo vicioso de la comida basura: no podemos dejar de comerla porque está diseñada para que nos pase exactamente eso. Pero pensamos que es una debilidad moral nuestra, una vergonzosa y humillante falta de voluntad.

Durante años hemos dicho que la comida basura es un problema de recursos y de educación. En una gran parte de Norteamérica, las cadenas de comida rápida son más accesibles que los supermercados, que es donde están los alimentos frescos, y mucho más baratas. Millones de familias alimentan a sus hijos con productos procesados de penosa calidad, que también han encontrado un lugar en comedores escolares e institutos. Así fue como los pobres del primer mundo pasaron de estar muy delgados a estar muy gordos. Un tercio de la población de Estados Unidos sufre al mismo tiempo obesidad y desnutrición.

Pero en otros países del primer mundo donde hay acceso generalizado a productos frescos y a la educación pública, vivimos una versión más moderada del problema. Comemos más de lo que nos conviene, sobre todo cosas que no nos sientan bien. Nuestra relación con la comida es totalmente esquizofrénica; soñamos con tener el cuerpo de Michael Fassbender o Scarlett Johansson, mientras nos acabamos la bolsa de patatas fritas y la tarrina de helado jurando que será la última vez. Echamos stevia al café en el que mojamos las rosquillas, pedimos pizza para cenar pero la cubrimos de queso light. Comemos, engordamos y nos despreciamos porque si nuestro problema no es de educación o recursos, entonces debe ser de falta de voluntad. Por suerte, la segunda regla del capitalismo moderno es tener siempre a mano la solución perfecta para el problema que te acaban de crear. Las mismas empresas que fabrican la comida basura nos ofrecen productos light bajos en grasas, azúcares, gluten o colesterol. Que, por supuesto, también han sido «optimizados» por empresas como Givaudan para que parezcan comestibles, a pesar de haber sido despojados de todo aquello que los hacía deseables, tanto para el estómago como para el paladar.

Las pocas ocasiones en que la propia industria ha hecho un esfuerzo legítimo por reconducir sus productos hacia algo más saludable ha descubierto lo obvio: es más fácil crear una adicción que deshacerla. En 2004, General Mills redujo el azúcar en todos los cereales publicitados para niños a once gramos por porción. Tres años después lo volvió a subir por una caída de las ventas. En 2007, la Campbell Soup Company empezó a rebajar la sal de sus famosas latas de sopa. En 2011, habían perdido tanto valor de mercado que su presidente ejecutivo Denise Morrison anunció que volverían a subir el sodio de 400 mg a 650. En 2012, la cuota de mercado de Sprite cayó en picado cuando Coca-Cola redujo el contenido de azúcar a un tercio. «Los consumidores están preocupados por su consumo de sal y de azúcar —publicó la empresa de estudios de mercado Mintel en un informe de 2012—, pero no están dispuestos a renunciar al sabor.»

Estamos todos entregados a la noria del consumo irresponsable de productos inadecuados que nos engordan y nos enferman sin alimentarnos, cabalgando a lomos de nuestra culpa y nuestra vergüenza, impidiendo que podamos estar del todo satisfechos comiendo lo necesario o al menos tener el cuerpo de un ángel de Victoria's Secret.

Pero preferimos pensar que somos unos tragaldabas sin un gramo de disciplina a creer que una de las industrias más poderosas y tóxicas del planeta mantiene equipos de genios extraordinariamente motivados con salarios exorbitantes y laboratorios con lo último en tecnología cuyo único propósito es manipularnos sin que nos demos cuenta.

Es exactamente lo que nos pasa con el móvil, con las redes sociales y con las plataformas más exitosas y adictivas de la red. Son las ruedas que hacen funcionar la gigantesca y destructiva economía de la atención.

Por qué no puedes dejar de tocar tu móvil

> Las tecnologías más significativas son aquellas que desaparecen. Las que se entrelazan en el tejido de la vida cotidiana hasta que son indistinguibles de la vida misma.
>
> Mark Weiser, *The Computer for the 21st Century*

> Todos hemos nacido con el más avanzado dispositivo puntero —nuestros dedos— y el iPhone los utiliza para crear la interfaz de usuario más revolucionaria desde el ratón.
>
> Steve Jobs presenta el iPhone en la MacWorld de San Francisco, el 9 de enero de 2007

La venta de *smartphones* se estancó por primera vez en 2017, en el décimo aniversario del iPhone. Aparentemente, todo el que podía disponer de un *smartphone* ya tenía uno. Pero todo el que tenía uno no podía dejar de usarlo. Según un estudio de Counterpoint Research, los usuarios se pasan una media de tres horas y media al día mirando esa pequeña pantalla. El 50 por ciento pasa cinco horas, y uno de cada cuatro usuarios ¡pasa un total de siete horas mirando su móvil! A estos últimos, la industria los llama superusuarios. Sospecho que sus familias, parejas, amigos y mascotas probablemente tienen otro nombre para eso.

El 89 por ciento del tiempo que dedicamos a mirar el móvil estamos usando aplicaciones. El 11 por ciento restante, miramos páginas web. El usuario medio invierte dos horas y quince minutos al día solamente en redes sociales. En el momento de escribir estas páginas, Facebook tiene dos mil doscientos veinte millones de usuarios, Instagram mil millones, Facebook Messenger y WhatsApp se reparten el 50 por ciento del mercado de la mensajería instantánea. Todos esos sistemas pertenecen a la misma empresa, cuyo negocio es investigar, evaluar, clasificar y empaquetar a los usuarios en categorías cada vez más específicas para vendérselas a sus verdaderos clientes, que incluyen dictadores, empresas de marketing político y agencias de desinformación. En los últimos años, muchos medios han acusado a su presidente ejecutivo y fundador, Mark Zuckerberg, de tener afiliaciones políticas, pero no se ponen de acuerdo en cuáles son. Unos dicen que castiga a los medios de derechas, otros de haber ayudado a Donald Trump. Unos dicen que trabaja con el Gobierno estadounidense, otros que ha ayudado al ruso a intervenir en las elecciones y otros —a veces los mismos— que se reúne a menudo con el Gobierno chino, cuyo régimen controla las comunicaciones, censura el acceso a plataformas y está constituyendo un sistema de crédito social basado en la vigilancia permanente de sus ciudadanos. Unos dicen que censura contenidos políticos y otros que su falta de censura ha propiciado ataques de violencia religiosa en Myanmar. Si parece que cada una de esas informaciones contradice el resto, es un error de perspectiva. Y está muy extendido.

En un ensayo reciente publicado en la revista *Wired*,[2] Steven Johnson describe Silicon Valley como un nuevo híbrido entre la izquierda y la derecha. «En lo que se refiere a distribución de riqueza y seguridad social, son progresistas del Mar del Norte. Cuando les preguntas sobre sindicatos o regulación, suenan como los hermanos Koch. Visto todo junto, estos puntos no parecen compatibles con la agenda de ningún partido.»[3] Durante mucho tiempo se ha repetido el mantra de que Silicon Valley es libertario, que en Europa significa anarquista pero en el Valle quiere decir explotación monopolista sin intervención del Gobierno ni obstáculos en la regulación. Sin embargo, pocas industrias están más vinculadas a las instituciones gubernamentales que la industria tecnológica. Cuando Zuckerberg «testificó» ante el Congreso y el Senado de Estados Unidos, un número alarmante de representantes democráticos eran accionistas de Facebook. Su principal gasto no tiene que ver con la innovación, sino con la compra de los gobernantes para que les deje explotar el planeta, explotar a los trabajadores y explotar a los usuarios para ganar dinero. Su espíritu no es el de Henry David Thoreau, John Stuart Mill o Emma Goldman. Es el de Ayn Rand, la musa del individualismo capitalista.

Zuckerberg declaró en el Congreso que el Valle es «un lugar extremadamente de izquierdas» y, en su ensayo, Johnson admite que «es complicado». La verdad es que Facebook no tiene afiliación política, tiene objetivos. Y no importa que la que tengan su presidente ejecutivo, sus ingenieros, sus trabajadores o su consejo de dirección. El objetivo de Facebook es convertir a cada persona viva en una celda de su base de datos, para poder llenarla de información. Su política es acumular la mayor cantidad posible de esa información para vendérsela al mejor postor. Somos el producto. Pero la política de sus dos mil doscientos millones de usuarios ha sido aceptarlo. No la banalidad del mal sino la banalidad de la comodidad del mal.

La Agencia Española de Protección de Datos ha multado a Facebook no una sino dos veces en 2018 por compartir bases de datos entre las distintas plataformas. La empresa argumenta, típicamente, que lo hace solo para facilitar la vida de los usuarios, que se pueden saltar varios pasos a la hora de hacerse una cuenta y encontrar a sus amigos de inmediato gracias a funciones como «personas que quizá conozcas». Lo cierto es que todos y cada uno de esos servicios tiene una función y un objetivo muy concretos y ninguno es mejorar nuestra vida. El objetivo es obtener la mayor cantidad posible de información sobre el usuario, sus amigos y todo aquello que le interesa, asusta, preocupa, deleita o importa. Lo único que facilitan las herramientas es el uso de las herramientas. Y cada pequeño aspecto de su funcionamiento ha sido diseñado por expertos en comportamiento para generar adicción.

Facebook no es un caso aislado, es solo una de las cinco empresas que dominan la industria de la atención. Google controla las tres interfaces más utilizadas del mundo: el servidor de correo Gmail, el sistema operativo para móviles Android y el navegador Chrome. Por no hablar de su sistema de geolocalización con mapas, de su plataforma de vídeos YouTube y sobre todo de su buscador. Google Search es el intermediario entre la Red y el resto del mundo, y cada vez más el intermediario entre la población conectada (ahora mismo más de cuatro mil millones) y todo lo demás. No es un servicio, es infraestructura. La vida sin Facebook o Apple sería un poco más aburrida. La vida sin Google es difícil de imaginar. Es una dependencia peligrosa, y no del todo voluntaria.

La tecnología que mantiene internet funcionando no es neutral, y la que encontramos o instalamos en nuestros teléfonos móviles tampoco. En la última década, todas han evolucionado de una manera premeditada, con un objetivo muy específico: mantenerte pegado a la pantalla durante el mayor tiempo posible, sin que alcances nunca el punto de saturación. Son capaces de hacer cualquier cosa para que sigas leyendo titulares, pinchando enlaces, añadiendo favoritos, comentando post, retuiteando artículos, buscando el GIF perfecto para contestar a un *hater*, buscando el restaurante ideal para una primera cita o escribiendo el hashtag que define exactamente la puesta de sol en la playa con tres daikiris de fresa y cucharas verdes en forma de palmera que estás a punto de compartir. Su objetivo no es tenerte actualizado, ni conectado con tus seres queridos, ni gestionar tu equipo de trabajo ni descubrir a tu alma gemela ni enseñarte a hacer yoga ni «organizar la información del mundo y hacerla accesible y útil». No es hacer que tu vida sea más eficiente ni que el mundo sea un lugar mejor. Lo que quiere la tecnología que hay dentro de tu móvil es *engagement*. El *engagement* es la cumbre de la felicidad de la industria de la atención.

En español no hay una palabra exacta para *engagement*. La traducción literal es «compromiso para el matrimonio», como si abrir una cuenta de usuario implicara una relación íntima entre el usuario y el servidor. Y no es una descripción descabellada, aunque en este caso parecería un matrimonio a la antigua, porque entre las dos partes se interpone un contrato prenupcial que el usuario debe aceptar como una novia agradecida, sin modificaciones ni anexos, llamado Términos de Usuario. El gesto parece banal: pinchar una casilla. Tan banal

que millones de personas dan el «sí quiero» sin molestarse en leerlo.
Por otra parte, leerlo requiere una paciencia de santo y una licencia-
tura en derecho. En 2015, los Términos de Usuario de la tienda de
iTunes tenían veinte mil palabras. Los de Facebook quince mil, divi-
didos en múltiples segmentos deliberadamente obtusos. Pero se trata
de un contrato legal vinculante en el que el usuario suele renunciar a
derechos para que la compañía que recopila sus datos se cure en salud.
La palabra *engagement* tiene otra connotación importante, que es la
participación. La clase de *engagement* que buscan las aplicaciones implica una cierta actividad por parte del usuario. En realidad nada, una
tontería. Un gesto sencillo y repetitivo que no cuesta nada, que se
hace casi sin pensar. De hecho, la clase de gesto que se automatiza con
el tiempo, creando una rutina. La clase de rutina que se activa sin que
nos demos cuenta y que, repetida las veces suficientes, acaba ejecu-
tándose hasta cuando nosotros no queremos. Cuando es buena la
llamamos hábito. Cuando es mala, adicción.

La caja de Skinner

En los años cuarenta, un psicólogo de Harvard llamado B. F. Skinner
metió un ratón en una caja. Dentro había una palanca que activaba
una compuerta por la que caía comida. Después de un tiempo dando
vueltas sin saber qué hacer, el animalito tropezó con la palanca y se
llevó una agradable sorpresa. Pronto se aficionó a tirar de la palanca.
En su cuaderno de notas, Skinner describió su rutina como un drama
de tres actos: ver la palanca (reclamo), tirar de ella (acción) y comerse
la comida (recompensa). Lo llamó «circuito de refuerzo continuo» y
a la caja, «caja de condicionamiento operante», pero en todo el mundo se conoce como «caja de Skinner».

   Aquí es donde la historia se pone cruel e interesante. Cuando el
ratón estaba ya acostumbrado a la buena vida, Skinner decidió cambiar su suerte. Ahora el ratón tiraba de la palanca, pero unas veces
había comida y otras veces no. Sin patrón ni concierto, sin lógica ni
razón, la palanca a veces traía comida y otras veces no traía nada. El
retorcido psicólogo bautizó el nuevo circuito como «refuerzo de in-

tervalo variable» y descubrió algo muy extraño. La falta de recompensa no desactivaba el condicionamiento. Más bien al contrario; casi se diría que no saber si habría o no premio lo reforzaba aún más.

El ratón tiraba de la palanca tanto si le daba comida como si no. Su pequeño cerebro había incorporado el tirar de la palanca como algo que le causaba placer en sí mismo y lo había desconectado de la recompensa original, de la misma manera que la campana activaba las glándulas salivales del perro de Pávlov aunque no hubiera comida. Peor aún: ver la palanca y no tirar de ella causaba ansiedad al animalito. Skinner cambió la palanca de sitio, cambió al ratón de caja, pero el resultado era el mismo: su comportamiento era automático, independientemente de las circunstancias. Cuando aparecía la palanca la ejecutaba sin pensar. La única manera de desprogramar al ratón era cambiar el premio por un castigo. Por ejemplo, una descarga eléctrica. Solo que la mente del ratón no funcionaba exactamente así. Y, por lo visto, la nuestra tampoco.

La referencia principal de Skinner era la ley de efecto de Edward Thorndike, padre de la psicología educativa. Establece que los comportamientos recompensados por una consecuencia reforzante (comida) son más susceptibles de repetirse. Y que, por la misma lógica, los comportamientos que son castigados con una consecuencia negativa (descarga) son menos susceptibles de repetirse. Solo que, en la práctica, esa ley funciona bien en un solo sentido. Una vez establecido, el condicionamiento original es muy resistente al cambio. El pobre ratón no dejaba de tirar de la palanca, por mucha descarga que recibiera. El refuerzo de intervalo variable le había generado un hábito. O peor: una adicción.

La personalidad es el total de nuestros hábitos. Nuestra manera de caminar, de cocinar, de hablar y de pensar son hábitos, el entramado de rutinas mentales que nos hace únicos. No todos juegan en nuestro favor. Las adicciones son esos hábitos que no podemos abandonar aunque nos causan un perjuicio físico, emocional, profesional o económico. Como el ratón que no deja de tirar de la palanca aunque le dé una descarga. Aquí es donde la lógica de Thorndike y Skinner no funciona. Si somos capaces de engancharnos a algo porque nos proporciona placer, ¿por qué no podemos desengancharnos cuando deja de hacerlo? Aparentemente, una vez que se graba en nuestra corteza cerebral, es difícil que se borre.

Al estudiar la actividad eléctrica en el cerebro de los animales mientras adquieren hábitos implantados, la neuróloga Ann M. Graybiel y su equipo del Instituto Tecnológico de Massachusetts descubrieron que cuando los sujetos se enfrentaban a un circuito nuevo, su actividad neuronal era la misma desde el principio hasta el final del proceso. Pero si repetían una y otra vez la misma rutina, su actividad neuronal se iba concentrando al principio y al final del circuito, dejando en blanco la parte correspondiente a la actividad. Entre el activador (palanca) y la recompensa (comida) no había nada. «Era como si las regiones del cerebro estuvieran grabando los marcadores de actividad como un bloque para esa rutina —explicaba Graybiel en la revista de la Academia Nacional de las Ciencias de Estados Unidos—. La secuencia completa era el hábito.»

El ratón solo mostraba actividad cerebral al ver la palanca y al alejarse de ella. Toda la parte en la que tiraba de la palanca y engullía la comida la hacía en piloto automático, sin actividad neuronal. Su cerebro registraba el circuito como un bloque recogido entre paréntesis, como un script que debe ejecutarse entero, hasta el final. O como un trance. Si pudiéramos preguntar al ratón, es probable que no recordara lo que había pasado entre la palanca y la comida, de la misma manera que a veces cogemos el coche para volver a casa y no sabemos cómo hemos llegado hasta allí. O cogemos el móvil para buscar el nombre de un restaurante y pasamos los siguientes veinte minutos en un bucle de correo, actualizaciones de Twitter, Messenger, Instagram, WhatsApp y de vuelta al correo, Twitter, Messenger, Instagram, WhatsApp sin que sepamos cómo hemos llegado hasta allí.

De hecho, la mayor parte del tiempo ni siquiera nos acordamos de por qué cogimos el móvil, ni tampoco de lo que hemos visto en las aplicaciones. Tenemos la capacidad de atención de un pez de colores. Mejor dicho, la teníamos, pero ya no. La capacidad del pez es de nueve segundos, mientras que en este preciso momento la del humano medio es de ocho. En el año 2000 nuestra capacidad de focalizar la atención en una sola cosa era de doce segundos, pero nos hemos entregado a un duro entrenamiento para bajar esa marca. Nuestra paciencia es tan escasa que el 40 por ciento de los usuarios abandonan una página web si tarda más de tres segundos en cargar.

Skinner no creía en el libre albedrío. Consideraba que todas las respuestas del ser humano están condicionadas por un aprendizaje previo basado en el castigo y la recompensa y que se activan de manera predecible colocando el desencadenante apropiado a su alrededor. Y le parecía una gran cosa. Creía que la manera de resolver conflictos internos, superar fobias, cambiar malos hábitos o corregir comportamientos antisociales no era bucear el subconsciente en busca de dramas freudianos sino modificar el entorno con los detonantes oportunos. De esta forma, conseguiríamos las reacciones que deseamos tener. La solución a todos los problemas era un proceso mecánico y, por lo tanto, se podía sistematizar. Con una fórmula sencilla (estímulo + respuesta = aprendizaje) se podían controlar y mejorar los peores hábitos de una sociedad y así mejorar el mundo. En 1948, Skinner publicó una idea de cómo sería eso, titulada *Walden Dos*.[4] No era un buen momento para lanzar un tratado sobre el control sistemático de la población. Ese mismo año, George Orwell publicó *1984*.

Unos dicen que ese libro marca el fin de su carrera, otros que fija el principio de una nueva rama de la ciencia, dedicada al estudio del comportamiento. En 1970 publicó *Beyond Freedom and Dignity*, donde repetía que había cosas más importantes para la sociedad que la libertad del individuo. La revista *Time* lo nombró «el libro más polémico del año». Skinner murió en 1990, justo antes de transformarse en el psicólogo más influyente del nuevo milenio. «No hablo de control a través del castigo. No hablo de control moviendo los hilos —protestó en una entrevista a *Los Angeles Times*—. Hablo de control usando la administración como factor selectivo. De cambiar el castigo por un control basado en el refuerzo positivo.» Freud le ganó en las guerras culturales, pero el mundo posinternet es suyo.

Si Skinner estuviera vivo, ahora mismo trabajaría para Facebook, Google o Amazon, y tendría tres mil millones de ratones humanos con los que experimentar. De hecho, podría trabajar para ellos sin dejar la universidad. Eso es exactamente lo que hace B. J. Fogg, director del Laboratorio de Tecnología Persuasiva de la Universidad de Stanford. Lo fundó en 1998 «para crear máquinas que puedan cambiar lo que la gente piensa y lo que hace, y hacerlo de manera automática». Aunque sus métodos son herederos directos de Skinner, su héroe es Aristóteles, el hombre que dijo «somos lo que hacemos una y otra vez».

Un Skinner moderno llamado B. J. Fogg

Psicología + economía + neurología + estadística + computación = $$$

Un año antes de fundar el laboratorio, en su último curso de doctorado, B. J. Fogg descubrió que los estudiantes pasaban más tiempo trabajando en un proyecto si lo hacían en el mismo ordenador en el que antes habían terminado un proyecto con éxito. Pero en lugar de interpretarlo como una especie de superstición (trabajo mejor en un ordenador que me ha dado suerte), decidió tratarlo como un ejemplo del principio de reciprocidad. En psicología social este principio establece que las personas se sienten obligadas a devolver los favores de manera justa, o sentirse en deuda con la persona que se los ha hecho. Se trata de una técnica de persuasión muy conocida entre los vendedores. Por ejemplo, cuando un vendedor nos rebaja tanto el precio de un objeto que acabamos comprándolo por no despreciar el descuento. Solo que Fogg había llevado la fórmula a la relación entre una persona y una máquina, un concepto que iba como la seda en la era dorada de la interactividad.

Convenció a la universidad de que las aplicaciones interactivas podían diseñarse utilizando las tácticas de ingeniería social conocidas por la psicología cognitiva, un campo que sumó a las técnicas de diseño interactivo de la ingeniería informática el epígrafe «captology», la ciencia de usar ordenadores como tecnologías de persuasión. Hablaba de ayudar a la gente a mantenerse en forma, dejar de fumar, gestionar bien sus finanzas y estudiar para los exámenes. Dos décadas más tarde, sus métodos son mundialmente famosos por haber generado miles de millones de dólares a varias docenas de empresas, pero no por haber ayudado a nadie a dejar de fumar.

Fogg estaba en el lugar preciso y en el momento indicado. La

Universidad de Stanford en Palo Alto, California, ha sido la cantera oficial de Silicon Valley desde que uno de sus graduados fundara la primera gran tecnológica de Estados Unidos: la Compañía Federal del Telégrafo en 1909. La lista incluye Hewlett-Packard, Yahoo, Cisco Systems, Sun Microsystems, eBay, Netflix, Electronic Arts, Intuit, Fairchild Semiconductor, Agilent Technologies, Silicon Graphics, LinkedIn, PayPal, E★Trade. En 2009, un grupo de alumnos fundaron StartX, una incubadora de *start-up*s que ahora recibe inversión de la propia Stanford y hasta de sus profesores. Linda con Facebook al norte, con Apple al sur, con Google al este y Sand Hill[5] al oeste. Los grandes inversores acuden a las presentaciones de final de curso. Es la milla de oro universitaria para los futuros multimillonarios puntocom.

La comunicación entre la institución y la industria es fluida. El propio Fogg divide su tiempo a partes iguales entre las clases, el laboratorio y su trabajo como asesor de las grandes empresas como Procter & Gamble o AARP. Ha ayudado a eBay a mejorar su servicio al consumidor, ha asesorado a Nike en su diseño de tecnología deportiva. Pero sobre todo imparte clases acerca de todos los aspectos del diseño del comportamiento en cursos, talleres y *summer camps* dentro y fuera de la universidad. Presume de no repetir nunca un temario. En un curso de 2007 pidió a sus alumnos que diseñaran una aplicación que consiguiera enganchar al mayor número de usuarios posible. Este es el curso que le convirtió en leyenda. Lo llaman «The Facebook Class».

Se daban todos los ingredientes. Acababa de salir el iPhone y Facebook acababa de presentar sus primeras apps. Fogg les dijo a los alumnos que construyeran aplicaciones sencillas para la plataforma de Zuckerberg y las distribuyeran lo más rápido posible. Que no se preocuparan demasiado en perfeccionarlas, que eso ya lo harían después. El lema interno de Facebook había permeado a toda la cultura del valle: «Move fast and break things» («Muévete rápido y rompe cosas»).[6] La clase tenía setenta y cinco estudiantes, que se dividieron en grupos de dos, tres y cuatro personas. En las siguientes diez semanas habían conseguido dieciséis millones de usuarios. La aplicación de Joachim De Lombaert, Alex Onsager y Ed Baker para mandar puntos de atractivo a otros usuarios de Facebook consiguió cinco millones de usuarios y ganó tres mil dólares diarios en publicidad. La vendieron por una cifra de seis dígitos, antes de montar la red social Friend.ly. Dan Greenberg y Rob Fan ganaron cien mil dólares al mes con una app que mandaba abrazos virtuales, y que después se amplió a besos, peleas de almohadas y otras sesenta y siete interacciones distintas. Dave Koslow, Jennifer Gee y Jason Prado lanzaron una herramienta de encuestas que consiguió seis mil usuarios en menos de tres días. El curso levantó tanta expectación que la presentación final de proyectos estaba llena de inversores. Muchos de los alumnos dejaron la universidad. La mayor parte trabajan ahora en grandes empresas de tecnología.

A Fogg le gusta alardear del éxito de sus alumnos como prueba de la efectividad de sus métodos. «Instagram ha modificado el comportamiento de más de ochocientos millones de personas —aseguraba su página web en enero de 2018—. El cofundador ha sido alumno mío.» Facebook compró Instagram por mil millones de dólares en 2012 y, en el momento de escribir estas líneas, tiene mil millones de usuarios. Lo que les enseña es sencillo: el comportamiento es un sistema y, por lo tanto, se puede sistematizar. Es lo mismo que enseñaba Skinner, pero Fogg tiene su propia fórmula.

El modelo B. J. Fogg del comportamiento (Fogg Behaviour Model o FBM) establece que, para implantar un hábito de manera efectiva, tienen que ocurrir tres cosas al mismo tiempo: motivación, habilidad y señal. El sujeto tiene que querer hacerlo, tiene que poder hacerlo y tiene que haber algo en su camino que le impulse a hacerlo. Este último se llama *trigger* (desencadenante, activador o señal). Si falta cualquiera de las tres, la rutina no cuaja. Por ejemplo, un sujeto que quiere empezar a correr media hora cada mañana para perder unos kilos tiene que estar preocupado por su peso (motivación alta) o tenerlo muy fácil para correr. Si no le preocupa tanto y tiene que levantarse muy temprano, no tiene el equipo apropiado y encima odia correr (habilidad baja), será un milagro que lo consiga. Para que la fórmula funcione, la motivación y la habilidad tienen que ser más grandes que la frustración. Pero si realmente quiere perder peso y quiere correr, entonces solo le hace falta un activador apropiado: poner la alarma, tener la ropa preparada nada más levantarse, escoger un parque delante de casa o quedar con un grupo de amigos para hacerlo juntos.

Para Fogg, los tres elementos tienen que estar presentes, pero no necesariamente equilibrados: la motivación y la habilidad pueden compensarse entre ellas. «Cuando la motivación es muy grande, puedes conseguir que el sujeto haga cosas muy difíciles», como perder setenta kilos en un programa de la tele, comiendo pescado hervido y haciendo gimnasia. Si está poco motivado, el hábito tiene que ser muy fácil, prácticamente accidental. Si se dan las dos condiciones en la proporción suficiente, entonces solo queda colocar las señales en los sitios y momentos apropiados. La rutina se tiene que activar casi como un estado de hipnosis, con una palabra, una imagen o un concepto. También se puede activar con otra rutina. Lo más difícil es conseguir meter el pie en la puerta: que el sujeto se abra un perfil de usuario o se instale la aplicación.

Esto no es neurociencia ni artes oscuras; todos los padres son expertos en tácticas de persuasión sin haber oído hablar del FBM. Solo así se consiguen imponer hábitos de conducta que ningún sujeto de siete años acepta sin resistencia, como cepillarse los dientes o irse a dormir. La importancia de una higiene dental rigurosa es una motivación débil para un prepúber, por lo que se trabaja la incorporación de recompensas a la rutina como cepillos de dinosaurio, pasta de dientes con sabor a fresa o estrategias a medio plazo como escuchar un cuento inmediatamente después o ganar el favor del Ratoncito Pérez. Hay motivaciones negativas como el miedo (futuras caries y bocas desdentadas) o el castigo (los niños que no se cepillan no pueden comer dulces). Con la pubertad empieza a funcionar la aceptación social (qué pensará menganito si tienes comida entre los dientes o no te besarán nunca si el aliento te huele mal). Como la motivación siempre será baja, la estrategia clave es ponérselo extremadamente fácil, colocando las herramientas en un lugar ineludible del baño y tolerando una técnica mediocre para no arruinar el *flow*. Finalmente, la señal o activador será el principio o el final de otras rutinas que ya han sido afianzadas con éxito. Por ejemplo, cepillarse *siempre* después de comer, y *siempre* antes de dormir.

El modelo de Fogg establece tres clases de motivaciones primordiales: sensación (placer, dolor), anticipación (esperanza, miedo) y pertenencia (aceptación, rechazo social). El primero parece instintivo, porque la euforia dopaminérgica es inmediata y también lo es el pánico del glutamato, que es el neurotransmisor del dolor. Como el ciclo de acción y recompensa es corto y los efectos son tan físicos, resulta extremadamente poderoso. La fuerza incontrolable nos lleva a terminar ese último trozo de tarta de zanahoria, a mantener ese romance prohibido en la oficina o a evitar el chop suey de gambas desde que nos intoxicamos aquella vez. El motivador de anticipación es más complejo porque incluye deliberación: si me compro la moto que quiero ahora, no podré irme de vacaciones. Si me bebo el cuarto daikiri que me apetece ahora, mañana me querré matar. A menudo negociamos una molestia o dolor puntual para evitar luego otro más grande (como ponernos una vacuna o empastarnos una muela). No tan a menudo aceptamos una frustración pequeña con la esperanza de una recompensa posterior, como cuando nos ofrecen una golosina ahora o dos golosinas si somos capaces de esperar. Aparentemente, las personas capaces de esperar tienen mucho más éxito en la vida.[7] Finalmente, la motivación social tiene que ver con nuestro lugar en el mundo y con la necesidad de ser aceptado. Este motivador es un instrumento muy poderoso, porque ser aceptado por la comunidad en la que vives es clave para la supervivencia. Este motivador es el favorito de las plataformas y aplicaciones digitales. La gran llave maestra de la red social.

«A día de hoy, con la realidad de las tecnologías sociales, han florecido los métodos para motivar a la gente a través de la aceptación o el rechazo social —explica Fogg en su ensayo *A Behavior Model for Persuasive Design*—. De hecho, Facebook tiene el poder de motivar y finalmente influir en los usuarios gracias a esta motivación. Desde subir fotos hasta escribir cosas en su muro, los usuarios de Facebook están motivados por su deseo de ser aceptados socialmente.» El único motivador más efectivo que ser aceptado socialmente es el miedo a ser rechazado socialmente. Ese es el motivo que empuja a miles de millones de personas a abrir cuentas de usuario e instalar aplicaciones para toda clase de cosas: para no quedarse atrás, fuera de onda, fuera del círculo. Tanto es así que ya se considera un síndrome: FOMO o *Fear of Missing Out*. Sobre la habilidad de usar la herramienta, el patrón es claro: la herramienta tiene que estar muy a mano y ser fácil de usar. Cuantos menos pasos tenga que dar el usuario y menos obstáculos encuentre, mejor. Por eso las aplicaciones que instalas aparecen por defecto en el escritorio del móvil, para que las veas cada vez que lo enciendes. El icono mismo es un desencadenante. El icono es la palanca y tú eres el ratón.

Como hemos visto, en inglés los activadores o desencadenantes se llaman *trigger*, que significa «gatillo». Su trabajo es poner en la cabeza cosas que antes no estaban. La idea de comer un dulce, de comprar unas zapatillas, de enviar una foto, de abrir una aplicación. Las alarmas, los pósits en el teclado y las notas del calendario son activadores que nos ponemos nosotros mismos para obligarnos a hacer algo. Los anuncios publicitarios cumplen la misma función. Son activadores de masas. No siempre son tan evidentes como una foto en una página, un cartel en la carretera o un sugerente corto en televisión (quiero ser él, me voy a comprar su coche; quiero ser como ella, me voy a comprar su champú). La industria del aroma produce olor al pan recién hecho y galletas con mantequilla para cadenas de cafeterías o panaderías por millones de dólares. Como se recordará, el aroma es un activador muy poderoso porque le habla directamente al cerebro de cosas que vienen con la galleta, pero no son la galleta: las tardes de verano con la abuela, el calor reconfortante de la infancia, la ausencia de preocupaciones, el amor incondicional. Si un día difícil al salir de la oficina te llega el olor a galleta (activador), es probable que pidas un caramel frappuccino (acción) y te sientas mucho mejor (recompensa). A partir de entonces, el olor te recordará cada día lo fácil que es ahogar las penas en frappuccino. Si repites y repites, pronto querrás uno siempre que estés cansada, te pase algo o estés baja de moral. O cuando estés estresada, tengas la regla, te sientas triste o aburrida o te sobrevenga cualquier emoción desagradable. Esta es la estrategia última de la implantación de rutinas: que el activador externo se transforme es un activador interno. Que la alarma de los frappuccinos esté dentro de ti.

Está dentro de ti, pero no la controlas. Es la diferencia entre cantar una canción porque la escuchas en la radio y que se te haya pegado y no te la puedas sacar. «El producto nos vendrá a la cabeza cada vez que surja algo conectado con él», explica Nir Eyal. Este otro veterano de Stanford ayuda a las tecnológicas a diseñar productos, campañas y aplicaciones que consigan ese efecto. Y lo consiguen. Por eso hay miles de millones de personas que no puedes pensar en un libro sin mirarlo en Amazon, recordar a un amigo sin abrir WhatsApp o pensar dónde comer sin abrir Google, Yelp o eltenedor.com. Basta que en una cena muy animada alguien diga «a dónde vamos ahora» para que todos saquen su móvil y se pongan a buscar. Y el momento que estaban compartiendo juntos antes de encender las pantallas se perderá con la lluvia porque allí se encontrarán con sus mensajes, actualizaciones, llamadas, correos y *likes* pendientes. Nada de esto ocurre por causalidad. Ocurre exactamente según un plan. El libro más famoso de B. J. Fogg es *Tecnologías persuasivas: usar ordenadores para cambiar lo que pensamos y hacemos*. El de Eyal se llama *Enganchados: cómo diseñar productos para crear hábitos*. Y la empresa de su principal competencia, el neurocientífico Ramsay Brown, se llama directamente Dopamine Labs.

DARK DESIGN: RECLAMO, PUNTUACIÓN, PALANCA, *REPEAT*

Te ha llegado un correo, un mensaje, un hechizo, un paquete. Hay un usuario nuevo, una noticia nueva, una herramienta nueva. Alguien ha hecho algo, ha publicado algo, ha subido una foto de algo, ha etiquetado algo. Tienes cinco mensajes, veinte *likes*, doce comentarios, ocho retuits. Hay tres personas mirando tu perfil, cuatro empresas leyendo tu currículum, dos altavoces inalámbricos rebajados, tres facturas sin pagar. Las personas a las que sigues están siguiendo esta cuenta, hablando de este tema, leyendo este libro, mirando este vídeo, llevando esta gorra, desayunando este bol de yogur con arándanos, bebiendo este cóctel, cantando esta canción. Eso que te pasa docenas de veces al día se llama notificación *push*, y es rey de los reclamos. Funciona porque te recuerda inmediatamente el motivo por el que necesitas la aplicación: estar al día, contestar a tiempo, enterarte antes que nadie.

Tuitear primero, contestar primero, llegar antes. Todo es importante, todo es urgente. O peor: todo podría serlo. No lo sabes hasta que lo miras (refuerzo de intervalo variable). Pero sabes que si no respondes a la llamada, el castigo es volverse innecesario y desaparecer. O, en palabras de Jeff Bezos a sus trabajadores: «Irrelevancia. Seguida de un insoportable, doloroso declive».

La mayor parte de las aplicaciones tienen la notificación *push* activada por defecto, y es verdad que se puede desactivar. Pero, para cuando el usuario ha detectado que le está arruinando la vida ya es demasiado tarde. Según el Centro de Comprensión Retrospectiva de la Universidad de Duke, no recibir nunca notificaciones agrava el miedo a quedarse atrás.

Entonces recibes la notificación y desbloqueas la pantalla del móvil, donde encuentras tu recompensa en *likes*, mensajes de otros, comentarios y otros paquetitos de dopamina que te hacen sentir mejor, te tranquilizan o que te lanzan a tuitear algo superingenioso. En Facebook o Instagram no hay ningún botón de *don't like*, así siempre tendremos más recompensas que castigos. Pero ahora que has entrado te encuentras con otros activadores, concretamente un montón de iconos con números que aparecen en una burbuja en la esquina superior derecha del icono, rodeadas por lo general por un círculo. El icono se pone rojo, el número es siempre positivo. Es la promesa de una recompensa o de una emergencia, o de las dos a la vez. Una oportunidad o un despido, trolls rusos o fama mundial. Pinchas sin saber qué te depara. Segundo refuerzo de intervalo variable. *Repeat*.

Saben que volverás antes si cada vez que subes una foto recibes automáticamente un *like*. Es fácil implementar bots que hagan eso. ¿Conoces a todos tus *followers*? ¿Son reales o la recompensa inmediata que necesitas para engancharte a la aplicación? Algunos lo llaman neurohacking, otros *Dark design*. «Solo controlando cuándo y cómo le das a la gente los pequeños chutes de dopamina, puedes llevarlos de usar la aplicación un par de veces a la semana a usarla docenas de veces por semana», explica Ramsay Brown en una entrevista. El usuario no puede saber si el número será alto o bajo, si esconde algo bueno o algo mejor. «Ese es el elemento que lo hace compulsivo.» Nadie quiere jugar a un juego donde acierta o gana todo el rato, le quitaría todo su sabor. Es el viejo condicionamiento operante del profesor Skinner, pero alimentado con big data y optimizado con inteligencia artificial. Como ocurre con las máquinas tragaperras, hay un algoritmo opaco que analiza los datos de los usuarios para predecir el momento perfecto para mandar la notificación. Pronto lo abrimos sin que nos llegue nada. Activador interno: desbloqueamos nuestros móviles una media de ciento cincuenta veces al día y no sabemos por qué.

El *push* te recuerda constantemente que están pasando cosas sin que tú te enteres, los números te advierten que hay otros que sí se enteran y que van por delante de ti. Usuarios que te van a quitar el prestigio, el trabajo y hasta la novia como no te espabiles. El incentivo social es poderoso, por eso puedes ver las «notas» de los demás y la tuya entre ellas. El truco es viejo: nueve de cada diez personas se cepillan los dientes antes de dormir. Y la red social es un universo en el que todo el mundo recibe puntuaciones, lo que genera un ranking irresoluble. No tienes diez mil *followers*, tienes más o menos *followers* que tus amigos, tu profesor de piano, tu exnovia o la odiosa compañera de mesa. Si tienes menos *followers*, retuits o comentarios que la semana pasada es que pierdes relevancia. Eres peor que los otros. Si tienes menos *likes* que antes es que tus amigos te quieren menos que ayer. Los mismos números que te generaban pequeños pinchazos de dopamina acaban produciéndote una gran ansiedad. LinkedIn explotaba este factor con un icono donde se podía ver el tamaño de la red de cada usuario. La reacción natural de los usuarios era mirar el suyo y compararlo con el de los demás. La red era como un tamagochi que había que alimentar haciendo el mayor número de conexiones posibles. Otro truco conocido: cada vez que un usuario envía una petición (de amistad, contacto, seguimiento, etcétera), su receptor recibe una notificación que se siente socialmente inclinado a responder. Principio de reciprocidad, *quid pro quo*. Ninguna otra plataforma ha cabalgado esta clase diseño operante basado en la ansiedad social como Snapchat, la red más popular entre los adolescentes. Evan Spiegel, también alumno de Stanford, la fundó en 2011 cuando todavía estaba en la universidad. Cuatro años después fue nombrado el billonario más joven de Estados Unidos y se casó con la supermodelo Miranda Kerr.

Snapchat es una aplicación de mensajería instantánea efímera donde los mensajes se autodestruyen en un tiempo establecido previamente. Parecía la respuesta perfecta a la era pos-Snowden, un espacio seguro donde podías ser vulnerable sin acabar siendo el hazmerreír de la escuela al día siguiente, o la víctima indefensa de una campaña de acoso escolar. Pero hay una cifra que no es efímera: el *score* o puntuación. Teóricamente es la suma de todos los mensajes que has enviado o recibido, aunque es imposible saberlo con certeza (¡algoritmos opacos!). Un *score* bajo es un signo de poca popularidad. Y la falta de popularidad es una de las peores cosas que le pueden pasar a un adolescente. Pero hay que intentar ser popular en el instituto: ¡solo tienes que abrir la aplicación y mandar fotos! Motivación: 99 por ciento, habilidad: 100 por ciento.

Hace poco el sistema introdujo una fuente de motivación nueva: el *snapstreak*. Aparece cuando intercambias cierto número de mensajes con una persona, y aparece al lado de su nombre un icono de fuego. Es el fuego de tu relación con esa persona. Desde el momento en que aparece, tu interacción con ella lleva colgando una cuenta atrás: si le mandas un vídeo o una foto el *streak* se muere y el fuego desaparece. Tu conexión especial con ella se ha acabado. De pronto ya no sois amigos. Los usuarios, que suelen tener entre trece y veintidós años, se intercambian contraseñas entre ellos para mantener la llama encendida durante las vacaciones, los castigos y los exámenes, como quien le pide a un vecino que le riegue las plantas mientras está de viaje.[8] Hay trofeos y todo tipo de bagatelas por el uso de las herramientas. El diseño premia el envío de *selfies* y vídeos por encima de ninguna otra cosa; de hecho, fue la primera en introducir filtros para cambiar, embellecer o disfrazar las caras.[9] Una cara bonita genera mucho más *engagement* y produce más dopamina.

Las notificaciones y la cuantificación son dos elementos de diseño que juegan con la ansiedad del usuario, ofreciendo una herramienta sencilla para controlar el mundo. Basta con ser ingenioso, fotogénico y carismático, saberte los memes antes de que se viralicen, estar donde hay que estar. Para eso solo tienes que tener las aplicaciones correctas, seguir a las personas correctas y estar atento a las notificaciones. Nada más. Son diseños que vampirizan las ansiedades de un mundo sin trabajo, sin esperanza y sin futuro. Antes de la red social, lo más adictivo que había eran los videojuegos. Las tácticas de implantación de rutinas más insidiosas vienen de ahí.

Un videojuego es una historia con una misión cuyo objetivo se alcanza solo después de superar un número de retos, acertijos o enfrentamientos que se suceden en dificultad ascendiente. Este fenómeno se llama recursión: cuando una función específica se llama a sí misma dentro del programa de manera que, para resolver el gran problema, usa el mismo problema pequeño una y otra vez como solución para situaciones cada vez más complejas. Cada círculo tiene su recompensa. Cada éxito en el camino es celebrado inmediatamente con música, puntos, vidas, armas, animalitos, y sobre todo la apertura de la siguiente pantalla. Por eso, cuanto más juegas mejor lo haces y cuanto mejor lo haces, más quieres jugar.

Técnicamente, es como aprender cualquier otra cosa, ya sea alemán o baloncesto. En la vida real, la recursión se llama entrenamiento, y te hace feliz porque cuanto más practicas mejor lo haces, y cuanto mejor lo haces, más quieres hacerlo, más satisfacciones te aporta y más oportunidades tienes de seguir haciéndolo. Solo que, a diferencia del deporte o de cualquier otra rutina de aprendizaje, está exento de humillaciones. No hay un entrenador que nos arenga para que levantemos las rodillas, ni un equipo de jugadores furiosos porque has fallado una canasta o un profesor que te mira con desencanto y te hace repetir una palabra difícil delante de toda la clase. El sistema nos premia cuando superamos la prueba, pero no se burla ni se enfada cuando cometemos un error. Nadie nos reprocha nada, aunque cometamos el mismo error muchas veces seguidas. Es más susceptible de tener éxito porque la recompensa es mucho más grande que la frustración. Y la rutina del juego nos sienta como anillo al dedo porque, a diferencia de la vida, el juego es el universo elegante. No funciona como la impredecible naturaleza sino con la maravillosa predictibilidad de un reloj.

Al cerebro, como hemos visto, no le gusta pensar. Pero le gusta el orden. Si decide que una cadena de decisiones es apropiada, quiere repetirla todo el rato hasta que la ejecuta en piloto automático. Hasta hace poco no era una vulnerabilidad, sino solo una ventaja. Gracias a eso caminamos sin pensar, conjugamos bien los verbos sin pensar y golpeamos la pelota sin pensar. El videojuego nos plantea el mismo problema con insistencia para ayudarnos a tomar cadenas de decisiones cada vez más largas, cada vez más rápido. La herramienta mental que construimos es la que nos ayudará a resolver los problemas que les siguen. Recursión: nada sobra, todo vale. Hay pocas cosas más adictivas en la vida que sentir que eres cada vez mejor en algo, sobre todo cuando hay un universo entero que te felicita cada vez que lo haces y no hay nadie que se burla cuando no. Y los problemas molan, estás motivado. «El mundo real no tiene tareas interesantes —decía Julian Togelius, especialista en inteligencia artificial para videojuegos de la escuela de ingenieros de la Universidad de Nueva York, en una entrevista—. Pero los juegos son perfectos, y tienes las recompensas ahí mismo, tanto si ganas como si no, y hasta puedes ver los puntos que te dan.»

Hay otra cosa importante en la que no se parece al baloncesto o al tenis. Los videojuegos son un universo perfecto de ceros y unos que no existe en el mundo real. Pero la industria fabrica interfaces con efectos especiales para que nuestro cerebro no lo vea así. Por ejemplo, el temblor del volante y la resistencia del pedal de los juegos de carreras, o las pistolas con retroceso de los juegos de disparos en primera persona. Incluso antes de que llegaran los cascos de realidad virtual y las cabinas de 4D, ya había palancas, pedales y volantes con tracción, gravedad y aceleración que usaban sensores para que nos dieran la sensación de que nuestro cuerpo está realmente actuando sobre el mundo metafórico del videojuego. El efecto es mesmerizante, porque ofrece puntos de referencia para conectar con el espacio y mejorar en el juego, que es la clave del deporte y del aprendizaje en general.

Cuando las extensiones del juego ofrecen *feedback*, uno se concentra en la sensación de los mandos y, a través de ellos, puede «sentir» la jugada. Sentir la jugada es fundamental en los juegos en los que la acción funciona a más velocidad que la cabeza. Es lo que David Foster Wallace llama «el sentido kinestésico», un sentido profundo del espacio y del juego en el que «nos movemos en el rango operativo de los reflejos, puras reacciones físicas que escapan a nuestro pensamiento consciente» y que son el resultado de un severo entrenamiento físico y mental.

Devolver con éxito una pelota difícil requiere lo que se ha llamado a veces «el sentido kinestésico», que quiere decir la habilidad de controlar el cuerpo y sus extensiones artificiales a través de un complejo y velocísimo sistema de tareas. El inglés tiene una familia entera de términos variados para esta habilidad: sensación, toque, forma, propiocepción, coordinación, coordinación ojo-mano, kinestesia, gracia, control, reflejos y cosas así. Para los jugadores jóvenes, refinar el sentido kinestésico es el principal objetivo de los entrenamientos diarios de los que oímos hablar tan a menudo. El entrenamiento aquí es tan muscular como neurológico. Pegar miles de raquetazos, día tras día, desarrolla una habilidad de «sentir» el golpe que no podemos conseguir a través del pensamiento consciente. Desde fuera, esta clase de entrenamiento repetitivo parece aburrido y hasta cruel, pero desde fuera no podemos ver lo que está pasando dentro del jugador —pequeños ajustes, una y otra vez, y un sentido de los efectos de cada cambio que se vuelve más y más preciso cuanto más se aleja del plano de lo consciente.[10]

«El entrenamiento aquí es tan muscular como neurológico.» Los volantes, pedales, pistolas y mandos son los traductores simultáneos entre nuestros cuerpos, nuestros dedos y las mecánicas etéreas del juego pixelado. Gracias a ellos podemos aprender a «controlar el cuerpo y sus extensiones artificiales a través de un complejo y velocísimo sistema de tareas» que incluyen la repetición, los pequeños ajustes y la perseverancia. Son mecanismos diseñados para darnos la sensación de que aprendemos, de que nuestros movimientos son cada vez más precisos, de que lo hacemos cada vez mejor en un mundo que en realidad no existe. Refuerzo positivo, pequeños ajustes, una y otra vez. Los atletas olímpicos se concentran visiblemente para entrar en ese estado de sincronía con el espacio, los músicos con su instrumento, los artistas con su material. Unos lo llaman foco, otros *flow*, algunos entrar en La Zona. Palón lo llama «metaxia», un estado de la conciencia intermedio entre la realidad sensible y el fundamento del ser. La rutina que conduce a ese estado de trance ha sido integrada de manera masiva por industrias mucho más problemáticas y populares que la del videojuego. El nombre técnico es gamificación, y es el pan de cada día de las máquinas tragaperras y de las aplicaciones, los programas y las plataformas de la red social.

¿Para qué sirve la palanca de las máquinas tragaperras? Esa palanca de la que tiras para activar el juego y apostar. Porque las máquinas dejaron de ser mecánicas hace bastante tiempo, y no hay ninguna conexión real entre la palanca de la máquina y el resultado final. Es una caja de Skinner falsa, donde el ratón tira de la palanca y su acción en el mundo físico tiene una consecuencia inmediata. Y hay refuerzo de intervalo variable: cada vez que tira de la palanca no sabe si trae comida o no. La máquina está programada para pagar solo un porcentaje del dinero que se apuesta, pero ni el jugador más avispado puede saber cuál es. La tracción de la palanca le indica que tiene control sobre la máquina y que, por lo tanto, lo puede hacer mejor. Lo mismo ocurre con el botón de parar. Parece que, si acelera un poco, si la suelta en el momento preciso, si consigue conectar de manera instintiva con el corazón interno del sistema, podrá «sentir» el juego. Y la máquina refuerza esa sensación con otros elementos de diseño: el «casi-acierto», los falsos premios y la música.

El casi-acierto es un resultado que sería un premio que se queda en el borde de serlo, y que tu cerebro registra como que estás a punto de ganar. Porque así es lo que ocurre cuando casi-aciertas a meter el balón en la canasta o casi-aciertas a meter gol. Interpreta que solo tienes que seguir jugando un poco más —pequeños ajustes, una y otra vez— para conseguir dominarlo. Y la música que lo acompaña dice: ¡casi lo consigues! Estamos todos pendientes de ti. El falso premio es uno en el que ganas menos de lo que apostaste, pero la música lo celebra con tanta fanfarria que te parece que ganaste más.

Todos estos refuerzos no aparecen de manera aleatoria, en combinaciones absurdas. Aparecen exactamente cuando estás a punto de dejarlo. Obedecen a algoritmos que se alimentan de la información de todas las máquinas tragaperras del mismo fabricante que están funcionando cada minuto del día. Y son muchas máquinas. La industria del juego produce quinientos mil millones de dólares al año; y las máquinas tragaperras son el juego de azar más rentable del mundo, precisamente porque no deja nada al azar. Tienen un generador de números aleatorios (RNG) para producir secuencias de números sin orden aparente, pero no sabemos cómo funciona porque los algoritmos son opacos. Sabemos que es el diseño más adictivo de la industria más adictiva. Por eso lo copiaron los arquitectos de la red social.

Las aplicaciones más populares del mundo recrean literalmente la palanca de las tragaperras; lo llaman *pull to refresh*.[11] Es lo que hacemos con el dedo gordo cuando lo deslizamos hacia abajo para actualizar el contenido de la aplicación. No hay absolutamente ningún motivo técnico por el que tengamos que hacer ese gesto para ver contenido nuevo. La pantalla podría mostrarnos los últimos contenidos de manera automática, cada vez que la miramos. De hecho, antes era así. Ahora es una caja de Skinner donde tiramos de la palanca para que pase algo, sin saber si la palanca trae premio o no. O de izquierda a derecha. Un ejemplo particularmente ingenioso en el que hasta tiene sentido es el Tinder: su mecánica de *swipe* (deslizar) el dedo para aceptar o rechazar posibles amantes es la clave que ha catapultado esa plataforma de citas sobre las demás (en este momento, la app de Tinder supera en descargas las de Candy Crush Saga, Spotify, YouTube y Pinterest). Lo sabemos porque prácticamente no puedes hacer otra cosa, swipear y mensajear. Y porque ha sido copiada de Singapur a Brasil y de Lisboa a Estambul por inmobiliarias y agencias de trabajo, tablones de anuncios y «momentos» del Twitter. Lo importante no es el contenido, es la rutina. En el gesto se manifiesta la convicción inconsciente de que nuestro dedo puede influir en el resultado, que si lo hacemos bien habrá premio. Ese es el mecanismo que nos hace volver una y otra vez al móvil, como en estado de trance. Pero es que, además, hay otro pequeño truco que nos impide salir de allí: el *scroll* infinito.

COMPETIMOS CON EL SUEÑO, NO CON HBO

En Las Vegas los casinos abren las veinticuatro horas. No tienen ventanas ni relojes; la luz es exactamente la misma sea cual sea la hora. Están diseñados para que no sepas si es de día o de noche, ni cuánto tiempo llevas allí. Como nos ocurre con la comida, no estamos evolutivamente preparados para gestionar la abundancia. Cuando hay algo bueno que nos produce rica dopamina lo consumimos hasta que se acaba. Si el cuenco de sopa no tiene fondo, comemos un 73 por ciento más;[12] si la posibilidad de ganar premios es infinita, jugamos hasta desmayarnos. El límite de la máquina tragaperras es el propio jugador, que abandona cuando se queda sin dinero o se cae de sueño. Las cascadas, muros, portadas o *players* y listas de Facebook, Instagram, Twitter, Spotify, YouTube o Netflix tampoco se acaban nunca. El muro de noticias siempre tiene noticias nuevas, en Amazon siempre hay un libro sobre el tema que te interesa, más actual, mejor valorado, más completo y más barato que el que te acabas de comprar. Sus límites son la batería y las fuerzas del usuario. Por eso compramos baterías externas y cada vez dormimos menos. Lo dijo Reed Hastings, fundador de Netflix, en una mesa organizada por el *Wall Street Journal*: «En Netflix competimos por el tiempo de los clientes, así que nuestra competencia incluye Snapchat, YouTube, dormir, etcétera». Más adelante, en una rueda de prensa, tuvo la gentileza de elaborar un poco más:

> Piénsalo, cuando estás viendo una serie de Netflix y te vuelves adicto a ella, te quedas viéndola hasta muy tarde. Competimos con el sueño, en los márgenes. Así que tenemos un montón de tiempo. Y una manera de verlo numéricamente es que somos competencia de HBO, pero en diez años hemos crecido a cincuenta millones [de espectadores], y ellos han seguido creciendo de manera modesta. No han encogido. Así que, si lo piensas como que no les hemos afectado, la pregunta es por qué. Y es porque somos dos gotas en el océano, tanto del tiempo como del gasto de la gente.

Su competencia no es HBO sino el sueño, y a Hastings le parece un nicho de mercado gigante. Para qué sirve dormir. Nadie tiene tiempo para dormir.

La fórmula de Fogg funciona perfectamente cuando acabas de ver un episodio de tu serie favorita y, por defecto, el sistema pone el siguiente. Tu activador es el aburrimiento; enciendes Netflix porque quieres estar entretenido, o por amor a una serie en cuestión. Cuando acaba el episodio la motivación es alta, porque te ha dejado con la miel en los labios y quieres saber lo que pasa después. La habilidad para conseguirlo es cero, porque la plataforma ni siquiera te ofrece el episodio, sino que lo pone. No tienes ni que mover el dedo de darle al play. Y la satisfacción es inmediata, porque el vacío entre episodios te pone nervioso y porque la serie te gusta. Es una trampa redonda, sin principio ni final.

La falta de referencia, de principio y de final, nos sumerge en ese estado de sonambulismo que la artista y pensadora alemana Hito Steyerl describe como una caída libre en la que no hay suelo.[13]

> Caer es relacional: si no hay nada contra lo que caerse, puede que ni te des cuenta de que estás cayendo. Si no hay suelo, la gravedad puede ser menor y tú sentirte ligero. Los objetos quedarán suspendidos si los dejas ir. Sociedades enteras podrían estar cayendo a tu alrededor, igual que tú. Y se puede vivir como la perfecta inmovilidad; como si la historia y el tiempo se hubieran terminado y no pudieras recordar ningún momento de movilidad.

Caer es lo que hace Alicia en el País de las Maravillas cuando cae por el agujero de conejo, la metáfora más utilizada para describir lo que pasa cuando enciendes el teléfono y despiertas del trance, media hora después. Alicia flota en suspensión animada, con tiempo suficiente para empezar a hacer cosas como leer o tomar el té, pero sin detenerse lo suficiente para acabarlas. Según Steyerl, este es el estado en el que nos mantiene el capitalismo superacelerado, una especie de parálisis en la que consumimos sin control, suspendidos en un trance angustiado del que tratamos de despertar consumiendo más y más cosas. Hay millones de imágenes flotando ante nuestros ojos, pero nada a lo que agarrarnos, ni tampoco un suelo bajo nuestros pies. Flotamos desorientados y vulnerables, en un estado de catalepsia similar a la hipnosis en el que, paradójicamente, somos especialmente receptivos. Es en ese estado que consumimos grandes cantidades de contenido, elegido para nosotros por una maquinaria de microsegmentación selectiva cuyos mecanismos son oscuros e interesados. De la misma manera que no hay arriba y abajo, tampoco hay pasado ni futuro, solo presente. Esto da lugar a otro fenómeno interesante, que Douglas Rushkoff, profesor, escritor y analista, llama «el shock del presente».[14]

Todo está pasando en tiempo real, todo el tiempo, sin descanso.[15]
«No puedes estar encima de las cosas, mucho menos adelantarte a
ellas.» El «efecto CNN», que empezó en los ochenta y se aceleró con
el ataque a las Torres Gemelas culmina ahora en la actual histeria informativa permanente de las notificaciones, los grupos del Telegram,
Twitter, Facebook y todo lo demás. Es un *reality show* infinito, producido por algoritmos, del que no puedes desengancharte sin perder el
tren. Para estar al día necesitas levantarte pronto, acostarte tarde, consumir cafeína, anfetaminas, cocaína, nootrópicos. Drogas que ya no
sirven para divertirse sino para trabajar. Necesitas aplicaciones que te
ayuden a saberlo todo, a pillarlas al vuelo, listas para gestionar el día,
hacer yoga en casa, meditar en la fotocopiadora o ayudarte a dormir.
La capacidad de estar al día no es una habilidad sino una virtud moral,
uno de los siete hábitos de las personas de éxito. Otro es la capacidad
de visión. «El éxito o el fracaso dependerá de lo bien que leas la poderosa trayectoria de los cambios tecnológicos y sociales y te posiciones adecuadamente.»[16] En la peligrosa intersección entre la caída libre
y el shock permanente vive un monstruo cada vez más desatado: el
algoritmo de YouTube.

YouTube tiene mil ochocientos millones de usuarios que suben
una media de cuatrocientos minutos de vídeo cada minuto del día, y
consumen mil millones de vídeos diarios. Es una de las plataformas
más adictivas del mundo, y es propiedad de Google. La página que
sirve a cada usuario es única, y se compone de varios menús de ofertas en diferentes formatos. Lo más importante es la *playlist* infinita
basada en su algoritmo de recomendación. La lista es lo que se reproduce automáticamente si el usuario no hace nada para impedirlo. Un
vídeo lleva a otro vídeo que lleva a otro vídeo, y así hasta que alguien
cierra la página o apaga el ordenador. YouTube presume de que su
algoritmo es responsable más del 70 por ciento de los vídeos que se
ven en la plataforma. Si el algoritmo estuviera casado con el usuario
y fueran los dos al cine varias veces al día, la mayor parte de las veces
la película la elegiría él.

El objetivo oficial del algoritmo es «ayudar a los usuarios a encontrar los vídeos que quieren ver y maximizar el tiempo de *engagement* del usuario y su grado de satisfacción». Probablemente es verdad,

porque Google ha hecho su fortuna cumpliendo esos dos objetivos (principio de reciprocidad). No podemos saber exactamente cómo lo hace, porque es un algoritmo opaco, inauditable, una caja negra protegida por abogados, criptografía y leyes de propiedad intelectual. Pero podemos hacer ingeniería inversa a partir de los resultados. Parece que coge el vídeo que el usuario ha visto a propósito y propone otro vídeo en el rango de esos intereses, pero que ha generado más *engagement* entre otros usuarios que el inmediatamente anterior. O sea, lo mismo pero «más». Lo que ocurre es que «lo mismo pero más» conduce a lugares muy oscuros.

La activista e investigadora turca Zeynep Tufekci escribió un artículo sobre el tema en el *New York Times*. Se llama «El Gran Radicalizador».[17] Su metodología es ortodoxa, pero se puede replicar en cualquier salón. Durante las elecciones presidenciales de Estados Unidos, Tufekci descubrió que si usaba YouTube para seguir campañas de políticos de derechas, el algoritmo la arrastraba cada vez más a la derecha hasta llegar a los neonazis, los negacionistas del Holocausto y las nuevas generaciones del Ku Klux Klan. Pero si seguía a un candidato de izquierdas, la llevaba al extremo opuesto, del marxismo a las conspiraciones sobre agencias secretas que drogan a la población a través de las tuberías de agua. «Cuando experimenté con temas que no fueran políticos me encontré con el mismo patrón.»

> Los videos sobre vegetarianismo llevan a vídeos sobre veganismo. Los vídeos sobre *jogging* te llevan a ultramaratones. Nunca puedes ser lo suficientemente extremo para el algoritmo de recomendaciones de YouTube. Promociona, recomienda y disemina vídeos de manera que parece que siempre está subiendo de tono. Teniendo en cuenta sus mil millones de usuarios, YouTube podría ser uno de los instrumentos más radicalizantes del siglo XXI.

Un poco antes, el artista y escritor James Bridle publicaba un sorprendente ensayo sobre el efecto de YouTube en la vida de los niños, que empiezan viendo Pepa Pig, manuales del *Minecraft* o extraños primeros planos de manos desenvolviendo huevos Kinder hasta llegar al regalo, y unas horas más tarde acaban viendo vídeos tan perturbadores que, de aparecer en la televisión, generarían denuncias y despidos en masa. Mutilaciones, surrealismo canalla, iteraciones absurdas con canciones perversas. «La arquitectura que han construido para extraer el máximo beneficio del vídeo online está siendo hackeada por personas desconocidas para abusar de los niños, quizá sin darse cuenta, pero a gran escala.»[18]

Pero el algoritmo de YouTube no quiere radicalizar a nadie. Tampoco quiere traumatizar a los niños. Ninguna de esas cosas es su intención. Su objetivo es maximizar el tiempo de *engagement* y causarte satisfacción. Como su activador no es la soledad sino el aburrimiento, su función es entretener. Gracias a la información que ha obtenido de millones de usuarios que han pasado miles de millones de horas viendo vídeos en hogares, universidades, oficinas, aviones, trenes, parques, hoteles, institutos, restaurantes, etcétera, ha aprendido que algunas cosas son más entretenidas que otras. Y que hay emociones que producen más *engagement* que las demás.

Las emociones son la herramienta especial de las redes sociales, y la afilan todo lo que pueden en su laboratorio de miles de millones de cobayas humanos. Durante al menos una semana durante 2012, Facebook hizo que cientos de miles de usuarios leyeran exclusivamente malas noticias, y que otros tantos usuarios tuvieran la misma experiencia, pero al revés: solo les llegaban buenas noticias. La empresa manipuló su algoritmo de recomendación de noticias para poner a sus ratones a dieta, de buenas o malas noticas respectivamente, a ver qué les hacía volver más a la plataforma y qué generaba más interacción. Lo sabemos porque lo contó Facebook, que compartió su investigación con la prensa. Fue la primera y la última vez que lo hizo, pues provocó el escándalo de mucha gente. Desde entonces sus investigaciones han sido ejecutadas con escrupuloso secreto, y si llegamos a conocer los detalles de alguna de ellas es porque alguien se va de la lengua o aparece una filtración.

De todas las plataformas, YouTube ha sido la más propensa a las *fake news* y las teorías de la conspiración. Principalmente porque es un contenido muy rentable. Es difícil saber con exactitud cuánto, porque la opacidad del algoritmo impide saber la cantidad de dinero que genera un vídeo popular en YouTube. Todo el mundo en la industria tiene una versión; hay quien dice que depende de la duración del vídeo, de la calidad del contenido, de la popularidad del youtuber, de la cantidad de anuncios que lleve, de dónde va luego el espectador, de la hora y el lugar en que se mira, de la configuración de los astros, de la velocidad del viento, de la orientación de las amapolas. Según fuentes del mercado, podemos decir que un contenido que genera mil visitas puede reportar al usuario del canal entre treinta céntimos y cuatro euros. O que un videoclip de máxima audiencia como *Despacito* o *Gangnam Style* podría haber generado entre setecientos mil y diez millones de euros. A los productores de *fake news* les sale a cuenta porque es un buen retorno con mínima inversión. Suelen robar el contenido de otras redes sociales o de canales legítimos de noticias y no requieren investigación o comprobación de fuentes y datos, porque son mentira. Cualquier zumbado desde su garaje puede tener un canal de noticias falsas con un iPad y una conexión a internet. A YouTube también le sale a cuenta. Se queda el 55 por ciento del dinero que generan los anuncios y el resto se lo lleva Google. Declaró más de ciento diez mil millones de dólares en beneficios en 2017 y noventa mil millones en 2016. La ficción es más lucrativa que las noticias reales, porque genera emociones. Las *fake news* están diseñadas para indignar.

La indignación es la heroína de las redes sociales. Es más viral que los gatitos, más potente que el chocolate, más veloz que el olor a galletas, más intoxicante que el alcohol. Genera más dopamina que ninguna otra cosa porque nos convence de que somos buenas personas y, encima, de que tenemos razón. Pensamos que tenemos pensamientos éticos cuando en realidad nos invade un sentimiento moral. Mira a esos abuelos desahuciados, esos niños desnutridos, esos perros abandonados, esos yates comprados con dinero público... o a esas mujeres muertas por abortar con perchas de hierro oxidado, esas casas de protección oficial vendidas a los especuladores, esos bosques devorados por las políticas de austeridad. Es un sentimiento que nos define como personas buenas y que demanda justicia, venganza y mucha atención. Queremos compartir la llama con todas las personas del mundo para que sus sentimientos validen los nuestros con comentarios, *likes* y retuits. Que para el algoritmo de YouTube es simplemente generar *engagement*, su objetivo principal. Así que favorece los contenidos que producen esa borrachera moral en el mayor número de usuarios y la alimenta de forma precisa y cuantificable, proporcionándote nombres y caras de todas las personas que aplauden y comparten tu indignación y también de todas las que no. Hace media hora no sabías quiénes eran y ahora son tus enemigos. Pensabas que eras mejor que los manipulables adolescentes de Snapchat, pero esta es una llama que tampoco querrás apagar.

La atención es un recurso limitado, la legislación no la considera particularmente importante pero la competencia por ella es asesina. El mundo de las *start-ups* es darwiniano, en él no hay clase media ni premios de consolación. O entras en la primera categoría o no sobrevives al año. Solo en el primer cuatrimestre de 2018, los usuarios de un *smartphone* tenían más de siete millones de aplicaciones para elegir.[19] «Las compañías tecnológicas necesitan tus globos oculares pegados a la pantalla el mayor tiempo humanamente posible —dice el neurólogo Ramsay Brown—. Y han empezado una carrera armamentística para mantenerte ahí.» El capitalismo de la atención no tiene tiempo para la política, ni para los valores ni para los niños ni para ninguna otra cosa que no sea el *engagement*.

Nir Eyal, exalumno de Fogg y autor del manual de condicionamiento para *start-ups*, *Hooked: How to Build Habit-Forming Products*, asegura que las redes sociales son el equivalente contemporáneo a las novelas o la televisión, un entretenimiento de masas que recibe críticas por el simple hecho de ser nuevo. «Con cada nueva tecnología, la generación anterior dice "los chicos de ahora están usando mucho de esto y mucho de lo otro y les está friendo el cerebro". Y resulta que al final hacemos lo que siempre hacemos, que es adaptarnos.» Es una posibilidad razonable. Sabemos históricamente que todas las nuevas tecnologías generan un rechazo por parte de los no nativos, desde el tren que mareaba a la reina Victoria hasta los videojuegos que convertirían a los niños en zombies, drogadictos o criminales, dependiendo del país. El rock producía degenerados; la televisión, idiotas. Cuando Nicholas Carr preguntó hace una década, en un famoso ensayo para la *Atlantic*, si no estaría Google volviéndonos idiotas, muchos empatizaron con unos argumentos que entonces parecían más emocionales que intelectuales. Carr sentía que la forma de consumir información estaba imponiendo cambios en su forma de leer, aprender y usar esa información. Millones de personas sentían lo mismo, pero no conseguían entender muy bien por qué. Algo sobre no recordar los números de teléfono, leer menos libros y estar más despistado de lo normal. Tenían miedo de verbalizarlo; no querían parecer demasiado viejos para la revolución tecnológica ni quedarse al margen de la era de la información. Es interesante añadir que Nir Eyal se gana la vida dando charlas y haciendo consultorías con empresas como LinkedIn o Instagram para implementar técnicas de refuerzo operante con el fin de potenciar el *engagement*. Y que su visión del progreso es la de una línea recta con forma de flecha en un extremo, algo que solo puede ocurrir de una forma. La era de la información no son las grandes plataformas digitales, aunque ahora ocupen la mayor parte del espacio.

> Hay una diferencia fundamental entre aquellas pantallas y las pantallas que tenemos ahora —explica *Adam* Alter—. La primera es que hay cientos de miles de personas al otro lado de esas pantallas trabajando noche y día para llamar tu atención. Y son muy buenos en su trabajo, porque tienen muchísimos datos para ayudarles a decidir qué componentes introducir o excluir del producto, dónde poner el gancho para que tenga el máximo impacto. La gente que fabricaba máquinas de pinball, videojuegos o programas de televisión estaban haciendo contenidos, y no estaban tan preocupados con atrapar tu atención. La comparación más apropiada es el diseño de máquinas tragaperras. Porque la máquina tragaperras está específicamente diseñada para mantenerte pegado a ella el mayor tiempo posible.[20]

El otro aspecto que le parece determinante es la velocidad a la que evoluciona. Desde que Alexander Graham Bell presentó el teléfono en 1874 (una implementación del que había inventado el italiano Antonio Meucci en 1849) hasta que tuvo cincuenta mil usuarios pasaron tres años. Y tardó otros setenta y cinco en llegar a cincuenta millones de hogares, más de una generación. Cuando Tim Berners-Lee creó la World Wide Web, tardó cuatro años en tener cincuenta millones de usuarios. Facebook tardó dos años en pisar esa marca, el *Candy Crush* tardó dos meses y solo diecinueve días *Pokemon*

Go. En esta comparación se mezclan aplicaciones con infraestructura, lo que no parece muy justo. Pero lo que nos interesa de estas cifras no es la capacidad de expansión de los respectivos proyectos sino la viralidad de su cultura, la velocidad con la que han impuesto hábitos nuevos entre la población. Y la capacidad de adaptación de un público que renuncia a comprender los cambios o incluso identificarlos, porque suceden demasiado rápido.

«La televisión no ha cambiado mucho desde sus comienzos —explica Alter—. Hay más canales, la calidad del vídeo y del audio es mejor». Pero los móviles se mueven a velocidad supersónica, haciendo que sea imposible comprender el impacto que tienen en nuestra vida. Mucho menos gestionarlo. Cada vez que Facebook introduce una nueva función en la plataforma nos parece un cambio trivial, pero afecta a millones de personas en todo el mundo. Son cosas cuyo impacto solo se puede analizar en retrospectiva: el botón de *like*, el *newsfeed*. Convertir ese *newsfeed* en una cascada sin fondo de pequeños acontecimientos. Parecen cambios muy pequeños que no cambian lo que Facebook es en esencia. Pero cada uno de esos cambios es colosal, y ocurren constantemente en todas esas plataformas sin que nos demos realmente cuenta.

«Como cultura, ya no toleramos que las compañías de tabaco hagan publicidad para niños, pero dejamos que la industria de la comida haga exactamente eso. Y podríamos decir que el impacto en la salud pública de una mala dieta es el mismo que el del tabaco», argumentaba en una entrevista sobre la comida basura la catedrática de Psicología y Salud Pública Kelly Brownell, de la Universidad de Yale. Su propuesta era: la industria debe utilizar los mismos recursos que ha usado para generar adicción a sus productos —sus laboratorios llenos de bioquímicos, psicólogos, especialistas del comportamiento y neurocientíficos— para revertir el proceso. Entender por qué los estadounidenses comen hasta matarse y ayudarles a dejarlo. Esto es lo que predica Tristan Harris, el nuevo apóstol de la dieta digital.

Desde luego, no es un *outsider*. Harris trabajó como especialista de diseño ético en Google durante tres años, y antes de eso estudió en el Laboratorio de Tecnología Persuasiva de B. J. Fogg. Ahora da cursos de gestión de los dispositivos, organiza campamentos de desintoxicación digital y lidera la organización Time Well Spent (tiempo bien empleado), que publica estrategias y aplicaciones que liberan de la adicción. Ha creado el Center for Humane Technology, junto con otros ángeles redimidos: Roger McNamee, inversor del Valle y exasesor de Mark Zuckerberg; Justin Rosenstein, creador del *like*; Lynn Fox, exjefe de comunicación de Apple y Google y Sandy Parakilas, exdirector de operaciones en el Departamento de Privacidad de Facebook. La revista *Atlantic* lo describió como «lo más cerca que tiene de Silicon Valley de una conciencia». Es particularmente popular porque asegura que nada de esto ha sido culpa nuestra. «Puedes decir que es mi responsabilidad ejercitar un cierto autocontrol sobre el uso de mis dispositivos digitales, pero no estarías reconociendo que hay un millar de personas al otro lado de la pantalla cuyo trabajo es acabar con cualquier asomo de responsabilidad que me quede».[21] Harris no piensa que el progreso tenga que ser necesariamente fruto de la imaginación de un centenar de diseñadores mayormente blancos heterosexuales de entre veinticinco y treinta y cinco años que viven en San Francisco y trabajan para Google, Facebook y Apple. Pero reconoce el impacto que ese centenar de diseñadores tiene sobre miles de millones de personas, y cree que se podría reconducir. Le parece un objetivo razonable, porque no cree que los jefes de Silicon Valley lo hayan hecho a propósito. Cree que se han movido rápido y han roto cosas, y que con un poco de esfuerzo y cariño lo pueden hacer mejor.

Harris no es el látigo de esta nueva industria basada en la explotación y la vigilancia del usuario, es su siguiente encarnación. No quiere ayudarnos a usar menos el teléfono, solo a que lo usemos mejor. Dicho de otra manera, si Google fuera McDonald's, no propondría salir del establecimiento ni mucho menos cosas radicales como ser vegetarianos. Quiere conseguir que McDonald's tenga opciones de ternera sostenible y ayudarnos a escoger el mejor McMenú. Ofrece aplicaciones para dejar de ser adicto a las aplicaciones y sus campamentos tienen ese filtro tribal de liberación por ayahuasca que se ha puesto tan de moda en Silicon Valley. De hecho, él mismo confiesa que el rayo redentor le cayó encima durante un Burning Man, la fiesta que inauguró el artista Larry Harvey quemando el primer muñeco en la playa de San Francisco en 1986 y que desde los noventa se celebra en el desierto de Nevada. Empezó siendo un festival hippie pero en los últimos años se ha transformado en el Coachella de los pijos del Valle. Los presidentes ejecutivos de las empresas a las que parecería estar criticando adoran a Harris, Fogg lo recomienda cada vez que puede, Sergei Brin es su amigo. No viene a salvarnos. Es uno de los suyos.

También propone crear una certificación Time Well Spent como premio a las aplicaciones más «respetuosas», y sería su propia organización la que decidiría entre los diferentes productos digitales. Las tecnológicas ya le han cogido el suave guante de seda que les ha tirado, en algunos casos, con su valiosa asesoría. Google anunció en mayo de 2018 la plataforma Digital Wellbeing (bienestar digital), que introduce en Android unas herramientas para ayudar a los usuarios a controlar el tiempo que pasan usando el móvil. Desde junio de 2018, Apple tiene una aplicación parecida, llamada Screen Time (tiempo en pantalla). Al igual que Mark Zuckerberg en sus comparecencias parlamentarias, en las que dijo que los usuarios son siempre libres de usar las herramientas como les parezca más conveniente, unos y otros proceden a depositar el testigo en manos de sus millones de ratones. Tristan Harris quiere que hagan un juramento hipocrático donde prometan que usarán sus poderes únicamente «para el bien»... que era curiosamente lo mismo que proponía Skinner. Al final, su propio lenguaje le delata. El «humane» de su Center for Humane Technology no significa «humano» sino compasivo, una palabra creada para describir la manera con la que se debe conducir y sacrificar a los animales en las granjas de producción intensiva.

A la sátira le gustan las contradicciones, como los científicos que desarrollan la bomba atómica para salvar el mundo o los lobbies que defienden el derecho a tener armas para que los ciudadanos puedan dormir con tranquilidad. De buenas intenciones está empedrado el camino al infierno. Skinner quería manipular a las masas para salvarlas, que es lo mismo que se han propuesto Google, Apple, Facebook, Amazon o Microsoft. Quería conseguir una sociedad sin guerras ni supermercados, donde reinara el altruismo, los parques y la música clásica. «Si el mundo quiere salvaguardar alguno de sus recursos para el futuro, debe reducir no solo el consumo sino el número de consumidores», advertía en *Walden Dos*. Fogg quería sistematizar nuestros hábitos para que hiciéramos más ejercicio, comiéramos menos rosquillas y dejásemos de fumar. La verdad es que sus buenas intenciones son tan irrelevantes como sus inclinaciones políticas. El objetivo de su algoritmo es manipular la mente humana para que sienta y necesite cosas que necesitaba o sentía por sí misma. Ya no podemos seguir la máxima de creer en nosotros mismos, o escuchar a nuestro corazón. Tenemos que aprender a sospechar de nuestros deseos más íntimos, porque no sabemos quién o qué los ha puesto ahí.

Skinner empleó su táctica de intervalo variable para enseñar a sus ratones a apretar botones y tirar de palancas en todo tipo de circuitos. También enseñó a las palomas a tocar el piano y a jugar al ping-pong. Las fuerzas aéreas estadounidenses lo contrataron para entrenar palomas mensajeras de bombas, un proyecto en el que consiguió un éxito relativo, pero mucha visibilidad. Pero aunque no tenía problemas en hacer detonar palomas contra el enemigo, tenía escrúpulos para otras cosas. «Unas palabras de advertencia para el lector que esté ansioso por avanzar a los sujetos humanos —escribió Skinner en su ensayo *How to Teach Animals*, publicado en 1951—. Debemos emprender un programa en el que a veces aplicamos refuerzos relevantes y a veces no. Al hacer eso [con humanos] es muy probable que generemos efectos emocionales. Por desgracia, la ciencia del comportamiento no tiene tanto éxito en controlar las emociones como en modelar la conducta.» En ese pequeño aspecto, el tiempo no le ha dado totalmente la razón.

La industria aún no sabe cómo controlar las emociones, pero se ha especializado en detectar, magnificar o producir las que más beneficio generan: indignación, miedo, furia, distracción, soledad, competitividad, envidia. Esta es la banalidad del mal de nuestro tiempo: los mejores cerebros de nuestra generación están buscando maneras de que hagas más *likes*. Y no es verdad que estemos libres de culpa. Todo empezó porque queríamos salvar el mundo, sin movernos del sofá.

2

Infraestructuras

El enemigo conoce el sistema. Uno debe diseñar los
sistemas con la premisa de que el enemigo conseguirá
familiarizarse inmediatamente con ellos.

CLAUDE SHANNON

La arquitectura es el lenguaje del poder. Nos revela sus intenciones.
No nos dice lo mismo una ciudad comercial como Ámsterdam que
una imperial. «Moscú, Beijing y Tokio muestran las huellas de las
autocracias que las construyeron —explica Deyan Sudjic en *El lenguaje de las ciudades*—. El Kremlin, la Ciudad Prohibida y el Palacio
Imperial son monumentos de un sistema urbano que se construyó en
torno a un solo individuo poderoso. Cada uno de ellos tenía un palacio en el centro, rodeado por una ciudad interior de criados y familiares, y una zona exterior para comerciantes y trabajadores excluidos
de la corte.» Las ciudades comerciales como Ámsterdam son abiertas
y promiscuas, las imperiales son estructuras amuralladas de círculos
concéntricos en torno a un corazón vacío. Y no solo los edificios: la
naturaleza política de la ciudad está también en sus calles, su sistema
de alcantarillado y las leyes que regulan la propiedad y limitan la explotación del suelo. Los bellos bulevares parisinos fueron diseñados
por el barón Haussmann para evitar que Napoleón III tuviese que
enfrentarse a la misma clase de desórdenes callejeros que le habían
llevado al poder en 1848. Las universidades construidas después de
Mayo del 68 son grandes bloques de cemento llenos de escaleras
construidos en lugares remotos, bien lejos de la ciudad.

Todas las arquitecturas totalitarias son centralizadas. Stalin recuperó Moscú como capital del imperio y conservó la estructura de círcu-

los concéntricos que habían dejado los Ivanes —el Grande, el Terrible y su hijo Fyodor—, pero hizo construir las grandes avenidas que irradian del Kremlin, como los rayos saliendo del sol que ilumina toda Rusia, el ojo que todo lo ve. Es por culpa de ese ojo todopoderoso que Moscú sufre hoy sus legendarios atascos de varias horas. Las estructuras centralizadas no están diseñadas para la eficiencia sino para el control. Y el miedo. El César debe ser poderoso, y también parecerlo.

El lenguaje de todas las dictaduras modernas es narcisista, monumental y lleno de nostalgia de un pasado todavía más imperialista, de una arquitectura construida por esclavos y concebida para simbolizar un centro de poder cuya expansión era potencialmente infinita. La Welthauptstadt Germania que Hitler planea para Berlín sueña con el Imperio romano, con edificios tan gigantescos que habrían creado su propio microclima artificial. El palacio de los Soviets iba a ser un rascacielos de quinientos metros con forma de pirámide con una estatua de Lenin encima, plantado sobre las cenizas de la Catedral de Cristo Salvador de Moscú que Stalin hizo dinamitar porque era «grande, molesta, parecía una tarta o un samovar y simbolizaba el poder y el gusto de los lores del viejo Moscú». La construcción del palacio iba por el piso noveno cuando los nazis entraron en Rusia y nunca se reanudó. Nikita Jrushchov, primer secretario del Comité Central del Partido Comunista de la Unión Soviética, arrancó los cimientos y puso una gran piscina al aire libre, queriendo borrar la memoria de su carismático predecesor. Cuando cayó la Unión Soviética y Rusia se reunificó, el primer alcalde de Moscú, Yuri Luzhov, cementó la piscina y emprendió la construcción de una réplica de la catedral que Stalin había destruido, financiada por la nueva generación de oligarcas. El centro de poder concentra una gran energía simbólica. La mejor manera de demostrar el poder es plantarlo sobre la tumba del poder anterior.

La arquitectura fascista se fija en Roma pero modernizada por el racionalismo de la Bauhaus. La franquista sueña con Felipe II y la grandeza austera de El Escorial. Según David Pallol, autor de *Construyendo Imperio. Guía de la arquitectura franquista en el Madrid de la posguerra*, el Arco de la Moncloa, el Monumento a los Caídos y el Ministerio del Aire «formaban parte de un eje triunfal» que arrancaba en la

Moncloa y terminaba en El Escorial. Todo bien alto y simétrico, con sus torres góticas y sus cúpulas renacentistas, y en cada puerta un Arco del Triunfo. Por no mencionar la arquitectura de la fe. La Iglesia es otro régimen totalitario que manifiesta su organigrama de manera deliberadamente visible, y construye para inspirar temor y reverencia ante el poder de Dios. La catedral es el palacio del Obispo —su trono, su cátedra— y constituye el centro de la diócesis. Todas las iglesias conectan el cielo y el suelo, pero solo una corona reyes.

Finalmente, con la Revolución industrial llegó un tipo de catedral nueva, icono de un nuevo mundo de posibilidades. Y, naturalmente, símbolo del poder militar de los grandes imperios colonialistas. La catedral industrial primigenia fue el Palacio de Cristal de sir Joseph Paxton, construido para la primera gran Expo, en 1851. Estaba en mitad de Hyde Park y acogió a más de seis millones de personas, un completo disparate. Dicen que era el edificio más bello jamás construido. No hay novelista steampunk que no le dedique una novelita o dos. Paxton era paisajista y el palacio era un gigantesco invernadero de 138 metros de largo por 39 de alto, cubierto por más de 80.000 metros cuadrados de vidrio y sostenido por un impresionante esqueleto de acero fundido. Era como estar dentro y fuera al mismo tiempo, clavado en el suelo y flotando a la vez. Parecía bañado por la luz divina, un objeto mágico, una ilusión. Más tarde vendrían otras expos y otros monumentos casi tan icónicos, como la Torre Eiffel o la bellísima estación Grand Central, pero el Palacio de Cristal definió el modelo. Era el primer gran edificio modular prefabricado, y fue construido y montado en solo cinco meses; un escaparate de la potencia del vapor, la producción de acero, la fabricación de vidrio, las vías, túneles, canales y puentes de un nuevo sistema de transporte. Una muestra de su capacidad de destrucción.

Las catedrales de la Revolución industrial eran la metáfora divina de una nueva potencia bélica, un cambio de velocidad. Eran monumentos de código abierto, edificios *open source*, que mostraban los secretos de su ingeniería en espacios privilegiados de las grandes capitales como advertencia de superioridad. Allí podía uno sumergirse en la orfebrería de sus esqueletos, «el encaje gótico del acero» y la disposición de sus engranajes para sentir el frío de su aliento letal. Los críticos dijeron del Palacio de Paxton que representaba «la negrura de lo industrial», y tenían razón. Fue inaugurado por la reina Victoria el primer día de mayo, el día que se abrieron todas las flores, pero cantaba una canción de guerra. Las catedrales de nuestra Revolución industrial no son monumentos diseñados para demostrar la gloria de su poder, sino todo lo contrario. Están diseñadas para disimularlo. El poder del siglo XXI ya no construye para inspirar terror sino para producir la confianza de una burocracia eficiente, modesta y bienintencionada. Como dicen los ingleses, son los más callados a los que hay que vigilar.

Decía Edward Said que todo imperio se dice a sí mismo y al resto del mundo «que es distinto de otros imperios, que su misión no es el saqueo y el control sino educar y liberar».[1] Ninguno se lo ha creído tanto como estos nuevos imperios subterráneos cuyo ejercicio del poder requiere silencio, oscuridad y secretos. En el lugar donde antes se levantaban los palacios han construido otra cosa: una mitología capaz de llenar la oscuridad de luminosas metáforas que representan exactamente lo contrario de lo que son. Por ejemplo, que la red es una estructura neutral, democrática y libre. Como todas las grandes mentiras, esta tiene un recuerdo de verdad.

De Command & Control a TCP/IP

Las redes también nos hablan. Su topografía revela tanto acerca de sus intenciones como la de una ciudad. Las arquitecturas diseñadas para el control son como el Moscú en el que todas las avenidas pasan por el Kremlin o la Europa imperial donde todos los caminos llevaban a Roma. Estructuras claramente centralizadas, con forma de estrella, donde todo el tráfico se concentra en un solo punto. Cuando el control —y la responsabilidad— del sistema es compartido, la red presenta *clusters* o constelaciones conectadas entre ellas. Cuando el poder se reparte de manera equitativa entre todos los nodos del sistema, la red tiene forma de malla de pescador. El primero en describirlas fue un ingeniero eléctrico de origen polaco llamado Paul Baran.

Baran tenía treinta y ocho años y trabajaba para la RAND Corporation, el laboratorio de ideas de las Fuerzas Armadas estadounidenses, cuando le pidieron que diseñara una red de comunicaciones capaz de sobrevivir a un ataque nuclear. Era 1962 y la posibilidad no parecía nada lejana. La Guerra Fría estaba en su punto más caliente con la crisis de los misiles cubanos. Mientras la sociedad estadounidense discutía abiertamente la legitimidad de disparar al vecino que intentara colarse en el refugio radioactivo familiar, el ejército barruntaba cómo podrían reagruparse y reorganizarse después de «el acontecimiento». Unos meses antes, varios miembros de un grupo revolucionario llamado American Republican Army habían hecho volar tres estaciones de radio de Utah y Nevada. La respuesta de Baran fue: redundancia. Cuanto más repartida esté la responsabilidad de la comunicación, más posibilidades tendrá de llegar a su destino. El sistema estaría formado por ordenadores y sería digital.

El famoso diagrama de Baran tiene tres redes: una centralizada con forma de estrella, otra descentralizada con varias constelaciones y una tercera red distribuida de nodos interconectados de manera uniforme, con una estructura explícitamente no jerárquica, donde cada nodo era indistinguible del resto e intercambiable por cualquier otro. El argumento ahora parece obvio: cuando la información se concentra en un solo punto —como hace por ejemplo el correo en la oficina postal—, la destrucción de ese punto acabaría con todo el sistema. Si todos los puntos son oficinas postales, la desaparición de una de ellas solo requeriría redistribuir el tráfico. En lugar de un rey, cuya muerte acaba la partida, un ejército de peones, cada uno de ellos susceptible de convertirse en reina. Después ingenió una burocracia administrativa capaz de optimizar la eficiencia y la supervivencia del mensaje a través de esa red.

Las claves eran redundancia y velocidad. Cada nodo mandaría la información al nodo siguiente lo más rápido posible, como si fuera una patata caliente. Lo llamó «enrutado de patata caliente».[2] La otra cosa que se le ocurrió fue que cada bloque de información sería fragmentado y dispersado a través de la red, en pequeños bloques que viajarían por separado de nodo en nodo para volver a reunirse al llegar a su destino. De esta manera, no solo aligeraba la carga de los nodos, que podían pasar su pequeña porción de patata caliente mucho más rápido que la patata entera. También significaba que, si un nodo quedaba comprometido, el mensaje no sería interceptado entero. O que, si algunos nodos se caían, al menos una parte importante del mensaje llegaría a su destino. Así fue como Paul Baran inventó el sistema de conmutación de paquetes, uno de los principios claves de la red.

Cuando entregó el informe, no le hicieron ni caso. El modelo que proponía era radicalmente opuesto al sistema de conmutación de circuitos creado en Bell Telephone Laboratories, el mítico laboratorio de genios de AT&T, que establecía de antemano un canal de comunicación con un ancho de banda predeterminado para realizar cada transmisión, como un único cable entre emisor o receptor por el que se desplazaba el mensaje. La gestión era mucho más simple: la patata hacía un solo viaje, entera, de manera directa, sin tener que negociar nada con nadie. Y desde luego, no tenía que descomponerse y volverse a recomponer. También era un viaje más lento, pesado y peligroso. Un solo fallo y todo estaba perdido. Si el mensaje era interceptado, el atacante se lo llevaba entero. Había ventajas de sobra en la conmutación de paquetes, pero los ingenieros de Bell Labs recibieron la propuesta con franca hostilidad.

La única compañía telefónica de Estados Unidos no podía correr riesgos, dijeron. La integridad de su servicio y la compatibilidad de sus sistemas era su única prioridad. «Querer innovar en un sistema como este es como someterte a un trasplante de corazón mientras corres una milla en cuatro minutos»,[3] era la frase habitual de Jack A. Morton, jefe del Departamento de Ingeniería Electrónica del laboratorio. Con ese espíritu, la empresa que inventó el transistor dejó escapar algo mucho más gordo: el microchip. En todo caso, añadieron, el nuevo modelo resultaría mucho más caro, porque en aquel momento cada cambio en el itinerario tendría que hacerse de manera manual, con una operadora de carne y hueso. La propuesta de Baran descentralizaba la operación, quitándoles control sobre todo el proceso, incluyendo el canal, el trayecto y la velocidad del mensaje. El memorándum que entregó en agosto de 1964 con el diagrama, la tecnología y el sistema de gestión por paquetes fue archivado y olvidado en un cajón. Por suerte para la conmutación de paquetes, había dos ingenieros que estaban estudiando el problema desde dos instituciones distintas y que habían llegado a la misma conclusión que Baran. Eran Donald Davies en el Laboratorio Nacional de Física de Londres y Leonard Kleinrock en el MIT.

Muchos de los inventos más significativos de nuestra historia han sido simultáneos, desarrollados a la vez por personas distintas en lugares distintos, sin que entre ellos mediara una palabra (menos frecuente es el genio que alumbra algo completamente nuevo desde la isla de su propia imaginación). Ha ocurrido, por ejemplo, con el cálculo y la evolución de las especies, el teléfono, la radio o la máquina de vapor. Brian Eno tiene una palabra horrible para describir el fenómeno: *Scenius*. «*Scenius* representa la inteligencia y la intuición de una escena cultural entera. La forma comunal del genio.» En su *Historia natural de la innovación*, Steve Johnson defiende que la invención simultánea es la forma más corriente de invención humana, y que no se limita a los tres que la terminan. «Se necesitan mil hombres para inventar un telégrafo, o una máquina de vapor, o un fonógrafo, o la fotografía, o un teléfono o cualquier cosa de importancia; y el último que llega se lleva la gloria y nos olvidamos de los demás.»[4]

Davies y Baran llegaron a la misma solución tratando de resolver problemas distintos, en contextos políticos distintos. «Davies, un investigador científico del prestigioso Laboratorio Nacional, ponía el énfasis en las virtudes científicas y técnicas de la conmutación de paquetes como un modelo más eficiente de comunicación de datos. Baran, por su parte, trabajaba para RAND, el *think tank* estadounidense de la Guerra Fría. Su publicación enfatizaba, como es bien sabido, las virtudes estratégicas de las redes descentralizadas y distribuidas: las redes con múltiples nodos son más robustas y susceptibles de sobrevivir a un cataclismo nuclear que una red centralizada basada en la conmutación de circuitos.»[5] Kleinrock estaba estudiando la conmutación de paquetes como parte de su proyecto de tesis en el MIT. Con el tiempo, Baran se llevó la gloria, Davies le puso el nombre y Kleinrock tuvo el honor de estrenar la criatura, cuando la Sigma 7 SDS de su laboratorio en la Universidad de California se conectó con la SDS 940 del laboratorio de Douglas Engelbart en Standford, Menlo Park, el 29 de octubre de 1969. El primer mensaje habría sido la palabra «login», pero la Sigma se congeló después de las primeras dos letras, así que la primera palabra que se dijeron los dos ordenadores fue «lo». «¡Como en *lo and behold!*», le gusta decir a Kleinrock, una expresión habitual en los relatos de magia o milagro, y que da título al famoso documental de Werner Herzog sobre internet, pero en aquel momento nadie se enteró de nada. El Concorde había roto la barrera del sonido y Neil Armstrong ya había dado su pequeño paso para el hombre, pero uno grande para la humanidad. El Gobierno estaba probando bombas nucleares en Nevada. Estados Unidos tenía muchas cosas en las que pensar.

Aquel milagro desencadenó otros. El 21 de noviembre ya tenían una conexión estable entre UCLA y Stanford. Dos semanas más tarde, se incorporaban a la red el IBM 360 de la Universidad de Utah y el PDP-10 de la Universidad de California en Santa Barbara. Durante los años que siguieron, ARPANET fue conectando laboratorios universitarios con bases militares y empresas tecnológicas. En junio de 1973, estrenaron la primera conexión transatlántica con la Norwegian Seismic Array (NORSAR), un punto de detección de terremotos y actividad nuclear estacionado en Kjeller, al norte de Oslo. Desde allí montaron la primera conexión terrestre con el University College de Londres. El ancho de banda era de 9,6 Kb/s.

El plan original había sido «explotar las nuevas tecnologías computacionales para atender las necesidades del comando militar y el control ante la amenaza nuclear, conseguir la supervivencia de las fuerzas nucleares estadounidenses y mejorar las decisiones tácticas y de gestión del ejército», pero el Gobierno fue perdiendo interés en el proyecto, cuyo desarrollo no estaba precisamente en manos de militares.[6] Era un matrimonio forzoso entre los ordenados ingenieros de redes telefónicas y una nueva clase de extrañas y barbudas criaturas que establecían relaciones con las máquinas a través del código, tomaban ácido y escuchaban a Grateful Dead. ARPANET «existía en clases vacías de departamentos de ciencias de la computación, en las dependencias de las bases militares, en las líneas de cobre y los enlaces por microondas de la red telefónica».[7] Los nodos estaban conectados a través de líneas telefónicas permanentemente abiertas, operadas por AT&T, y esas conexiones eran muy irregulares. El sistema descentralizado de paquetes que Baran había diseñado para sobrevivir a un invierno nuclear resultó clave para sobrellevar las frecuentes caídas de los ordenadores y la pérdida de conexiones del lento y accidentado sistema. El presupuesto de ARPA estaba bajo mínimos. En 1971, Defensa trató de venderle la red entera a AT&T para que la pusiera a funcionar decentemente y después se la alquilara como servicio. La operadora dijo que no.

«Cuando la tuvimos ya no la querían —contaba Larry Roberts, el jefe del proyecto—. Fui a ver a AT&T y les ofrecí vendérsela y que siguieran con ella. Básicamente se la regalamos. Podían cogerla y seguir expandiéndola comercialmente y alquilárnosla como servicio. [...] Se reunieron todos y pasaron por Bell Labs y tomaron la decisión; dijeron que era incompatible con sus redes. Que no podían ni considerarlo. No era algo que podían usar. O vender». En otras palabras: si internet nació como una red abierta y fuertemente descentralizada fue porque el Gobierno estadounidense no entendió su potencial y porque la única operadora que podía comprarla dijo que no la quería. Si el experimento llegaba a algún lugar, tendría que seguir haciéndolo con dinero público y como bien público.

El Gobierno y la operadora no se enteraban, pero entre los programadores la cosa estaba ardiendo. Aquel mismo año, Ray Tomlinson mandaba el primer email. Y ARPANET no era la única red en el mundo. Muy al contrario. Donald Davies había construido una red de conmutación de paquetes en el Laboratorio Nacional de Física. Su compañero de laboratorio Derek Barber preparaba la construcción de una red informática europea para el entonces todavía Mercado Común Europeo. Louis Pouzin implementaba CYCLADES en el Laboratorio Nacional de Investigación para las Ciencias de la Computación de Francia. Varios avispados de ARPANET lanzaban una empresa para explotar la nueva industria de conectar cosas con cosas, llamada Packet Communications. Las empresas públicas de telecomunicaciones hacían cuentas con los gobiernos para conectar sus instituciones usando conmutación de paquetes, incluyendo la Oficina Postal británica. La Primera Conferencia Internacional de Comunicación por ordenador los reunió a todos ellos en Washington, en octubre de 1972.

ARPANET es la estrella del histórico encuentro. Bob Kahn, de la oficina de Comando & Control del Departamento de Defensa estadounidense, consigue conectar veinte ordenadores en vivo y en directo, «el punto de inflexión que hizo que la gente se diera cuenta de que la conmutación de paquetes era una tecnología real». Allí nace el International Network Working Group (INWG), el primer grupo de trabajo de la red. Su núcleo son Alex McKenzie, los británicos Donald Davies y Roger Scantlebury y los franceses Louis Pouzin y Hubert Zimmermann. No hay ninguna mujer y son todos del frente aliado. Su primer presidente es un joven matemático llamado Vint Cerf.

EL PROBLEMA DE INTERNET

«A principios de 1973, Bob [Kahn] aparece en mi laboratorio de Stanford y me dice: "Tengo un problema" —cuenta Cerf—. Y le pregunto qué problema. Y me dice: "ahora que ARPANET funciona están pensando cómo podemos introducir esos ordenadores en [el departamento de] Mando y Control".»[8] Kahn venía muy crecido de la Conferencia de Washington, pero sus jefes solo querían saber cómo iban a construir una estructura de comunicación superresistente para distribuir información a las distintas cadenas de mando durante o después de un ataque o desastre. Esto significaba muchas clases de objetos dispares, a través de métodos dispares, en contextos distintos. «Para considerar seriamente el uso de ordenadores —explica Cerf—, había que poder ponerlos en los vehículos en movimiento, los barcos que están en el mar y en los aviones, además de las instalaciones fijas.»

En ese momento, toda la experiencia que teníamos era con instalaciones fijas de ARPANET. Así que [Kahn] estaba pensando en algo que llamó «redes abiertas» [open networking] y pensaba que permitiría optimizar las redes por radio de manera distinta a las redes por satélite para los barcos y de manera distinta a la optimización de las líneas de teléfono dedicadas. Así que, en su teoría, teníamos varios tipos de redes, todas ellas basadas en la conmutación de paquetes pero con distintas características. Unas eran más grandes, otras más veloces, unas

64

perdían más paquetes, otras no. La cuestión es cómo hacer que todos los ordenadores en cada una de esas redes variadas piensen que son parte de la misma red común, con todas sus variaciones y diversidad.

Lo llamaron «el problema de internet», porque el problema era interconectar todas las NETS entre ellas. Que, en principio, era como tratar de construir un universo coherente con una caja de Legos, otra de Quimicefa, un Scalextric y la Casita de Pin y Pon. Pero ese no era su único problema. En septiembre de 1973, el grupo se volvió a reunir en la Universidad de Sussex. Los ánimos estaban caldeados. Consiguieron demostrar una conexión fugaz, mixta y transatlántica, entre Brighton y Virginia, encadenando líneas telefónicas a ambos lados del charco con la señal de un satélite. Todos se pusieron muy contentos. Pero cuando Cerf y Kahn presentaron su solución al «problema de internet», los europeos la bloquearon, no por motivos técnicos sino políticos. Sobre todo Pouzin:

> Vint y Bob Kahn y probablemente otros como Yogen Dalal trataron de usar esta estrategia: el paquete sería fragmentado por el camino en un número de paquetes que llegarían desordenados, pero usando la misma ventana [de conexión] para controlar la transmisión. Era técnicamente complejo, y con eso quiero decir inteligente, pero no nos gustó la idea porque primero nos pareció demasiado complejo de implementar y difícil de vender a la industria. Y, segundo, porque mezclaba en el mismo protocolo dos cosas: las correspondientes a la capa de transporte y las que concernían al protocolo de extremo a extremo. Esa dualidad era políticamente inaceptable, porque estas dos capas del sistema debían ser gestionadas por dos mundos: las operadoras y la computación. Así que no era aceptable en términos de sociología técnica. No se podía vender algo que implicara el consenso de dos mundos tan distintos. No nos pareció una buena manera de organizar las cosas, aunque técnicamente tuviera sentido.

El problema inicial de internet se podía resolver, porque los objetos a conectar eran todos ordenadores programables. La principal característica de un ordenador como ese es que puedes programarlo para que haga lo mismo que otro de la misma clase, aunque uno sea un armario de seis puertas y el otro una torre de medio metro con un ventilador. El nuevo problema de internet no era de hardware ni de software, sino de gobierno. Necesitaban un código que sirviera de bisagra entre los distintos sistemas pero que además mantuviera la separación de poderes entre los dueños de las infraestructuras y los nodos interconectados de los diferentes países. El TCP daba poder a las operadoras sobre la gestión del tráfico. En Europa, las operadoras eran monopolios del Estado. Era demasiado poder.

Pouzin no tenía que imaginarse cómo sería un internet controlado por el Gobierno porque en Francia ya había uno, llamado Minitel.[9] El Ministerio de Correos, Telégrafos y Telefonía francés (PTT) había implementado un sistema parecido al teletexto que tenía su propia red (TRANS-PAC), protocolo de comunicaciones (CEPT) y hasta su propia plataforma de aplicaciones externas llamada Kiosk, no muy diferente a Google Play o la AppStore. Era un sistema absolutamente centralizado, donde el usuario operaba desde terminales tontas, sin capacidad de procesamiento ni memoria. El protocolo estaba diseñado para impedir que los usuarios se conectaran entre ellos directamente. Eran tan baratas que el Gobierno las regalaba a través de la oficina de correos, y tenía programas para hacer la contabilidad, leer las noticias, comprar billetes de tren y cumplimentar los formularios de los impuestos, un cliente de correo y un popular chat llamado Minitel Rose, todo almacenado y procesado por la red de datos pública en un único servidor central, propiedad del Estado. También había terminales en las bibliotecas, universidades y colegios. A finales de los ochenta, Minitel tenía veinticinco millones de usuarios y más de veintitrés mil servicios.

El grupo debatió entre las dos versiones enfrentadas de la conmutación de paquetes. La solución Cerf-Kahn era dejar que el itinerario y ancho de banda de la transmisión fuera preasignado por la operadora, como una llamada telefónica. Este modelo se llamaba de «circuito virtual». La solución Pouzin-Davies era repartir esa responsabilidad entre los nodos, que podrían recalcular la trayectoria óptima de cada paquete en función del tráfico existente, el ancho de banda disponible y el número de nodos disponibles en ese preciso momento. Además de distribuida, en teoría era mucho más eficiente. Para facilitar el proceso, cada fragmento o paquete contendría dos clases de información: una cabecera con su identificador, lugar de salida, destino y número de orden y el fragmento del propio mensaje. Pouzin lo llamó «datagrama», un híbrido entre dato y telegrama.

Cerf lo recordaría como una guerra religiosa. La revolución informática, en palabras del teórico Lev Manovich, había sido «la sustitución de cada constante por una variable». Se enfrentaba el universo constante de los objetos de los ingenieros de telecomunicaciones con el mundo cambiante de los departamentos de computación. Era hardware *versus* software, un cambio total de paradigma. El grupo de trabajo no sabía qué tecnologías surgirían, qué clase de ordenadores habría o para qué la iban a necesitar en el futuro. Tenía que poder evolucionar sin estar optimizada para ningún tipo de material, técnica, conductor o metodología específica, de manera que una o muchas de sus partes pudieran ser reemplazadas sin alterar su estructura fundamental. Los ingenieros de las telefónicas estaban acostumbrados a diseñar para objetos específicos y problemas concretos. Por ejemplo, sostener una llamada telefónica intercontinental. Si la red no estaba optimizada para una función concreta, sobre una tecnología concreta, y dependía de demasiados factores, nunca funcionaría bien. AT&T era la única operadora interestatal en Estados Unidos. Su servicio era crítico. ¿Cómo podían garantizar el servicio si no podrían controlar todos los aspectos de la transmisión, incluyendo la gestión del tráfico que circulaba por sus redes? Pero también y sobre todo era una pelea a cara de perro por el dominio de un mercado emergente: ¿para qué iban a desarrollar una infraestructura si luego no podían negociar servicios con las empresas que las iban a utilizar? AT&T y las operadoras pujaban por el modelo de circuito virtual, IBM y el resto de tecnológicas por el modelo datagrama. Unos no querían renunciar a la soberanía sobre su propia infraestructura y otros no pensaban dejar pasar la oportunidad. Tras dos años de debate, el grupo estuvo de acuerdo en la necesidad de proteger el experimento de los intereses de las empresas o países que controlaban la infraestructura y optaron por el datagrama. Bautizaron a la criatura con un nombre compuesto: Protocolo de control de transmisión / Protocolo de Internet o TCP/IP.

Para entender cómo nació este protocolo, es importante saber que sus responsables eran un pequeño grupo internacional de científicos trabajando con dinero público y que su objetivo era crear una inteligencia colectiva de laboratorios científicos en un momento de gran efervescencia, después de la Segunda Guerra Mundial. El libro de moda era *La estructura de las revoluciones científicas* de Thomas Kuhn, que argumenta que los laboratorios son los lugares donde se produce ciencia «normal»: se testan los modelos, se generan las teorías y se establecen los paradigmas; pero que la ciencia extraordinaria, los saltos cuánticos de la ciencia ocurren en la fricción de unos laboratorios y otros, y de los paradigmas de unos científicos y los de otros científicos, muy especialmente cuando vienen de disciplinas distintas. «Ningún proceso histórico descubierto hasta ahora por el estudio del desarrollo científico se parece en nada al estereotipo metodológico de la demostración de la falsedad por medio de la comparación directa con la naturaleza. Por el contrario, es precisamente lo incompleto y lo imperfecto del ajuste entre la teoría y los datos lo que define muchos de los enigmas que caracterizan a la ciencia normal.» Con ese espíritu reciente de la interdisciplinaridad, el grupo estaba convencido de que interconectar a todos los distintos genios de sus respectivos países sería tan significativo para la prosperidad y el bienestar de la humanidad como el ferrocarril, la electricidad o los antibióticos. Al menos a la humanidad en el bloque aliado. La red debía estar diseñada a prueba de monopolios, sin beneficiar un tipo de información sobre otra, o este usuario sobre aquel. También a prueba de fascismos. La historia más reciente les había demostrado que las buenas intenciones no bastaban si no estaban codificadas en el diseño fundacional del sistema. Había que planear para lo inimaginable y también para lo peor. La solución Pouzin se postulaba como una protección contra los cambios políticos, la vida y muerte de las grandes compañías y el paso del tiempo. El tráfico no sería gestionado por una sola organización, ni tendría un solo punto de acceso, ni dependería de una sola legislación. Estaba pensado a prueba de fascismos y de revoluciones. En 1975, presentaron su protocolo ante el Comité Consultivo Internacional Telefónico y Telegráfico que establecía los estándares internacionales. Sus expertos eran todos ingenieros de telecomunicaciones de las grandes telefónicas, y la institución lo rechazó.

Cerf se disgustó tanto que renunció a la presidencia del grupo, se marchó de Stanford y se fue a trabajar para el ARPA. Pouzin se quejó tanto que perdió la financiación de CYCLADES. Hubert Zimmermann propuso al comité desarrollar otro protocolo. Así nació el modelo de interconexión de sistemas abiertos, más conocido como OSI. Los que habían sido colaboradores se convirtieron en rivales.

Teóricamente, internet tenía que haber sido OSI. Tenía el apoyo de las operadoras, dinero de los gobiernos, la legislación de cara, el Comité a favor. Incluso tenía el apoyo del Gobierno estadounidense, que prefería archivar ARPANET que pelearse con AT&T. Tenía a Charles Bachman de presidente, un genio de la gestión de bases de datos al que le acababan de dar el premio Turing. Pero también tenía que poner de acuerdo a las operadoras, ministerios y tecnológicas de Europa, Norteamérica y Asia. Un gallinero en el que todos los gallos quieren dominar el corral. En 1984 publicaron el «Modelo de Referencia para la Interconexión de Sistemas Abiertos», y todo el mundo se puso a trabajar. Nacieron la red JANET en Inglaterra, DFN en Alemania, SUNET en Suecia, SURFnet en Países Bajos, ACOnet en Austria y SWITCH en Suiza; seguidas de RedIRIS en España y GARR en Italia. Después OSI se empezó a demorar. «¿Te imaginas tener que hacer que los delegados de diez grandes compañías tecnológicas que compiten entre ellas, y diez grandes operadoras telefónicas y monopolios estatales y los especialistas de diez países distintos se pongan de acuerdo en algo?», se lamentaba Bachman en una conferencia. A principios de los noventa, el desarrollo estaba estancado. El protocolo X.25 para el que todos los países habían implementado sus placas, máquinas y servicios era deficiente en la transferencia masiva de datos o conexiones remotas. Los programas eran malos o caros, los costes de conexión internacional extremadamente altos.[10] Al otro lado del charco, ARPANET tenía ya ciento sesenta mil redes y empezaba a trascender el entorno académico-militar para convertirse en un fenómeno social.

Técnicamente, internet nació la noche de fin de año de 1983, aunque el mundo la recuerda como la noche en que Michael Jackson estrenó *Thriller*. Esa noche ARPA dejó de mantener el protocolo original de ARPANET, obligando al resto de las redes a adoptar el TCP/IP o quedarse fuera del sistema. Podían hacer lo que quisieran.

Tenían dinero del Gobierno y ningún país o empresa con la que negociar. Empezaron siendo quince redes. Tres años más tarde eran cuatrocientas. Los ordenadores conectados usaban un sistema operativo llamado UNIX, que había sido creado por ingenieros de Bell Labs, pero un estudiante del Departamento de Computación de la Universidad de Berkeley llamado Bill Joy había creado su propia distribución, con la licencia Berkeley Software Distribution o BSD. Para desarrollar la red, ARPA compró la licencia de Bell Labs pero se quedó con la distro de Berkeley, que pronto se convirtió en un estándar de la época. En 1981, Cerf le pidió a Joy que hiciera una distribución especial de UNIX, su protocolo. Un año después, Joy fundaba Sun Microsystems. Su primera estación de trabajo es un UNIX modificado para TCP/IP.

ARPA financió a muchas instituciones para que instalaran el UNIX modificado en sus equipos y entraran en el sistema. En el proceso surgieron soluciones duraderas para problemas futuros. ALOHA-NET, una estructura supercentralizada de los setenta que conectaba la Universidad de Hawái con las islas, no por cable sino por radio, creó un ingenioso sistema de gestión de colisiones y medios compartidos que luego se convertiría en el protocolo de Ethernet. No todo el mundo podía estar en ARPANET. Te tenían que invitar. Al no ser invitados, dos estudiantes de la Universidad de Duke crearon USE-NET, «el ARPANET de los pobres», en 1979. «Se daba por hecho que para unirse a ARPANET había que tener conexiones políticas y cien mil dólares —explicaba Stephen Daniel, programador de la red—.[11] No sé si era verdad, pero estábamos tan lejos de tener conexiones o ese dinero que ni lo intentamos.» En principio, era una red comunitaria para entusiastas de UNIX. Para entrar solo hacía falta tener acceso a un ordenador con UNIX y un marcador automático de fabricación casera. Fuera del entorno militar, el ambiente era completamente distinto. «USENET estaba organizado en torno a los grupos de noticias, donde el receptor controla lo que recibe —explica Daniel—. ARPANET estaba organizado en torno a listas de correo, donde hay un control central para cada lista que potencialmente controla quién recibe el material y qué material se transmite. Todavía prefiero el modelo lectorcéntrico.» En sus grupos de noticias se anunció y compartió por primera vez el código fuente de algunos de los pilares de la red, desde la World Wide Web al kernel de Linux. Fue la inspiración de los canales IRC y de los primeros movimientos sociales online. Comparada con el modelo OSI y TCP/IP, USENET era la verdadera red abierta, democrática y neutral. Al menos, si olvidamos por un momento que eran todos hombres de entre veinte y treinta años, programadores y blancos de clase media/alta con acceso a un ordenador y una línea telefónica.

Lo del acceso estaba a punto de empezar a arreglarse. Mientras los locos de la computación resolvían el problema de los estándares y la interoperatividad, la industria informática experimentaba su propio salto cuántico. Gordon Moore había dejado Fairchild Semiconductors para montar Intel Corporation con Robert Noyce en 1968, augurando que «la complejidad de los circuitos integrados se duplicaría cada año con una reducción de coste conmensurable». Durante varias décadas, la Ley de Moore fue lo único estable en un mundo en permanente aceleración. Intel sacó el primer microprocesador de cuatro bits en 1971 para una línea de calculadoras de la firma japonesa Busicom, lo que reducía de manera contundente el tamaño de las máquinas de computación. En 1974 inaugura la era del ordenador personal con el Intel de 8 bits en el Altair 8800.

IBM PC: CONSTRUYA SU PROPIO ORDENADOR

El Altair 8800 fue la portada de enero de *Popular Electronics*, una revista para manitas de la electrónica. Llevaba el primer bus de datos (bus S-100), una placa de circuito diseñada para conectar al resto de componentes del ordenador. También llevaba el Altair BASIC, escrito por Bill Gates y Paul Allen. A Gates le gusta contar que, cuando vieron aquel ordenador en la portada, corrieron a fundar Microsoft. Apple lanzó su primer ordenador de producción masiva en 1977. El Apple II tenía pantalla a color y un rompedor software de hoja de cálculo llamado VisiCalc, con el que triunfó en las oficinas, a pesar de su precio. En las casas triunfaban el Spectrum, el Amstrad y, especialmente, el Commodore 64, aún hoy el modelo de ordenador más vendido de todos los tiempos. Probablemente porque traía muchos videojuegos. En 1981, mientras Steve Jobs trataba de producir el primer ordenador con interfaz gráfico de usuario y ratón, IBM reventó el mercado con un ordenador genérico, fabricado con piezas producidas por otros fabricantes en otros países. No se parecía a nada. Lo llamaron IBM PC.

El Gigante Azul había sido durante décadas el gran monopolio tecnológico. Sus enormes ordenadores eran el estándar de la industria. «Nunca han despedido a nadie por comprar IBM», se decía. Y era verdad. Durante sus setenta años de vida, había ejercido un control absoluto sobre el producto, que ocupaba habitaciones enteras, costaba millones de dólares y llevaba docenas de ingenieros de IBM dentro porque nadie más sabía cómo operar. Como explicaba Pepe Cervera, «aquellos ordenadores usaban programas de IBM en un sistema operativo de IBM con formatos de datos de IBM para realizar cálculos con los algoritmos propiedad de IBM mediante los circuitos lógicos y de memoria de IBM».[12] Fabricaban hasta el último tornillo del último mueble que alojaban sus máquinas y escribían hasta el último punto y coma de cada línea del código. IBM no era compatible con nada que no fuera IBM. Su cultura de empresa giraba en torno a los grandes proyectos para los grandes clientes, como el Departamento de Defensa. La revolución de los microprocesadores les convirtió en dinosaurios de la noche a la mañana. De pronto eran demasiado lentos para competir con Hewlett-Packard, Texas Instruments y Data General. Los jefes esperaban que «se pasara la moda». «Pretender que IBM saque un ordenador personal es como enseñar a bailar a un elefante», decían. Bill Lowe, director del laboratorio de IBM, convenció al resto de directivos de que sí podía hacerse, pero no dentro de la cultura de la empresa. Le dieron un año para producir un prototipo y convocó a un grupo de ingenieros en Boca Ratón, once hombres y una mujer.[13] Los llamaron *The Dirty Dozen*.[14] En un mes tenían una propuesta: había que abrir el proyecto a otros fabricantes y desarrolladores. Y, para hacerlo, tendrían que abrir su propia arquitectura. Era un escándalo absoluto y a la vez la única opción.

El «ordenador personal» era un Frankenstein compuesto de procesador central, un sistema operativo para reconocer y arrancar el hardware (BIOS), una memoria sólida para el proceso de información

(ROM) y una memoria alternativa para almacenar información (*floppy disk*). Tenía una placa base y un sistema operativo de software llamado QDOS. En lugar de fabricar cada una de las partes, dejarían que terceros lo hicieran para ellos. El sistema operativo era de Microsoft, rebautizado como PC-DOS y vendido por separado más adelante como MS-DOS. También tenía programas de contabilidad, procesador de texto y hasta un videojuego. El procesador era un Intel 8088, también todos los chips de soporte de la placa base. Los chips de memoria eran de terceros, la tarjeta gráfica de Motorola. El monitor y el teclado eran reciclados de otros modelos de IBM. Con el ordenador, publicaron el Manual de Referencia Técnica del IBM PC, con los diagramas esquemáticos de los circuitos, el código fuente de la BIOS y los detalles técnicos de cada uno de sus componentes. Los primeros clones tardaron menos de un año en salir al mercado.

IBM se había reservado el diseño de la BIOS, el código que haría de bisagra con el hardware del resto de fabricantes, cuya propiedad intelectual pensaba explotar en el nuevo mercado que había creado. No calculó lo fácil que sería adivinarlo. Con todos los demás detalles técnicos al descubierto, su competencia aisló rápidamente las características principales de su sistema central y los reprodujo sin pagar peaje. Pronto el PC era el estándar del mercado, y una nueva flota de fabricantes especializados empezó a producir software y periféricos para él. A pesar de los clones, a IBM no le fue nada mal. En enero de 1983, en algún lugar del mundo vendía un PC cada minuto laborable del día. El Gigante Azul recuperó su dominio del mercado y los usuarios ganaron acceso al mundo de la experimentación informática. Cualquiera podía construirse su propio equipo, entenderlo, repararlo y modificarlo cambiando piezas de distintos fabricantes para mejorar su rendimiento. Pero nadie se benefició más de este proceso que Microsoft.

IBM le había encargado a Bill Gates la producción del sistema operativo para despreocuparse por completo del software de escritorio. Habían tenido problemas de propiedad intelectual con otros fabricantes de software y querían eximirse completamente de esa responsabilidad. Cuando el PC se convirtió en el estándar del mercado, la separación de poderes le permitió a Microsoft venderles el mismo software a muchos fabricantes distintos, con el resultado que ya conocemos. Hasta entonces, el monopolio de IBM había sido la ballena blanca de Apple, pero su archienemigo acababa de mutar hacia algo mucho más peligroso. Steve Jobs atacó a la nueva hidra de dos cabezas con su famoso anuncio *1984*, dirigido por Ridley Scott. Estaba claro que IBM era el Gran Hermano y el software genérico de Microsoft su doctrina. Y Apple la bella atleta rubia con el disruptivo martillo de la revolución.

> Hoy celebramos el primer glorioso aniversario de las Directivas de Purificación de Información. Hemos creado, por primera vez en la historia, un jardín de ideología pura donde cada obrero puede florecer a salvo de las plagas que proveen de pensamientos contradictorios. Nuestra Unificación del Pensamiento es un arma más poderosa que cualquier flota o armada sobre la Tierra. Somos un pueblo con una voluntad, una resolución, una causa. Nuestros enemigos hablarán entre sí hasta su muerte y nosotros los sepultaremos en su propia confusión. ¡Nosotros prevaleceremos!

En el anuncio, Apple iba a conseguir que 1984 no fuera como *1984*, pero el combo PC-Windows prevaleció. Y con el desembarco de cientos de miles de terminales en los hogares y oficinas de millones de personas, internet dejaba de ser una red circunscrita a los círculos académicos internacionales para convertirse en la tierra de las oportunidades. En enero de 1983, la «persona del año» en la revista *Time* fue el ordenador. «El eterno romance estadounidense con el automóvil y el televisor está siendo ahora transformado por una pasión vertiginosa por el Ordenador Personal [...] el resultado de una revolución tecnológica que lleva cocinándose desde hace décadas y que está ahora, literalmente, desembarcando en el hogar.»

Internet entra en el mercado

Cuando presentó el primer protocolo, Vince Cerf pensaba que «ARPANET era un proyecto de investigación y que probablemente no pasaría de los 128 redes». A finales de 1985 había ya 2.000 ordenadores conectados por TCP/IP. En 1987 eran 30.000 y en 1989 159.000. La división militar de ARPANET se separó del proyecto en 1984, argumentando motivos de seguridad. En este momento, internet requería de una inversión de dinero público desproporcionadamente grande para una red experimental entre departamentos de física y computación. Se reconfiguró como una red académica a nivel nacional que conectaría a todas las universidades, llamada National Science Foundation's Network (NSFNET). El proyecto costó doscientos millones de dólares de dinero público. Se estableció una estructura con cinco nodos en los cinco centros de supercomputación, la primera *backbone* de internet. Pero la red crecía y crecía por encima de sus posibilidades. Necesitaban invertir más o morirían de éxito.

La política de uso aceptable que habían impuesto a la NSFNET limitaba la red a un uso estrictamente académico, educativo y científico. Teóricamente, no podía tercerizar su infraestructura o conectarse a ninguna red comercial. Cuando surgió una tecnología llamada fibra óptica que supera al cobre en todos los aspectos posibles, no pudieron contratarla ni implantarla sin pedir mucho más dinero. Ni siquiera pudieron contratar a la industria emergente de servicios especializados que interconectan unas redes con otras en espacios donde el alquiler y la electricidad son baratos. La política de uso aceptable no tuvo muchas ventajas, y pronto fue eliminada por la High Performance Computing and Communication Act de 1991, firmada por George W. Bush y conocida como Ley Gore, porque fue impulsada principalmente por el congresista demócrata Al Gore. La ley asignaba seiscientos millones de dólares para la creación de una nueva Red Nacional de Investigación y Educación que uniría «industria, academia y Gobierno en un esfuerzo conjunto para acelerar el desarrollo de una red de banda ancha». Internet salía del gueto académico para ponerse al servicio de la sociedad civil.

Años más tarde, en su única campaña para la presidencia en la que competía con George W. Bush, Al Gore llegó a decir que él había creado internet. No fue un comentario muy afortunado y le cayeron numerosos capones, especialmente de su rival. Pero Gore no quería decir que él había inventado la conmutación de paquetes ni la fibra óptica, sino que había convertido el experimento académico en la «autopista de la información». Se había inspirado en el trabajo de su padre, quien había impulsado la Ley Nacional de Carreteras Interestatales y de Defensa de 1956. De ahí la metáfora de las «autopistas» que dominó la primera época de internet. Gracias a Gore padre, Eisenhower destinó veintiséis mil millones de dólares de la época para construir autopistas que conectaran unos estados con otros de manera eficiente y segura. El Model T de Ford había democratizado el acceso al automóvil y, con la nueva infraestructura, el Gobierno había democratizado conducir. El IBM PC era el Model T de la revolución informática, y Gore Jr. quería democratizar la interconexión. Pero la democratizó poniendo dinero público en manos de operadoras privadas. El empresario William Schrader, que había pedido créditos y vendido su coche para montar el primer proveedor comercial regional de internet en Estados Unidos, acusó a la NSF de regalarle un parque nacional a Kmart.

Un año más tarde, como vicepresidente del Gobierno de Bill Clinton, Al Gore declara en el National Press Club que «las autopistas de la información serán construidas, pagadas y financiadas por el sector privado». En las siguientes cuarenta y ocho horas, el Comité Nacional Demócrata recibe quince mil dólares de Sprint; setenta mil de MCI, diez mil de U.S. West y veinticinco mil de NYNEX, las dos últimas particiones de AT&T. El *backbone* de NSFNET sale de los centros de supercomputación y queda en manos de cuatro empresas: la MAE-East en Washington; Sprint en Nueva York y otras dos particiones de AT&T: Ameritech en Chicago y Pacific Bell en California. El cambio es significativo: hay cuatro nodos en la nueva red que concentran mucho más poder que otros. La conmutación de paquetes sigue siendo distribuida pero hay cuatro empresas que deciden quién se conecta con quién, de acuerdo a sus propios intereses y alianzas. En 1994, el Instituto Nacional de Estándares y Tecnología aconseja abandonar definitivamente el proyecto OSI y unirse a la Red de redes unidas por TCP/IP. En 1995, la NFTNET desapareció y con ella el sueño de una red distribuida que soñaron en los sesenta. Pero renacería como internet.

En 1996, aunque internet había dejado de ser el proyecto de un puñado de científicos para hacer el mundo un lugar mejor, seguía siendo una red de propósito general. El detalle no es banal. Es lo que permitió cambiar el cobre de la línea telefónica por cable de fibra óptica sin tener que reconstruir la red entera. Y, más adelante, cambiar el protocolo de transmisión de datos por otro encriptado. Su conocida «apertura radical» ha permitido que evolucionen los contenidos y los formatos, del correo a la realidad virtual. Así lo contaba Dave Clark, uno de los arquitectos, en 2016.

> En los primeros años, internet era principalmente correo, y cuando la gente te preguntaba si estabas en internet, querían decir que si tenías una dirección de email. El correo es una aplicación bastante poco exigente, y si internet se hubiese volcado demasiado en sostenerla (cosa que casi pasó), la [World Wide] web no habría podido surgir. Pero la web triunfó y su presencia complementaria al correo recordó a los ingenieros el valor de tener un propósito general. Pero este ciclo se repite y la emergencia del audio y el vídeo por *streaming* en los primeros 2000 puso a prueba la generalidad de un internet que se había recompuesto con la presunción de que ahora era la web —y no el email— la aplicación estrella. Hoy el *streaming* del vídeo y el audio de alta calidad son el motor que conduce el constante recalcular de internet, y es tentador asumir una vez más que ahora sabemos para qué estaba diseñada, y optimizarla con ese propósito. El pasado nos enseña que debemos estar siempre alerta para proteger el principio de generalidad de internet, y hacer sitio al futuro incluso cuando nos enfrentamos a las necesidades del presente.[15]

Justo antes de que la nueva red se privatizara, un joven físico británico se frustraba tratando de trabajar con las distintas bases de datos que confluyen en el Laboratorio Europeo de Física Nuclear de Ginebra, el primer nodo europeo de internet.

TIM BERNERS-LEE: ESTA WEB ES PARA TODOS

«La gente que venía a trabajar al CERN venía de universidades de todas partes del mundo y con ellos venían toda clase de ordenadores —cuenta Tim Berners-Lee—. No solo eran Unix, Mac y PC; había toda clase de ordenadores centrales y medianos ejecutando todo tipo de software». Para poder usar archivos de un ordenador había que loguearse de manera remota. «Y a veces tenías que aprender a usar los distintos programas que había en esos ordenadores. A menudo era más sencillo pedírselo a la gente mientras estaban tomando café.»

Como el resto de sus colegas, Berners-Lee estaba harto de escribir programas para convertir los documentos de un sistema a otro. Hacía falta una nueva capa que fuese común a todos los sistemas, un «sistema de información imaginario» que fuese nativo de la nueva red y que todo el mundo pudiese leer y escribir. En resumen, hacía falta una biblioteca. Tratando de resolver aquel problema de una vez y para siempre, en los siguientes dos años creó de manera independiente la arquitectura de la red en la que nos movemos ahora. Primero inventó un lenguaje de etiquetas llamado hipertexto (HTML), un sistema que permitiría ordenar la información para ser leída en la pantalla a través de etiquetas descriptivas, como si fuera la página de un libro. Pero como era una página de la web, lo llamó página web. Toda la información de internet que quisiera ser compartida podría ser convertida a HTML y depositada en la memoria de unos ordenadores dedicados, como si fueran estanterías. A esos repositorios llenos de páginas HTML los llamaría servidores web. Para la comunicación entre los servidores y el ordenador que quisiera acceder a sus páginas, creó un protocolo de transferencia del hipertexto (HTTP). Cada página web tendría una dirección (Uniform Resource Locator) para poder encontrarla, aunque también se podría acceder a ella desde cualquier otra página web, gracias a un interconector interno llamado hiperenlace. De este modo, uno podría saltar de página en página y de servidor en servidor, de la misma manera que un investigador salta de referencia en referencia y de libro en libro. Habría muchos servidores en muchas instituciones en muchas partes del mundo, pero una sola biblioteca. Berners-Lee la presentó el 6 de agosto de 1991 en el grupo de noticias de USENET, llamado alt.hypertext. Pidió la colaboración de la comunidad para ponerla en marcha. La llamó World Wide Web.

Es imposible exagerar el impacto que tuvo este momento. Antes de la web, internet era básicamente tres cosas: correo, grupos de noticias[16] y una forma de entrar de manera remota en otros ordenadores para husmear en las bases de datos de las universidades y centros de investigación. Era todo texto, línea de comandos y programas como WAIS o Gopher, un buscador prehistórico basado en un código de caracteres heredado de la telegrafía llamado ASCII. Internet no era para todos; era solo para los que sabían usar una consola de texto y teclear los comandos adecuados. Tim creó ese mundo en un verano, pero no lo inventó solo. Los conceptos de hipertexto e hiperenlace habían sido desarrollados por Ted Nelson, Nicole Yankelovich, Andries van Dam y Douglas Engelbart, que también creó una interfaz que podía usarse de manera sencilla gracias a un ratón. El asunto estaba tan caliente que la Universidad de Carolina del Norte le dedicó un congreso: *Hypertext'87*. Todos los asistentes habían leído el famoso ensayo que publicó Vannevar Bush en la *Atlantic* en julio de 1945. Se titulaba «As we may think».

El ensayo delibera sobre la utilidad de la ciencia, y es aún más fascinante si se advierte que fue publicado solo un mes antes de las bombas atómicas sobre Hiroshima y Nagasaki. Vannevar Bush era el jefe máximo de la Oficina de Investigación y Desarrollo Científico y el primer responsable del proyecto Manhattan. El texto no habla de la bomba pero, entre los numerosos inventos que propone, hay una máquina llamada Memex, «una especie de librería mecánica» donde uno puede guardar todos sus libros, discos y comunicaciones, y que está «mecanizada de manera que los pueda consultar de manera veloz y flexible, como una extensión íntima de su memoria». Se diría que habla del iPhone, pero enseguida parece *Minority Report, vintage edition*. «Es como un escritorio y se puede operar a distancia [...] en la parte de arriba tiene pantallas traslúcidas donde se proyecta el material para su lectura. Hay un teclado y un juego de botones y palancas. Por todo lo demás parece un escritorio normal.» El material (libros, discos, etcétera.) se compran en microfilm y se descargan en el escritorio. «Si el usuario quiere consultar algo, teclea el código en el teclado y el libro aparece proyectado delante de él.» Las palancas sirven para desplazar el texto como una barra de desplazamiento mecánica. Si empujas hacia abajo, bajas por la página; si bajas y presionas un poco a la derecha, pasas página. Cuanto más hacia la derecha, más páginas pasas a la vez: diez páginas, cien páginas. La navegación del Memex ya era mejor que la del Kindle. «Todos los libros que consulta pueden quedar abiertos por la página que más le convenga para ser llamados después. Puede añadir notas al margen y comentarios.»

«Todo esto es convencional», asegura modestamente Bush, salvo por las proyecciones/pantallas y sobre todo lo que llama *indexador asociativo*, «donde cualquier objeto es susceptible de ser marcado para seleccionar inmediata y automáticamente otro objeto distinto». El autor considera que este proceso de enlazar dos objetos es la verdadera innovación del Memex. Esa parece haber sido la inspiración de Tim Berners-Lee y de prácticamente todo lo que pasó en las siguientes dos décadas, de la blogosfera a Twitter, pasando por el buscador más popular del mundo. Casi podemos decir que el mundo está aún tratando de ponerse al día con Vannevar Bush.

> Pongamos que el dueño del Memex está interesado en el origen y propiedades del arco y la flecha. Específicamente, estudia por qué el arco corto de los turcos era aparentemente superior al arco largo de los británicos en las escaramuzas de las Cruzadas. Tiene docenas de libros y artículos potencialmente pertinentes en su Memex. Primero revisa la enciclopedia, encuentra un artículo interesante pero superficial, y lo deja proyectado. Después, en un [libro de] historia, encuentra otro artículo pertinente y los conecta. Y así va construyendo una cadena de objetos. Ocasionalmente inserta algún comentario de su cosecha, bien enlazándolo al hilo principal o pegándolo como un hilo nuevo asociado a uno de los objetos. Cuando se hace evidente que la disponibilidad de material elástico tiene mucho que ver con el arco, se bifurca en un hilo lateral que le lleva a través de libros sobre elasticidad y tablas de constantes físicas. Inserta su propio análisis escrito a mano sobre el particular. Así construye un hilo con sus intereses que recorre el laberinto de material disponible.

En el mismo texto, Bush observa que muchas de las maravillas del mundo moderno estaban ya inventadas. Por ejemplo, el ordenador. Ni Leibnitz ni Babbage pudieron construir uno porque hacían falta otros avances tecnológicos para implementarlo, como el sistema de producción distribuido y la industria de producción en masa que hicieron posible el Palacio de Cristal. «Si le hubieran dado a un faraón los detalles y el diseño exacto de un coche, y hubiera podido entenderlos completamente, habría necesitado todos los recursos de su reino para construir las miles de partes de un solo coche, y ese coche se hubiera averiado en su primer viaje a Giza.» También auguraba que su escritorio indexador haría aparecer «nuevas formas de enciclopedia, cruzadas por multitud de hilos asociativos, listas para ser volcadas en el Memex y amplificadas».

Bush fue sin duda una de las mentes más brillantes de su época, una mente portentosa con una gran capacidad de visión. Cuando intentó patentar una versión anterior del Memex, llamada Rapid Selector, la oficina de patentes le dio calabazas: ya había sido inventado en 1927 por un científico israelí llamado Emanuel Goldberg, que encima había patentado también un buscador. Y que era amigo de Paul Otlet, hoy considerado el padre de las ciencias bibliográficas, inventor de una red internacional de bases de datos que permitirían a cualquiera navegar por el gran repositorio de libros, artículos, fotografías, discos, exposiciones y películas almacenados en microfilm gracias a unos «telescopios eléctricos». Como una proyección a nivel planetario que reflejaría el mundo en tiempo real, porque toda creación sería instantáneamente registrada y almacenada para ser compartida en el mismo momento en que se producía. «Desde la distancia, todo el mundo podrá leer textos, ampliados y limitados al tema deseado, proyectados en una pantalla individual. De esta manera, cualquiera desde su sofá podrá contemplar la creación entera o alguna de sus partes.» Incluso podría «participar, aplaudir, hacer ovaciones o cantar en el coro». Todo esto se publicó en 1935, en un libro titulado *Monde*.

Goldberg y Otlet no solo se escribían sino que se encontraban en reuniones internacionales en las que se debatían las nuevas tecnologías de transmisión de conocimiento. En 1936 coincidieron con H. G. Wells, que ya imaginaba una especie de inteligencia colectiva en su ensayo, *World Brain*. «Toda la memoria humana puede ser, y probablemente lo sea dentro de muy poco tiempo, accesible a cada individuo. Puede tener al mismo tiempo la concentración de un animal craneado y la vitalidad difusa de una ameba.» Las ideas existen siempre en todas partes y quizá por eso Tim Berners-Lee decidió poner su implementación directamente en el dominio público, para beneficio de toda la humanidad. Como repitió en las siguientes dos décadas, la web era demasiado importante para dejarla en manos del mercado. El 30 de abril de 1993, CERN publicó un comunicado diciendo que «la World Wide Web, en adelante referida como W3, es un sistema de información interconectado global [...]. Las webs pueden ser independientes, o pueden ser un subconjunto de otras o un superconjunto de muchas. Pueden ser locales, regionales o mundiales. Los documentos disponibles en una web pueden estar alojados en cualquier ordenador que sea parte de esa web». Al mismo tiempo, el Centro Nacional de Aplicaciones de Supercomputación estadounidense lanzó Mosaic, un navegador gráfico para navegar con clicks de ratón. La primera versión para UNIX tuvo tanto éxito que en dos meses lanzaron otra para PC y Macintosh. Uno de sus principales programadores era un estudiante en prácticas llamado Marc Andreessen, que al año fundó su propia empresa para lanzar Netscape Navigator, el primer navegador comercial.

Berners-Lee se mudó al MIT en Massachusetts fundó el World Wide Web Consortium (W3C), una institución dedicada a proteger los estándares abiertos de su criatura. Se dejó enchufado en el CERN un pequeño cubo de NeXT, la empresa que creó Steve Jobs cuando le echaron de Apple. Tiene una pegatina con un texto escrito en naranja brillante: «Esta máquina es un servidor. ¡¡NO LA APAGUES!!». Ese primer servidor web, que hoy se exhibe en el Museo de Ciencia del CERN, es la semilla de uno de los fenómenos más poderosos de nuestro tiempo: la nube.

KILÓMETROS DE FIBRA ÓPTICA PARA RECOLONIZAR EL MUNDO

La Ley de Telecomunicaciones de 1996 libera radicalmente el mercado de las comunicaciones en Estados Unidos, eliminando toda restricción sobre fusiones, adquisiciones, propiedades o negocios cruzados. Elimina las fronteras entre las emisoras de radio y televisión, la televisión por cable, los servicios telefónicos, los servicios de internet y el desarrollo de infraestructura. Todo el mundo puede crear y vender lo que quiera, todo a la vez: servicio telefónico, cable, espectro electromagnético, todos contra todos. La ley es aprobada en el Congreso y el Senado por unanimidad. Después de firmarla, Bill Clinton promete que «estimulará la inversión, animará la competición y proveerá el libre acceso de todos los ciudadanos a la Autopista de la Información». Las grandes empresas inician un periodo de fusiones y adquisiciones que las hacen todavía más grandes, lo que consolida grandes monopolios. Otros se endeudan hasta las cejas instalando infraestructura. Fue la época del salvaje oeste. Y de la Declaración de Independencia del Ciberespacio que John Perry Barlow escribió para leer en Davos, el 8 de febrero del mismo año. El documento fundacional del cypherpunk se escribió para decirle al FMI, al Banco Mundial, a la Organización Mundial del Comercio, al Banco Internacional de Pagos, a las Naciones Unidas, a la OCDE y al resto de asistentes al Foro Económico Mundial que no podían regular la red. Que la red era LIBRE. «Yo declaro un espacio social independiente que construimos nosotros, por naturaleza independiente de la tiranía que nos tratáis de imponer. No tenéis derecho moral para gobernar sobre nosotros, ni tenéis herramientas para obligarnos a que tengamos motivos para temer.» Pensaban genuinamente que iban a ser los propios programadores, los veteranos barbudos de los departamentos de computación, los hippies desaliñados de Berkeley y no los militares ni las telefónicas los que iban a colonizar el nuevo espacio. Que surgiría una nueva clase de colono y que sería fiel al espíritu abierto y descentralizado de internet. Este es el mito fundacional de Silicon Valley, la famosa cultura californiana que impregna todas las manifestaciones públicas de las empresas más poderosas del mundo. John Perry Barlow estaba tan equivocado que pasó el resto de su vida peleándose contra los colonos que conquistaron el mercado y monopolizaron el espacio con herramientas que le dieron muchos motivos para temer. Ese fue y es aún el trabajo de la Electronic Frontier Foundation, la organización que fundó en 1990 y que sigue siendo uno de los pilares de la lucha por los derechos civiles online.

En retrospectiva, el cable parecía una inversión segura. Internet iba a cambiarlo todo y tener un trozo de propiedad en el nuevo imperio era crucial, costara lo que costase. Cientos de empresas pidieron prestados miles de millones de dólares para cablear el mundo con fibra óptica, incluyendo los cables submarinos que conectan los continentes. Pensaban que la demanda se iba a triplicar cada año y que pronto pagarían su deuda y recuperarían su inversión. Pero una de las perversiones del mercado es que todo el mundo quiere ofrecer el mismo servicio. «Todos decidieron tender un montón de cables submarinos al mismo tiempo, prácticamente todos haciendo la misma ruta», explicaba Tim Stronge, investigador de la empresa de cartografía técnica TeleGeography, en una conferencia. Entre todos, fueron tirando más cable del que pedía el mercado: saturaron las grandes ciudades mientras que las zonas mal comunicadas sufrieron su primera brecha digital. Con el exceso de competencia y la falta de demanda, los precios se desplomaron y el mercado entero se fue a la quiebra. Cuando estalló la burbuja en 2001, solo el 5 por ciento de la fibra instalada era utilizada por alguien. Las grandes operadoras estatales y los grandes negocios vivieron para contarlo y privatizar el botín. Muchos se hicieron de oro «rescatando» los restos del naufragio. La deuda combinada era de tres billones de dólares.

Curiosamente, hoy se celebra este episodio como el derroche que hizo posible la era de la información. Debajo de las ciudades hay todavía un exceso monumental de fibra óptica infrautilizada, al que se llama fibra oscura y que sirve como infraestructura mercenaria para quien pueda pagarla. En cierto sentido, aquella fiebre del oro no fue muy diferente a la del telégrafo o la del ferrocarril. En el capitalismo salvaje no hay revolución sin burbuja. El mercado distribuyó la responsabilidad y los costes de su desarrollo para luego recentralizar los beneficios. Muchos pagaron por la infraestructura y unos pocos se la quedaron después. La red quedó en manos de unos cuantos monopolios y la deuda redistribuida entre los contribuyentes y futuros usuarios.

Cuando se constituyó, la Unión Europea estableció enero de 1998 como fecha límite para la liberalización de las telecomunicaciones, con prórrogas para España, Portugal, Grecia e Irlanda. Eran los países más afectados por la grave crisis económica de 1993. El notorio informe de Martin Bangemann, comisario responsable del área de Telecomunicaciones en Europa, aseguraba que privatizar era la única vía hacia el progreso. Las administraciones públicas no podían seguir sufragando el desarrollo de la tecnología sin robar recursos a la cultura, la educación o la sanidad, argumentaba el informe. Tampoco podían desangrar a la sociedad civil con nuevos impuestos. Por otra parte, los países de la Unión Europea no podían permitirse quedarse en la cuneta de la autopista de la información. Había que privatizar las operadoras estatales y hacer que compitieran entre ellas, por el bien del consumidor. Después de firmarlo, en 1997, Martin Bangemann se incorporaba al consejo de administración de Telefónica, que José María Aznar acababa de privatizar sin pasar por el Congreso. En honor a la verdad, para entonces al Estado solo le quedaba un 20,9 por ciento de la empresa pública. En 1995, Felipe González ya le había vendido la división de instalaciones de telecomunicaciones Sintel, con filiales en América Latina y África, a la familia cubano-estadounidense Mas Canosa, dueña de MasTec. Vendió la máquina de instalar cable por cuatro mil novecientos millones de pesetas un año después de haber invertido cinco mil millones de dinero público y en la antesala de la burbuja del cable. La compañía de los Mas Canosa está ahora en la lista de los 500 de *Fortune* y acaba de ganar un contrato de quinientos millones de dólares para reconstruir la red que destruyeron los huracanes en Puerto Rico en 2017.

Tras la «liberación», España fue dividida en cuarenta demarcaciones provinciales, comunidades autónomas y alguna municipal. Telefónica Cable obtuvo permiso automático para poner cable en todas las demarcaciones, y sacaron a concurso una licencia por zona para el resto de aspirantes. Al poco tiempo, Telefónica cambió su licencia para reciclar su vieja instalación de cobre como ADSL. Las licencias regionales se las repartieron ONO, Menta, Supercable, Able, Telecable, R, Euskaltel, Retena, Canarias Telecom, Retecal, Reterioja y Madritel. Cablearon las ciudades, con subvenciones de bancos, cajas regionales y compañías eléctricas, dejando las zonas rurales cautivas del ADSL. Con el tiempo, todo el negocio de la fibra óptica en España, salvo Galicia, Asturias y el País Vasco, acabó en manos de una empresa británica: Vodafone. Además de ser jefa del cable en España, es también la segunda operadora de telefonía móvil más grande del planeta, con cuatrocientos setenta millones de usuarios en todo el mundo. La primera es China Mobile.

«Me he dado cuenta de que la idea de que internet es un sistema

de comunicación redundante y fuertemente distribuido es un mito
—le decía Douglas Barnes a su amigo Neil Stephenson en el famoso
ensayo sobre cables submarinos que publicó *Wired* en 1996—. Virtualmente todas las comunicaciones entre países pasan por un pequeño número de cuellos de botella, y el ancho de banda que tienen no
es precisamente bueno.» La cosa no ha cambiado tanto desde entonces. En ese momento, la mitad del tráfico de red pasa por la MAE-
East, en un lugar a 48 kilómetros al noroeste de Washington llamado
Tysons Corner.

Con la explosión del cable de fibra óptica se disparó la demanda
de puntos de interconexión entre los distintos servicios comerciales,
espacios fronterizos donde el cable de una compañía se convertía en
el de otra. Pero el *backbone* estaba ahora en manos de un pequeño
grupo de operadoras, y funcionaban de acuerdo a sus propios intereses. La única excepción era la MAE-East. El nodo primigenio de internet había nacido cuando «unos cuantos proveedores de Virginia
quedaron para tomar unas birras y decidieron interconectar sus redes».[17] Al ser operadores de cable —principalmente la Metropolitan
Fiber Systems y UUNET—, no estaban anclados a los nodos telefónicos urbanos de principios de siglo. Podían escoger un lugar donde
la electricidad y el suelo fueran baratos y hubiera sitio para expandir,
y lo encontraron en el quinto piso del 80100 de Boone Boulevard en
Tysons Corner, al norte de Virginia. Cuando la industria empezó a
plantar nuevos puntos de intercambio «independiente de operadores»
para conectan las nuevas redes entre ellas, lo hicieron alrededor de la
MAE-East. El pionero fue Equinix, hoy el proveedor de interco-
nexiones y centro de datos más grande del mundo. Amazon eligió el
mismo lugar para lanzar su servicio de nube, Amazon Web Services,
en 2006.

Al principio todo entraba dentro de lo comprensible. Se podía
ver físicamente quién era quién y qué era qué. Este punto conecta
estos tres servicios que conectan con estos otros cuatro en otros puntos de intercambio. Esta antena es de AT&T. Este cable conecta Australia con Estados Unidos. Aquel es de Amazon. El otro es de un
banco. Con la superposición de tecnologías, contratos, acuerdos secretos, servicios, sistemas y redundancias, el diagrama de la red se fue

volviendo demasiado complejo para ser desglosado en detalle. Como cuenta James Bridle en *The New Dark Age*, un símbolo empezó a sustituir a muchos otros, como un paréntesis capaz de contener un conjunto de cosas cuyo contenido era irrelevante o conocido.

> Lo que fuera que el ingeniero estaba haciendo, se podía conectar a esta nube y eso era todo lo que hacía falta saber. La otra nube podía ser un sistema eléctrico o tráfico de datos, otra red de ordenadores o lo que fuera. No importaba. La nube era una forma de reducir complejidad: le permitía a uno concentrarse en la tarea pertinente y no preocuparse por lo que podía estar pasando en aquel otro sitio. Con el tiempo, a medida que las redes crecieron y se interconectaron, la nube se volvió más y más importante. Los sistemas pequeños se definían con respecto a la nube —cuán rápido podían intercambiar datos con ella; qué podían sacar de ella. La nube empezó a pesar, a convertirse en un recurso: la nube puede hacer eso y esto otro. La nube podía ser poderosa e inteligente. Se convirtió en una palabra clave del negocio y una estrategia de venta. Se convirtió en algo más que el atajo de un ingeniero: se convirtió en metáfora. Hoy la nube es la metáfora central de internet: un sistema global de poder y energía que todavía retiene el aura de algo fenomenológico y luminoso, algo casi imposible de comprender. Nos conectamos a la nube; trabajamos en ella; guardamos y sacamos cosas de ella, pensamos con ella. Pagamos por ella y solo la sentimos cuando falla. Es algo que experimentamos todo el tiempo sin entender lo que es o cómo funciona. Es algo en lo que nos hemos acostumbrado a confiar sin tener la más remota idea de lo que estamos confiando, y a quién.

La gestión del tráfico ofrece dos clases de poder. El primero, el poder de leer la información de las cabeceras de los paquetes, para comprobar que cumplen los requisitos del protocolo. Segundo, el de regular su itinerario. La suma de toda esa información se llama metadatos y tienen un enorme valor. Para que una red siga siendo descentralizada es crucial que los metadatos se dispersen. Ahora mismo, el 70 por ciento del tráfico de internet pasa por Tysons Corner, una nube tan opaca, infranqueable, indesglosable como una cámara acorazada que no solo se ocupa de conducir una gran parte del tráfico sino que, para hacerlo, lo tiene que leer. Tiene que recoger estadísticas sobre ese tráfico en ordenadores cada vez más grandes, capaces de hacer cálculos cada vez más enrevesados para optimizar su gestión. Y emplear algoritmos que analizan esas grandes cantidades de tráfico para encontrar los patrones de ese tráfico y predecir su comportamiento. Y con él, el comportamiento de los mercados, de los países, de las personas. Justo el objetivo inicial de ARPANET. El vínculo no puede ser más directo: Tysons Corner era el corazón de los servicios secretos durante la Guerra Fría.

Como todo, es por conveniencia. Está lo bastante lejos de Washington para sobrevivir a un ataque nuclear, pero lo bastante cerca como para seguir estando en la capital y a medio camino del aeropuerto. Los pioneros de internet aprovecharon las antiguas instalaciones para ahorrarse unos dólares. Lo cierto es que las grandes empresas de internet trabajan mano a mano con cientos de contratistas militares, a pocos bloques del cuartel general de la CIA. Allí permanece una de las veintitrés torres de control del programa SAGE, que en 1952 conectaba a Washington con la red secreta de búnkers de la Guerra Fría diseñada para resguardar al presidente y otros miembros del Gobierno en caso de un ataque nuclear.

3

Vigilancia

> El utópico, inmanente y constantemente frustrado ob-
> jeto del estado moderno es reducir la caótica, desorde-
> nada y eternamente cambiante realidad social subya-
> cente en algo que se parezca a la plantilla administrativa
> de sus observaciones.
>
> JAMES C. SCOTT, *Seing Like a State*

Como cualquier narrativa distópica, todo empieza con un buen propósito. Dos amigos y estudiantes de doctorado llamados Lawrence
Page y Serguéi Brin tratan de mejorar el buscador de la Biblioteca
Digital del Departamento de Informática de la Universidad de Standford. Quieren implementar un sistema que «entienda exactamente
lo que preguntas y te conteste exactamente lo que tú quieres», esta-
bleciendo una jerarquía en los resultados de cada búsqueda, priori-
zando los textos más citados y los autores más reputados. No hay
héroe sin obstáculo. La capacidad máxima de los discos duros en 1996
era de cuatro gigabytes, muy poca capacidad para poder testar su algoritmo. Cuenta la leyenda que construyeron un servidor con bloques de Lego y encajaron allí diez discos de cuatro gigabytes en batería, con sus respectivos ventiladores. Aquel primer servidor de
colorines, el origen del universo Alphabet INC., es hoy parte de la
exposición permanente del Centro de Ingeniería Jen-Hsun Huang
de Standford, frente a la reconstrucción del garaje donde William
Hewlett y David Packard fundaron su compañía en 1939. «No tenían
mucho —dice la nota de Hewlett-Packard—, poco más de quinientos dólares y un taladro de segunda mano.» Larry y Serguéi tuvieron
más ayuda. Concretamente una beca de la NSF/DARPA, cuyo ori-

gen es un programa del Departamento de Inteligencia estadounidense llamado Massive Digital Data Systems Project (MDDS).

El MDDS estaba capitaneado por la CIA y la NSA, pero gestionado por la National Science Foundation. A través de la NSF, habían repartido millones de dólares en una docena de universidades de élite, entre ellas Stanford, CalTech, MIT, Carnegie Mellon y Harvard. «No solo las actividades [de la agencia] se han vuelto más complejas —dice el documento original del programa MDDS—, pero las necesidades cambiantes requieren que la IC [comunidad de inteligencia] procese distintas clases y grandes volúmenes de datos. En consecuencia, la IC ha decidido asumir un papel proactivo estimulando la investigación en la gestión de bases de datos masivas y asegurándose de que las necesidades de la IC pueden ser incorporadas o adaptadas a los productos comerciales.» Las agencias buscaban un sistema de reconocimiento de patrones que les permitiera identificar personas «de interés» en la World Wide Web. Querían rastrear las comunicaciones y movimientos de todos los usuarios y registrar su «huella digital» para poder encontrar «pájaros de la misma pluma». Según el proverbio, las aves de la misma especie vuelan de la misma forma.[1] Si, pongamos por caso, un terrorista o disidente muestra determinados patrones, todas las personas con patrones similares debían ser identificadas cuanto antes, y vigiladas como posibles terroristas. Financiando su desarrollo, no solo se aseguran de que exista esta tecnología, sino también de que integre todas sus necesidades. Hoy, la NSF financia el 90 por ciento de la investigación universitaria de ciencias computacionales.

La Segunda Guerra Mundial fue el principio de un fructífero matrimonio entre la comunidad científica y la militar en Estados Unidos. Primero, fue la carrera por descifrar las comunicaciones de los alemanes y japoneses; después, por desarrollar la primera bomba atómica. El esfuerzo bélico produjo fuertes lazos económicos entre el Departamento de Defensa y los laboratorios universitarios, por no mencionar la cantidad de fichajes estelares que les brindó la migración masiva de científicos desde Europa. El origen de ARPA, la Agencia de Proyectos de Investigación Avanzados que creó ARPANET, había sido un vanguardista sistema de estaciones de radar computarizado en tiempo real diseñado por el MIT para alertar de un posible ataque soviético desde la distancia. Se llamaba SAGE (Semi Automatic Ground Enviroment). Participaron cuatro empresas: IBM hizo los sistemas de computación, Burroughs las comunicaciones, Western Electric diseñó y construyó las veintitrés torres de control y el Laboratorio Lincoln hizo la integración del sistema.

El desarrollo de SAGE concluyó en 1963. Era un proyecto de integración de sistemas extremadamente ambicioso, costó más que el proyecto Manhattan e inspiró algunas de las películas más icónicas de la época, como *Dr. Strangelove*. Tenía veinticuatro centros de mando y tres centros de combate distribuidos por Estados Unidos. Cada puesto estaba conectado por líneas telefónicas a un centenar de elementos de defensa aérea que interactuaban entre sí. Lamentablemente, cuando se terminó de construir ya estaba obsoleto. Su única habilidad era alertar de la presencia de bombarderos en el espacio aéreo. Cuando la Unión Soviética puso en órbita el Sputnik 1, Estados Unidos comprendió que su modelo de vigilancia por control remoto tenía que abarcar países enteros, grupos políticos, manifestaciones. «Insurgentes». El Pentágono quería tener ojos y oídos en todas partes. El mundo entero era una zona de conflicto a vigilar. La victoria de la Revolución cubana había contagiado al resto de los países latinoamericanos con el apoyo económico y político de la Unión Soviética También estaba el proceso de independencia de las colonias del sudeste asiático y su lamentable papel en Vietnam. La nueva tecnología de vigilancia remota tenía que ser capaz de observar todos estos «problemas» como procesos mecánicos predecibles, susceptibles de ser identificados y corregidos a tiempo. «Parecía una idea progresista —explica Yasha Levine, autor de *Surveillance Valley. The Secret Military History of the Internet*—. Era mejor que bombardear a esa gente. Con una cantidad de datos suficiente, podías arreglar el mundo sin derramar sangre.» Lo que no se dejara corregir podía ser destruido desde la distancia, de manera rápida, limpia y eficaz.

El cerebro de ARPA era un *think tank* de cuarenta y cinco genios procedentes de las mejores universidades del país que se reunían cada seis semanas en La Jolla, California. Los llamaban los Jasones (por Jasón y los Argonautas). Dicen que eran casi todos físicos, que muchos venían del proyecto Manhattan, y aunque formaran un grupo secreto, es casi seguro que eran todos hombres y blancos. Suya fue la idea de plantar una red distribuida de sensores inalámbricos en la selva de Vietnam para identificar las rutas de suministro del Viet Cong y bombardearlas antes de que pudieran cumplir su función. Lo llamaron la Barrera electrónica de la Línea McNamara. Las señales eran procesadas en la base aérea de Nakhon Pathom, en Tailandia, en un centro de control equipado con terminales IBM 360 que hacían los mapas para las tropas aéreas.[2] «Habíamos cableado la ruta de Ho Chi Minh Trail como su fuera una máquina de pinball —contaba más tarde uno de los pilotos en el *Armed Forces Journal*—. La enchufábamos cada noche». Aún no se habían inventado los videojuegos. La operación se llamó *Igloo White*.

El concepto era una guerra sin bajas, desde el puesto de control. «En la guerra del futuro —declaraba en su discurso William Westmoreland, comandante en jefe de las operaciones militares en Vietnam—, las fuerzas enemigas serán localizadas, rastreadas y disparadas de manera casi instantánea a través de enlaces de datos, evaluación computarizada asistida y sistemas de disparo automático.» La idea ya estaba bien clara, pero la tecnología no. Los sensores solo podían comunicarse con el centro de control a través de los bombarderos, que hacían al mismo tiempo de router de los datos y de ejecutor. El Viet Cong aprendió rápidamente a engañarlos con señales falsas, haciéndoles lanzar bombas en lugares donde no había nada. La batería era extremadamente limitada, aunque casi daba igual, porque la mayor parte de los sensores se rompían nada más chocar contra el suelo. Sin embargo, en el proceso el departamento apoyó económicamente a las universidades y a las grandes tecnológicas (Texas Instruments, Magnavox, General Electric, Western Electric) en el desarrollo y fabricación de todo tipo de sensores: acústicos, sísmicos, químicos y de radiofrecuencia. Cuando acabó la guerra, toda aquella tecnología fue reciclada como sistema de vigilancia de la frontera con México. Y también para controlar a sus propios insurgentes, los millones de estadounidenses que se manifestaban contra la guerra de Vietnam y a favor de los derechos humanos de los vietnamitas. O en el caso de los movimientos afroamericanos, de sus propios derechos civiles.

Hay ahí un patrón que se repetirá de manera regular y predecible: toda tecnología desarrollada para luchar contra el terrorismo y por la libertad en otros países acaba formando parte del aparato de vigilancia doméstico, con la misma rapidez con que las latas que Nicolás-François Appert diseñó para el ejército de Napoleón acabaron en el mercado de París, alimentando civiles. Todas las tecnologías de vigilancia implementadas bajo secreto de Inteligencia o con ayuda del Gobierno federal son parte del aparato de vigilancia del Estado, aunque no pertenezcan a la institución. Si alguien pensaba que la privatización de la red significaba la desmilitarización de sus infraestructuras, estaba muy equivocado. Como dice el periodista Mark Ames, «el Pentágono inventó internet para ser la máquina de vigilancia perfecta. La vigilancia está grabada a fuego en su ADN». El ataque a las Torres Gemelas del 11 de septiembre de 2001 justificó importantes cambios en la legislación que formalizaron su condición primigenia. Seis meses después del atentado, la Patriot Act puso todas las infraestructuras de comunicaciones estadounidenses en manos de las agencias de inteligencia, incluida la incipiente industria de servicios online y su enorme banco de datos. El Departamento de Defensa quería extender sus largos tentáculos hasta el último rincón de la vida del último usuario activo de internet. No tuvieron que hacer mucho esfuerzo. Gracias a la red social, tenían todo el trabajo hecho.

El pecado original de internet

Larry Page y Serguéi Brin lanzaron su buscador en 1998, desde el garaje de Susan Wojcicki en Menlo Park.[3] A finales de año, ya habían indexado dos millones y medio de webs. La sencillez de su página y su habilidad para filtrar la pornografía y el spam de sus resultados acabó limpiamente con el resto de buscadores: AltaVista, Lycos, Ask Jeeves y MSN Search, de Microsoft. Cuando estalló la burbuja les iba tan bien que se mudaron al bloque de edificios de Mountain View donde aún permanecen, y que ahora tiene un nombre: Googleplex. Su objetivo oficial ha sido «organizar la información del mundo y hacerla universalmente accesible y útil». Su código deontológico:

«Don't do Evil» («no hagas el mal»). Su método: ofrecer servicios gratis a cambio de datos que son utilizados para mejorar el servicio. Sabiendo quién es el usuario podemos ofrecerle mejores resultados. Y, naturalmente, mejor publicidad.

Su siguiente gran *éxito* después de las búsquedas fue Gmail. En los términos de uso, Google se reserva el derecho de escanear y almacenar el contenido de los correos, incluso después de que el usuario los haya eliminado de la bandeja. En el mundo de las plataformas digitales nada muere ni desaparece, todo es material. Cuando lanzaron sus primeras aplicaciones para la nube —Google Docs y Google Sheets— los términos de uso originales se adjudicaban el derecho eterno de explotación de todo el contenido aportado por los usuarios, incluso después de haber eliminado sus cuentas. En 2002 compraron Pyra Labs, la empresa responsable de Blogger, la plataforma que democratiza la blogosfera. En 2003, en pleno auge blogosférico, Google lanza Adsense, una plataforma de banners publicitarios para la web que se extiende por miles de millones de páginas, desde las grandes cabeceras de periódicos internacionales hasta los blogs de poesía de los adolescentes suecos. Los banners de Adsense son «gratis», no requieren agencias de marketing ni programadores. Basta con meter un trocito de HTML en el código de la página y empezar a cobrar. Además, son inteligentes, lo que entonces significaba que los anuncios cambiaban en función del contenido que tenían alrededor. El foro de coches anuncia cosas de coches; el blog de recetas, gadgets de cocina, etcétera. Para «analizar» el contenido, los Términos de Usuario de Google obtenían permiso para extraer los datos de la página y de cada uno de sus visitantes, incluyendo su IP, navegador, equipo informático y sus estadísticas en la página. Por ejemplo, qué está leyendo o dónde pincha. La mayor parte de los visitantes tenían cookies de Google, un trocito de código que se «pega» al navegador cuando navegas y te identifica de manera única. Gracias a la combinación de cookies y Adsense, Google podía seguir a un usuario de página en página y recoger información bajo una identificación de usuario o User ID. Los anuncios inteligentes ya no solo cambiarían en función de la web sino de lo que sabía Google sobre el usuario. Lo mismo con los resultados de las búsquedas de Google. Este sencillo mecanismo es el origen del ecosistema que los académicos, tecnólogos y analistas empiezan a llamar «Economía de la vigilancia», «capitalismo de plataformas», y «Feudalismo Digital».

A Serguéi Brin le gusta decir que se ha hecho rico ayudando a millones de personas a hacer las cosas que quieren hacer. Esto es completamente cierto. Todos los servicios de la empresa son excepcionales. Son útiles, fáciles de usar y ofrecen una nueva relación con el mundo y el espacio. También es cierto que todos están diseñados para la extracción masiva de datos: todo lo que busca, escribe, envía, calcula, recibe, pincha, comparte, lee, borra o adjunta el usuario es digerido por los algoritmos de Google y almacenado en sus servidores para la explotación eterna. Al principio de todo existía el concepto de que esta información no podía estar vinculada al mundo real. El User ID pertenecía al «mundo digital» de la plataforma y no estaba vinculado a una persona real en el mapa. Después llegaron Google Maps y Google Earth, un modelo de la Tierra creado a partir de un collage de imágenes satelitales, fotografías aéreas y datos SIG, financiado por el programa In-Q-Tel de la CIA.[4] Y, como complemento, un modelo literal a escala del mundo real llamado Google Street View.

Entre 2008 y 2010, los coches de Google salieron a fotografiar las calles de más de treinta países, incluyendo las fachadas de las casas adyacentes. Algunos vecinos se quejaron de que las cámaras invadían su intimidad, mostrando al mundo el interior de sus hogares, jardines y terrazas sin haberles pedido permiso. Google se ofreció inmediatamente a corregir aquellas invasiones accidentales de intimidad con un modesto pixelado. Era la coartada perfecta, porque la verdadera invasión estaba ocurriendo en la esfera de lo invisible: los coches iban capturando todas las señales wifi de todos los edificios por los que pasaban, incluyendo los nombres de las redes (ESSID), las IP, las direcciones MAC de los dispositivos. También se embolsaron la gran cantidad de correos privados, contraseñas y todo tipo de transmisiones emitidas por redes abiertas y routers domésticos mal protegidos.

Cuando fueron descubiertos por las autoridades alemanas de protección de datos, Google declaró muchas cosas. La secuencia parece casi de comedia de situación. Primero dijo que en Estados Unidos era legal rastrear los paquetes de datos que flotaban en el espectro electromagnético porque es el espacio público y que otras empresas como Microsoft lo hacían de manera rutinaria. Después aseguró que la captura había sido un error causado por un código experimental que se había colado en el proyecto y que lo habían corregido de inmediato. Ya bordando el desaguisado, llegaron a decir que lo que habían cometido era una especie de servicio público, porque el «accidente» había demostrado a los ciudadanos lo vulnerables que eran las redes wifi abiertas y la importancia de proteger mejor la información. Pagaron siete millones de multa que, para Google, no es mucho. Si el plan era conectar las identidades digitales que tenían en sus bases de datos con las personas reales del mapa, incluyendo sus casas, sus coches y sus vecindarios, no les salió muy caro, pero podían haberse ahorrado ese dinero. Google ya no necesita husmear las calles para saber los nombres, direcciones, teléfonos y contraseñas de las personas cuyas casas y oficinas salen en los mapas. Para eso tiene Android, un sistema operativo que viene preinstalado en el 74,92 por ciento de los móviles de todo el mundo. Un dispositivo que el usuario mantiene encendido en todo momento, lleva encima a todas partes y tiene dos cámaras, un micrófono, una media de catorce sensores y al menos cuatro sistemas de geolocalización.

Cualquier espía te dirá lo mismo: el dato más valioso sobre una persona no son sus correos personales sino su posición geográfica. Sabiendo dónde está en cada momento de su vida sabremos dónde vive, dónde trabaja, cuántas horas duerme, cuándo sale a correr, con quién se relaciona, a dónde viaja, cómo se transporta de un sitio a otro, cuál es su terraza favorita. Frente qué escaparates se para, en qué tienda del mercado compra, si recicla, si se droga, si toma anticonceptivos o si va a la iglesia. Si va a conciertos al aire libre o prefiere los DJ, si come en restaurantes de comida rápida o es más bien gourmet. Sabemos quién le gusta y a quién intenta evitar, con quién come y cena, cuánto tiempo pasa con cada uno y a dónde va después. Sabemos si tiene un amante, si se hace el enfermo, si apuesta, si bebe. Sabemos cosas que la propia persona no sabe, como sus rutinas inconscientes y sus correlaciones sutiles. Un *smartphone* le cuenta todas esas cosas a las aplicaciones que lleva dentro, una mina de oro sin fondo para la industria de la atención.

OJOS EN EL BOLSILLO

Todos los teléfonos llevan un GPS (Global Positioning System) que se comunica con tres satélites que triangulan la señal para decir exactamente dónde están. Este sistema es independiente de internet, por eso podemos seguir viendo nuestro puntito en el mapa aunque no tengamos conexión o nos hayamos quedado sin datos. El GPS es un sistema estadounidense y, desde su lanzamiento en 1973, ha estado operado por las Fuerzas Armadas de Estados Unidos, que se reservan el derecho de alterar su precisión por motivos de seguridad. Pero su monopolio está a punto de acabar porque el mundo de los satélites está experimentando una silenciosa e importante revolución. Rusia tiene su propio sistema, llamado GLONASS; Europa está terminando Galileo con la Agencia Espacial Europea; China tiene Compass/Bei-Dou2 y Japón trabaja en el sistema Quasi-Zenith. Dan Coats, actual director de Inteligencia de Estados Unidos, declaró ante el Comité de Inteligencia del Senado que «Rusia y China sienten la necesidad de compensar cualquier ventaja que Estados Unidos pueda derivar de sus sistemas espaciales militares, civiles o comerciales y están considerando sistemas de ataque antisatélite como parte de su doctrina de guerras futuras». Ahora mismo todo el mundo quiere poner cosas en órbita. Según el Índice de Objetos Lanzados al Espacio Exterior, hay 4.921 satélites orbitando, incluido el descapotable rojo de Elon Musk.

El GPS no es el único sistema de geolocalización de un teléfono, hay al menos tres más. La tarjeta wifi tiene dos clases de sistemas de posicionamiento. El RSSI o indicador de intensidad de señal recibida mide la intensidad de la señal de un entorno de red inalámbrica y la compara con una base de datos de redes wifi para conectarse al más cercano. El algoritmo de posicionamiento más utilizado es Fingerprint y está basado en un mapa de conexiones anteriores (wifis a las que nos hemos conectado anteriormente). Después está el bluetooth, que emite señales de radio de corta frecuencia para conectarse a otros dispositivos sin usar un cable. Por ejemplo, la radio del coche, unos auriculares inalámbricos o un altavoz inteligente. Cuando está activado, busca dispositivos a los que conectarse dando información sobre el teléfono. Casi todos los dispositivos del internet de las cosas, de los altavoces a las básculas pasando por las muñecas parlantes, funcionan por bluetooth.

Si el móvil lleva una tarjeta SIM, está mandando constantemente una señal a las antenas de telefonía móvil más cercanas cada pocos segundos para recibir servicio. Las operadoras pueden calcular a qué distancia está el usuario de las distintas señales usando una tecnología llamada Cell ID. Cuanto más densidad de antenas, mayor precisión. El rango máximo de una antena es de treinta y cinco kilómetros y registra todo lo que pasa en su dominio. A veces las autoridades piden a las operadoras la lista de todos los móviles que han pasado por las intermediaciones de una antena. Esta técnica se llama un volcado de torre (*cell tower dump*). El Gobierno ucraniano la usó en enero de 2014 para identificar a las personas que se manifestaban contra las últimas decisiones de su presidente Víktor Yanukóvich y mandarles un mensaje por SMS. Decía: «Querido usuario, ha sido registrado como participante en un disturbio masivo». También es utilizado por empresas de marketing para determinar las zonas de tránsito comercial para cadenas de ropa o restaurantes. Y por firmas como Securus Technologies, que venden servicios de motorización en tiempo real de teléfonos y llamadas para empresas, individuos e instituciones. En 2018, la empresa ofrecía un paquete especial para las prisiones de Estados Unidos, que al menos en un caso era utilizado por el director para vigilar a los funcionarios. La investigación posterior reveló que Securus compraba sus datos de una empresa de geolocalización llamada 3Cinteractive, que a su vez los compraba de LocationSmart, que los compraba directamente de las operadoras AT&T, Sprint, T-Mobile y Verizon.[5] Otra empresa llamada Microbilt vende el mismo servicio a empresas de seguros, vendedores de coches y otros negocios de venta a crédito para encontrar a los deudores. Otras empresas todavía más oscuras lo usan para localizar esposas supuestamente infieles, exmujeres y potenciales víctimas de violencia de género. «Le están vendiendo la información a la gente equivocada», declaraba un filtrador a Motherboard en 2019.[6] Una oscura industria de servicios que compra la misma clase de acceso que la policía o el FBI, sin orden judicial, registro o licencia.

Otra de las técnicas que usan las autoridades se basa en un dispositivo llamado StingRay o IMSI-catcher, que se hace pasar por una antena para rastrear todos los móviles que tiene alrededor.[7] Es como un «man-in-the-middle attack», una técnica que usan los hackers para interceptar información desprotegida interponiéndose entre un dispositivo y un router. La policía lo lleva en los helicópteros y furgonetas para determinar en tiempo real quién hay en una manifestación, o para encontrar a una persona dentro de un edificio o saber quién hay antes de entrar. Aunque usarlos es ilegal, un IMSR-catcher se puede fabricar con componentes legales por menos de cien euros. Hay foros que ofrecen maletines caseros de escucha por unos trescientos euros y equipos profesionales de policía por menos de dos mil.

Todas las aplicaciones que usan el GPS saben dónde estás en todo momento. Si hay cobertura, tu operadora también. La mayor parte de los servicios usan una combinación de las dos cosas para registrar las coordenadas con total precisión. Varios estudios realizados en 2017 demostraron que desactivar los servicios de localización de las plataformas digitales no impide que las compañías sigan localizando al usuario y usando esa información. Solo deja al usuario sin funcionalidades, como encontrar un lugar en Google Maps, conectar con personas cercanas en Tinder o especificar el lugar donde ha hecho la foto publicada en Instagram. Tanto Google como Facebook siguen registrando su posición y, por lo tanto, también las aplicaciones de su plataforma. Cuando no tienen acceso al GPS siguen geolocalizando el dispositivo gracias a la tarjeta wifi y la dirección IP. Una investigación del *New York Times* encontró docenas de empresas de marketing de localización extrayendo datos de hasta doscientos millones de móviles a partir de distintas aplicaciones en Estados Unidos, para después vender la información, analizarla para sus propios anunciantes o ambas cosas.[8] Los tres principales compradores son otras empresas tecnológicas, *data brokers* y consultoras políticas.

Hubo un tiempo en que la extracción se hacía con pleno conocimiento y hasta colaboración del usuario. En 2010, bautizado «el año de la localización», millones de usuarios de Foursquare anunciaban deliberadamente su llegada a cafés, restaurantes, festivales, centros comerciales, reuniones de empresa, museos, discotecas y hasta estaciones de tren con la intención de mantener informada a su agenda de contactos y producir conexiones «espontáneas». Muchos lo anunciaban a todo el mundo con actualizaciones automáticas en Twitter y Facebook. Cuando el año de la localización se convirtió en la década de la vigilancia, Foursquare perdió el favor de los usuarios y tanto ellos como el resto de las empresas prefieren extraer los mismos datos de manera más sutil, a través de otro tipo de aplicaciones. Entre 2009 y 2015, Twitter geolocalizaba cada tuit por defecto con precisas coordenadas GPS que no eran visibles para los usuarios ni para sus *followers* pero que sí para las aplicaciones de la API, y aparentemente permanecen visibles a día de hoy.[9] IBM compró las aplicaciones de Weather Channel que mucha gente usa en su pantalla de inicio para ver qué clima hace en la ciudad. Entre los grandes respaldos financieros del sector están gigantes de las finanzas como el grupo Goldman Sachs y contratistas militares como Peter Thiel, cofundador de PayPal y dueño de Palantir.

Además del geoposicionamiento, los *smartphones* tienen multitud de sensores. El giroscopio registra la posición y orientación del teléfono. Sabe cuándo estamos cogiendo el móvil con las manos para escribir en él y cuándo lo hemos puesto en horizontal para jugar, ver un vídeo o hacer una foto. Sabe si está en el bolso o en el bolsillo. El sensor lumínico indica si estamos con la luz encendida o apagada, y qué clase de luz es. El acelerómetro mide la velocidad y el sentido en el que nos movemos: es el que cuenta los pasos en las aplicaciones de *fitness* y sabe si vamos en coche o en bicicleta o en tren. También es fundamental para cazar Pokemon y otros juegos de realidad aumentada. El magnetómetro mide los campos magnéticos y aporta el compás a los mapas, pero también sirve como detector de metales. Algunos móviles como el iPhone tienen barómetros para detectar cambios de presión atmosférica y determinar la altitud. El frontal superior del móvil tiene un sensor de proximidad con dos leds de infrarrojos que le dice al sistema que el móvil está pegado a la oreja, para apagar la pantalla. A su lado, el sensor de luz ambiental mide la luz para calibrar el brillo de la pantalla. Los sensores son como los combos del Tekken: cuando usas cuatro a la vez son mucho más que la suma de sus partes. Un equipo de ingenieros de la Universidad de Newcastle demostró que solo con los datos de los sensores se pueden extraer hasta las contraseñas que teclea el usuario, tanto en las aplicaciones como en el navegador. «Hay programas maliciosos que pueden *escuchar* los datos de los sensores y revelar todo tipo de información delicada sobre ti —explicaba Maryam Mehrnezhad, miembro del laboratorio de Seguridad y Resistencia de Sistemas, del Departamento de Computación—, como tus llamadas, tus actividades físicas y todas tus interacciones táctiles, PIN y contraseñas. Y lo que es más preocupante: hay navegadores que, cuando abres una página —por ejemplo, la de tu banco— en un dispositivo que tenga instalado el software malicioso, puede espiar todos los datos que introduces». Según un estudio de la Universidad de Oxford, el 90 por ciento de las aplicaciones de Google Play —el kiosco de apps para teléfonos Android— comparte con Google los datos que recoge, a veces sin conocimiento de los desarrolladores.[10] La mitad de las aplicaciones comparte sus datos con diez terceras partes y hay un veinte por ciento de apps que los comparte con más de veinte. Esas terceras partes suelen incluir a Facebook, Twitter, Microsoft y Amazon. Casi todas vende los datos a uno o varios *data brokers*.

La cámara y el micrófono son los sensores más apreciados por los usuarios, y también los que más inquietud despiertan, con razón. Son los ojos y oídos del teléfono, y es imposible para el usuario saber cuándo están funcionando y con quién se están comunicando. «De vez en cuando, los fragmentos de audio acaban en los servidores de una aplicación, pero no hay una explicación oficial de por qué pasa esto —contaba en 2018 el consultor de ciberseguridad Peter Hannay en *Vice Magazine*—.[11] No sabemos si sucede cada cierto tiempo o en ciertos lugares o para ciertas funciones, pero las aplicaciones están usando el micrófono y lo hacen de manera periódica.» Tampoco podemos analizarlo sin la colaboración de las empresas implicadas, porque toda la información que envía la app está cifrada. Por otra parte, hay aplicaciones cuyo funcionamiento implica necesariamente un estado continuo de escucha, como los asistentes virtuales que vienen integrados en los últimos *smartphones*. Tanto el asistente de Google como sus competidores occidentales Siri (de Apple) y Alexa (de Amazon) activan sus funciones cuando alguien dice la palabra mágica: «O.K. Google», «Hey Siri» y «Alexa», respectivamente. Pero, para escuchar la palabra que los activa, tienen que estar escuchando en primer lugar. Amazon Echo, el «altavoz inteligente» de Amazon que funciona con Alexa, usa siete micrófonos para escuchar todo lo que ocurre a su alrededor. Eso no quiere decir que sea particularmente bueno separando la palabra mágica de cualquier otra.

En mayo de 2018, una mujer de Oregón se enteró de que su Amazon Echo había grabado una conversación privada que había mantenido con su marido y se la había enviado sin pedir permiso ni confirmación a un contacto de su agenda. No se enteró por la empresa, sino porque el contacto era alguien cercano a la familia que enseguida llamó para advertirles que habían sido «hackeados». La explicación de Amazon al *Washington Post* era digna de una comedia de enredo. Dijeron que el Echo había creído escuchar la palabra Alexa y se había activado, que la conversación que escuchó había sido interpretada como un mensaje que debía ser enviado y que, cuando preguntó a quién, «la conversación de fondo fue interpretada como un nombre de la lista de contactos del usuario». Un usuario alemán que usó la regulación de protección de datos europea para solicitar a Amazon todos los datos que tuviera sobre él, recibió mil setecientos archivos de audio de otra persona. Amazon declaró que se trataba de un «desafortunado caso de error humano y un accidente aislado». Además de venir instalados por defecto en los dispositivos de sus respectivas empresas, como los iPhones y los Android y los Echo y los Dots, los gigantes pelean ahora por colonizar con sus algoritmos el resto de consolas, vehículos, televisores, webcams, lámparas, tablets, electrodomésticos y hasta aplicaciones «inteligentes» de otras marcas. El de Google está integrado en videocámaras domésticas de Nest, pantallas de Lenovo, despertadores como iHome, televisores de Philips, altavoces de Onkyo, LG, Klipsch, Braven y JBL y hasta en el asistente de estilo del gigante japonés Uniqlo, que utiliza la tecnología de Mountain View. Alexa viene por defecto en al menos ciento cincuenta productos diferentes, incluyendo estrellas del mercado como la barra-altavoz de Sonos Beam y los microondas de Whirl-pool. Naturalmente, Tesla tiene su propio asistente para sus coches. Pronto será imposible comprar tecnologías que no escuchen lo que hacemos en nuestra casa, vehículo, oficina, todo lo que ocurre a su alrededor y envíen toda clase de datos a las mismas cinco compañías, sin que podamos saber para qué los usan ni durante cuánto tiempo ni con quién más. Como no tenemos acceso a su código, tenemos que buscar en los lugares donde se manifiestan sus objetivos, como la oficina de patentes. Google ha presentado patentes para determinar el estado mental y físico del usuario usando datos del micrófono, como el volumen de la voz, el ritmo de la respiración o el sonido de llanto. Amazon ha patentado un algoritmo que analiza la voz en tiempo real, buscando palabras y expresiones que indiquen preferencia, interés o rechazo por cualquier cosa que se pueda transformar en productos o servicios. Son los planes de un modelo publicitario basado en una intrusión extrema y una manipulación sutil, del que hablaremos más adelante. Aquí lo importante es el reconocimiento de un conjunto de dispositivos de escucha extremadamente sofisticados en permanente estado de alerta que nos acompañan a todas partes.

Los *smartphones* tienen al menos dos cámaras, una por delante y otra por detrás. Las aplicaciones que tienen acceso a la cámara pueden encender y apagar cualquiera de las cámaras sin permiso, y hacer fotos y vídeos sin permiso, mandarlos a un servidor sin permiso y hacer retransmisiones en *streaming*.[12] También pueden enviar fotos y vídeos de un rostro al servidor para que un algoritmo de reconocimiento facial los compare con otros de una base de datos, o para crear un modelo 3D de ese rostro para una base de datos de reconocimiento facial. También puede hacer fotos de las yemas de los dedos que tocan la pantalla. Naturalmente, todas estas funciones están aseguradas si usamos nuestra cara, nuestra huella dactilar o nuestra voz para desbloquear el teléfono. Todas las aplicaciones de identificación biométrica recogen, analizan y almacenan nuestros datos biométricos. Son los datos más protegidos por las leyes de protección de datos porque, a diferencia de una clave o de un número de teléfono, no se pueden cambiar. Nos hacen reconocibles para el resto de nuestra vida. Por lo menos en el mundo real.

En 2014, Google compró una empresa británica de inteligencia artificial llamada DeepMind por quinientos veinte millones de dólares. Su logro más notable fue pulverizar en una partida de Go, un juego supuestamente improgramable, al mejor jugador del mundo. El más preocupante fue usar los datos de millones de usuarios de la Seguridad Social británica sin el permiso de los propios pacientes con el fin de desarrollar algoritmos de detección de enfermedades para Google. Es importante entender que toda esa información acaba en el mismo sitio y que es usada de la misma manera para cosas distintas: el algoritmo capaz de identificar los síntomas de un enfisema es el mismo que opera los sensores de la mayor parte de los móviles que hay en el mercado, y que usará el llanto, el pulso y la respiración del usuario para determinar su estado de salud. Y es el mismo que procesa las diez mil millones de preguntas diarias que responde el buscador, incluyendo consultas íntimas sobre enfermedades y condiciones mentales. La tercera pregunta más popular de 2018 fue sobre endometriosis. Aparentemente, es la enfermedad que afecta al tejido del útero de Lena Dunham, autora de la serie *Girls*. La cuarta fue cuánto tiempo permanece la marihuana en la orina. La quinta: cuándo me voy a morir.

«Una de las cosas que acaba pasando es que ya no necesitas teclear nada —presumía Eric Schmidt en 2010—. Porque sabemos dónde estás. Sabemos dónde has estado. Podemos adivinar más o menos lo que estás pensando.» Después declara que «un día comentamos que podríamos predecir los mercados y decidimos que era ilegal. Así que dejamos de hacerlo». Pero no dejaron de hacerlo. En 2015, Google pasó a ser subsidiaria de Alphabet Inc. junto con otras ocho empresas, incluidas dos divisiones financieras; CapitalG (fondo de capital de riesgo) y GV (inversión de capital riesgo); dos laboratorios de investigación médica, Calico (biotecnológica para la longevidad) y Verily (investigación genética y de enfermedades); tres de infraestructura de cable (Google Fiber); sensores (Nest) y Smart Cities (Sidewalk Labs). Y finalmente, su laboratorio de investigación y desarrollo secretos, llamada Google X. En realidad todas son secretas. Y todas hacen lo que hacía Google; ofrecer servicios a cambio de datos a usuarios cada vez más críticos: bancos, hospitales, administraciones, sistemas de transporte, fábricas, colegios.

DESPUÉS DE SNOWDEN

La primera filtración de Edward Snowden que se publicó en la prensa era sobre llamadas. En abril de 2013, el *Guardian* publicó que «la Agencia de Seguridad Nacional (NSA) está registrando las llamadas telefónicas de millones de ciudadanos estadounidenses usuarios de Verizon». Verizon fue el monstruo que surgió de la liberalización de 1996. Era hija de Bell Atlantic Corp. y GTE Corp., la fusión más grande de la historia de Estados Unidos. También era nieta de AT&T. En 1984, el Gobierno había obligado a trocear la compañía para acabar con el monopolio y Bell Atlantic era una de las siete hijas regionales, llamadas «Baby Bells». Cuando, en abril de 2008, el FBI logró que el Tribunal de Vigilancia de Inteligencia Extranjera obligara a Verizon a entregar sus registros a la NSA, consiguió de golpe acceso a prácticamente todas las llamadas telefónicas realizadas en Estados Unidos. La centralización es un imán para la vigilancia. También tenía los datos de localización de todos sus clientes, con nombre, apellido y cuenta bancaria.

La segunda entrega del archivo Snowden, dos días más tarde, documentaba un proyecto llamado PRISMA con el que el Gobierno de Estados Unidos mantenía un acceso directo a los servidores de las principales empresas tecnológicas, incluidas Google, Facebook, Apple, Amazon y Microsoft desde al menos 2008, y que compartía su acceso con otros países de la llamada Alianza de los Cinco Ojos: Inglaterra, Australia, Nueva Zelanda y Canadá. El programa había sido legalizado por el Gobierno de Barak Obama gracias a un entramado complejo de tribunales secretos y leyes antiterrorismo. La sección 702 de la Ley de Vigilancia de la Inteligencia Extranjera (FISA) concedía a la NSA el acceso a todas las comunicaciones privadas que trascendieran las fronteras estadounidenses. La sección 215 de la USA-Patriot Act autorizaba la intromisión del Gobierno en los registros que están en manos de terceras partes, incluidas cuentas bancarias, bibliotecas, agencias de viaje, alquileres de vídeos, teléfonos, datos médicos, de iglesias, sinagogas, mezquitas y, naturalmente, plataformas digitales. Todo esto ocurría con la autorización de un tribunal secreto, diseñado para los asuntos secretos, y sin el conocimiento o el consentimiento de las personas espiadas. La Patriot Act también prohibía expresamente que las empresas registradas informaran a sus propios usuarios de que sus datos habían sido comprometidos.

En su primera intervención pos-Snowden, el presidente Barack Obama quiso tranquilizar a sus constituyentes asegurando que la ley no permitía a las agencias leer el contenido de las comunicaciones sino solo registrar los metadatos, una información pública que no requería una orden judicial para ser interceptada. Como jefe de las Fuerzas Armadas, tenía que saber que eso no es verdad. El consejero general de la NSA, Stewart Baker, confesó que «los metadatos te cuentan absolutamente todo acerca de la vida de alguien. Si tienes suficientes metadatos no necesitas contenido». «Nosotros matamos gente usando metadatos», declaró el general Michael Hayden en un debate titulado *Re-evaluando la NSA*.[13] Si tienes suficientes, los metadatos te cuentan cosas que el vigilado no sabe. En la era del Big Data, el contenido es lo menos valioso. El metadato es el rey.

El director nacional de Inteligencia, James Clapper, defendió públicamente el proyecto PRISMA como una fuente crucial de inteligencia antiterrorista. «La información que hemos conseguido a través de este programa es inteligencia de la más alta importancia y valor.» Era el mismo director que, tres meses antes, juró ante el comité de Inteligencia del Senado que la NSA no recopilaba ni almacenaba datos de millones o cientos de millones de estadounidenses. El resto de protagonistas negaron fríamente su colaboración. «Nosotros facilitamos datos de usuarios al Gobierno de acuerdo con la ley, y revisamos los casos cuidadosamente —decía el comunicado de Google—. [...] Google no tiene una puerta de atrás por la que el Gobierno accede a los datos privados de los usuarios.» Un portavoz de Apple dijo que nunca había oído hablar del proyecto PRISMA, contradiciendo directamente los documentos oficiales comprobados y publicados por los principales medios del país. Mintieron como mintió el jefe de Inteligencia Nacional al órgano constitucional de su propio Gobierno. En estas circunstancias, no tiene sentido preguntarse, desde la sociedad civil, si estas empresas y sus ejecutivos son moralmente capaces de ejercer la censura, coartar las libertades civiles o traicionar la confianza de los usuarios. Como sabían los arquitectos del TCP/IP, todos los debates sobre la bondad o la maldad de las empresas son una distracción. Los directivos cambian o son despedidos o mienten o están sujetos a legislaciones y a gobiernos que cambian o mienten. La única pregunta relevante en el debate es si desarrollan tecnologías capaces de ejercer la censura, coartar las libertades civiles o traicionar la confianza de los usuarios. Si lo hacen, es siempre un problema independientemente de su intención.

Los papeles de Edward Snowden eran escandalosos porque demostraban que los ciudadanos estadounidenses habían sido espiados por su propio Gobierno en su propia casa, vulnerando derechos fundamentales protegidos por la Constitución. El aparato de espionaje gubernamental había sido usado anteriormente para desprestigiar movimientos civiles a través de sus líderes. Durante su reinado como director del FBI, J. Edgar Hoover mantuvo un fuerte aparato de espionaje alrededor de Martin Luther King, especialmente después de que les acusara de ser «completamente ineficaces en la resolución de la continua violencia y brutalidad infligida sobre la comunidad negra en el sur profundo». El programa de contrainteligencia acumuló un dosier donde se le acusaba de mantener relaciones ilícitas con al menos cuatro mujeres (entre ellas la cantautora Joan Baez) y de participar en orgías con alcohol y prostitutas (negras y blancas). También se le acusaba de tener lazos con el Partido Comunista y de evadir impuestos para su organización. Entonces el presidente era Lyndon B. Johnson, que ocupaba el cargo en sustitución de John F. Kennedy, asesinado en 1963. Hoy el presidente es Donald Trump. En el momento de escribir estas líneas, el presidente mantiene secuestradas todas las funciones del Gobierno hasta que el Congreso apruebe una partida de cinco mil millones de dólares para construir un muro en la frontera con México. «Si no conseguimos lo que queremos, cerraré el Gobierno», les dijo a la presidenta de la Cámara del Congreso Nancy Pelosi y al líder de la minoría demócrata Chuck Schumer, el 2 de diciembre de 2018. A finales de enero, todos los trabajadores cuyas nóminas dependen del Estado, desde los funcionarios de las administraciones hasta los barrenderos, siguen sin cobrar. Todas las instituciones que dependen de las partidas del Gobierno, como los juzgados, los servicios sociales o los parques nacionales se están viniendo abajo. La máquina de espionaje más grande dela historia está en manos de un líder deshonesto, rencoroso y vengativo. Numerosos informes oficiales afirman que Donald Trump ocupa el puesto gracias al abuso coordinado del aparato de vigilancia y la manipulación comercial de las plataformas digitales. Es poco probable que use el poder con más responsabilidad que el resto.

Snowden había denunciado el abuso de poder en suelo estadounidense, pero los ciudadanos del resto del mundo son espiados legalmente por las agencias de inteligencia de Estados Unidos. No tenemos derechos civiles en suelo americano, nuestros datos son barra libre para cualquier agencia de inteligencia exterior. Con una excepción. La Cámara de Comercio de Estados Unidos tenía un pacto de caballeros con la Unión Europea. La Directiva europea sobre protección de datos de 1995 estaba diseñada para proteger a los ciudadanos europeos de las empresas que solicitan datos para ofrecer servicio a los clientes, como las compañías telefónicas, los bancos, servicios de transporte, proveedores de gas, electricidad, agua, etcétera. Todas las compañías europeas entraban la directiva y, por lo tanto, había libre circulación de datos entre compañías europeas. Pero quedaba prohibida la exportación de datos a jurisdicciones de fuera de Europa, como Estados Unidos. Con la globalización y la llegada de internet, millones de europeos empezaron a usar servicios y plataformas de comunicación estadounidenses: correos de Yahoo y Gmail, cuentas en Facebook, MySpace, Twitter, aplicaciones para móvil como WhatsApp, 4Square, etcétera. Todas esas cuentas de usuario quedaban almacenabas en servidores y bases de datos fuera de Europa. En el año 2000, la Comisión Europea firmó una excepción desarrollada por el Departamento de Comercio de Estados Unidos, según la cual las empresas se comprometían a mantener los principios de la Directiva 95/46/CE para todos los datos procedentes de Europa, llamado Safe Harbour (puerto seguro). Pero no estableció los medios para asegurar que las empresas cumplían el pacto. Y las empresas no lo hacían, como descubrió un joven austriaco llamado Max Schrems.

Schrems estaba cursando un semestre de Derecho en la Universidad de Santa Clara en Silicon Valley, cuando uno de sus profesores trajo a Ed Palmieri, el abogado de Facebook especializado en privacidad, para que diera una charla en clase. A Max le sorprendió lo poco que sabía sobre legislación europea en materia de protección de datos, y decidió que su trabajo para aquella clase sería una investigación sobre Facebook en el contexto de las directivas europeas. Mientras investigaba, descubrió que Facebook no solo acumulaba enormes dosieres de sus usuarios sino que cruzaban el Atlántico sin respetar el tratado de Safe Harbour. Como casi todos los gigantes tecnológicos, Facebook tenía su sede europea en Irlanda. «Eso significa que todos sus usuarios europeos tienen un contrato con la oficina de Dublín, lo que les hace sujetos de la ley de protección de datos en Irlanda», explicó Schrems.[14] Uno de esos derechos era el de saber qué datos tiene una compañía sobre ellos.

Schrems encontró la página para solicitar los datos enterrada en lo más profundo de la web de Facebook. Cursó su solicitud y recibió un CD con un documento de mil doscientas páginas. Allí encontró un dosier con todas las veces que se había logueado, desde dónde, durante cuánto tiempo y con qué ordenador. Qué otras personas se habían logueado alguna vez desde los mismos sitios. Todas las personas que había marcado como amigos y también las que había desmarcado, con la fecha y duración de todas ellas. Todas las direcciones de correos de sus amigos; todas las personas a las que había «pokeado» y todos los mensajes y chats que había escrito, incluyendo los que había borrado después. Todas las fotos que había visto, todas las cosas que había leído, todos los enlaces que había pinchado. Max no era una persona conocida ni relevante para la empresa. El registro era automático, parte del algoritmo. Eso significaba que todos y cada uno de los usuarios de Facebook tenían un «dosier» similar. Y que la falta de supervisión era extensible a todas las compañías extranjeras que guardaban datos de ciudadanos europeos, incluyendo Google, Apple, Twitter, Dropbox, Amazon y Microsoft.

Schrems creó una página llamada europe-v-facebook donde iba publicando su investigación. Cuando publicó su dosier, los medios recogieron la noticia y cientos de personas le pidieron a Facebook sus datos. Cuando llegó a Reddit, muchos estadounidenses descubrieron que no tenían derecho a solicitarlos. Europa tenía ley de protección de datos, Estados Unidos no. Ser europeo tampoco era suficiente.

A pesar de las múltiples demandas que abrió Schrems en Irlanda, Facebook se negó a entregarle los datos biométricos (derivados de su cara), argumentando que la tecnología utilizada para generarlos era un secreto industrial. «Yo no soy más que un tío normal que ha estado en Facebook durante tres años —escribió Schrems—. Imagínate esto dentro de diez años: cada manifestación a la que he ido, mis tendencias políticas, mis conversaciones íntimas, mis enfermedades.» Cuando el *Guardian* publicó los documentos del proyecto PRISMA, Schrems ya no tuvo que demostrar que Facebook espiaba a sus usuarios europeos, incumpliendo el acuerdo de Safe Harbour. Llevó el caso al Tribunal de Justicia europeo con los papeles de Snowden y lo ganó. El acuerdo de transferencia de datos entre la Unión Europea y Estados Unidos fue anulado. Cinco meses más tarde, la Comisión presentó un nuevo acuerdo transatlántico para el intercambio comercial de datos personales llamado Privacy Shield (escudo de privacidad). «La NSA guarda un registro de todo lo que hace un ciudadano europeo, independientemente de si hace algo malo o no —me dijo Edward Snowden en 2016—. Y pueden acceder a ese registro sin una orden y examinar todos los archivos. La única diferencia es cómo los tratan después de haberlos investigado.» Facebook tenía entonces un total de 845 millones de usuarios. Tres años más tarde tiene 2.220 millones, sin contar los de otras dos empresas que también son suyas, Instagram y WhatsApp.

La estrecha relación de las plataformas con la administración no se limita al Gobierno estadounidense. Los contratos gubernamentales son los más golosos, incluso si son gobiernos autoritarios en franca oposición a los supuestos valores de la empresa. En 2018, cuatro mil empleados de Alphabet firmaron una petición en Medium para que abandonara el proyecto Dragonfly, un buscador censurado con una lista negra de páginas sobre derechos humanos, democracia, religión, activismo, vigilancia y otros contenidos indeseables para el Gobierno chino. «Muchos de nosotros aceptamos trabajar para Google con los valores de la compañía en mente, incluida su anterior postura con respecto a la censura y la vigilancia chinas, y dando por hecho que Google era una compañía dispuesta a poner sus valores por encima de sus beneficios.» Unos meses más tarde, tres mil cien empleados publicaron en el *New York Times* una carta para el presidente ejecutivo de Google, Sundar Pichai. Querían que abandonara el desarrollo de inteligencia artificial para mejorar el proceso de vídeo y la orientación de los ataques de los drones del ejército estadounidense. «Creemos que Google no debería estar en el negocio de la guerra», empieza la carta. Pero Google es parte del negocio de la guerra, como todas las grandes tecnológicas estadounidenses. Eric Schmidt es consejero del Departamento de Defensa, Vint Cerf fue contratado como «evangelista jefe» de Google, embajador perfecto entre la empresa y el Pentágono. En 2004, Google hizo un buscador especial para la CIA en el que escanearon todos los archivos de Inteligencia. Pidieron cambiar una de las O del logo por el sello de la agencia y Google puso una condición. «Le dije a nuestro departamento de ventas que les dieran el ok si prometían no contárselo a nadie —contaba Douglas Edwards en su libro de memorias *I'm feeling lucky*—. No quería espantar a los activistas de la privacidad.» En 2007 trabajaron con Lockheed Martin, empresa clave del complejo industrial-militar estadounidense, para desarrollar un sistema de inteligencia visual para la Agencia de Inteligencia Geoespacial con las bases militares que tenían en Irak y Afganistán. El sistema señalaba los barrios de población chiita y sunita que estaban siendo rápidamente diezmados en una campaña de limpieza étnica. Era la clase de proyecto para el que se había creado Google Earth. Cuando el huracán Katrina arrasó el Golfo de México, Google asistió a los helicópteros de rescate y la guardia costera localizando víctimas superponiendo a su imagen habitual del globo terráqueo una capa actualizada en tiempo real, procedente de sus proveedores habituales, el Instituto Nacional Oceánico y Atmosférico y el operador civil de teledetección espacial DigitalGlobe. En 2010 recibió un contrato sin concurso de veintisiete millones de dólares para desarrollar el nuevo Servicio de Visualización GEOINT (GVS) para proporcionar visión del globo en tiempo real a soldados estadounidenses con capas de datos clasificados. «GVS fue construido para proporcionar una versión de Google Earth para las capas clasificadas secreto y alto secreto para visualizar información clasificada de manera geoespacial y temporal en una imagen compartida por la operación», explicaba el coronel Mike Russell de las Fuerzas Armadas. La tecnología está integrada en los visores de Comandos de Combate de Defensa, pero también es utilizada por el FBI, CIA, NRO, NSA y la Agencia Federal de Gestión de Emergencias. Irónicamente, su actuación en momentos de crisis nos abre una ventana a su rango de habilidades.

CENTINELAS CELESTES

Los sistemas de imagen por satélite son parte de un circuito cerrado de vigilancia a nivel planetario en manos de un puñado de empresas que trabajan para distintos gobiernos. Sus grandes ojos rotantes no solo vigilan lo que ocurre dentro de sus fronteras. Registran todo lo que pasa en la superficie terrestre, incluyendo océanos, producción agrícola y ganadera, extracción de crudo y minerales, infraestructuras, ciudades, fábricas, transportes, refugios, personas. Cada minuto del planeta es localizable en el espacio y en el tiempo. Y accesible con la ayuda de un buscador.

Es el buscador de Google, pero en lugar de «organizar la información del mundo y hacerla accesible y útil para todos los usuarios», lo que hace es organizar la información del planeta y hacerla accesible y útil para sus clientes y asociados. Mucha gente piensa que esos datos se usan principalmente para predecir el tiempo o detectar fuegos e inundaciones. En verdad, lo que hacen las empresas de análisis por satélite es contar. Cuentan los coches en los aparcamientos, un servicio que usan al menos doscientos cincuenta mil garajes de Estados Unidos para informar a los supermercados y centros comerciales circundantes de la esperanza de venta que tienen cada minuto del día. También cuentan la cantidad de paneles solares que se instalan en cada región o los barriles de crudo que circulan en el mercado. La firma de análisis geoespacial Orbital Insight se chiva regularmente de que China tiene mucho más petróleo del que dice tener, y que está acumulando reservas a velocidad preocupante. Según James Crawford, presidente ejecutivo de Orbital, «representa la capacidad de China de aprovecharse de cualquier alteración de precio en el mercado».

Las empresas compran información satelital para calcular cuántas toneladas de cereal, legumbre o grano se van a recoger esta temporada, o cuántas cabezas de ganado tiene cada uno. «Lo genial de estas técnicas es que tradicionalmente tenías que hablar con un montón de granjeros para conseguir un estimado como el del Departamento de Agricultura —explicaba Mark Johnson, jefe de la *start-up* de predicción por satélite Descartes Lab en *The Verge*—. Con *machine learning* nosotros miramos todos esos píxeles de los satélites y nos cuenta lo que está creciendo.» Sus predicciones son mejores que las del Departamento de Agricultura porque el Gobierno puede saber lo que han sembrado, no necesariamente lo que van a recoger. Los satélites vigilan la cosecha minuto a minuto y tienen visión espectral para medir, entre otras cosas, los niveles de clorofila. Saben lo que está plantando cualquier agricultor y pueden sumar ese dato al resto de los datos de todas las cosechas en Brasil, Argentina, China, el Mar Negro y la Unión Europea. Tienen datos oficiales para compararlos con un siglo de cosechas anteriores y contrastarlos con las predicciones meteorológicas y otras mediciones relevantes sobre el estado de la tierra (minerales, humedad, población de insectos, contaminación de las áreas circundantes) para predecir el comportamiento del mercado. Los agricultores independientes no pueden negarse a facilitar los datos sobre lo que sucede en su propia finca, porque están vigilados desde lo alto por el ojo sin párpados de máquinas calculadoras e impertérritas. Pero las empresas que registran toda esa información puede ocultar sus algoritmos, sus objetivos y hasta su lista de clientes porque «la gente que vende suministros al negocio agrícola es muy celosa de sus fuentes de información».[15] Crawford trabajó para el proyecto de Google en la NASA, antes de fundar Orbital Insight en 2013.

La Unión Europea usa satélites para controlar el uso que hacen los agricultores de las ayudas directas de la Política Agrícola Común (PAC). Por ejemplo, vigilan que los agricultores cumplan con las medidas establecidas, como la rotación de cultivos, el mantenimiento de terrazas y que no labren las tierras a favor de la pendiente. El Ministerio de Agricultura español los usa para hacer previsión meteorológica, evaluar daños, monitorizar ayudas y hacer sus mapas detallados de cultivos y aprovechamientos de España. La verdad es que no se puede plantar un alcornoque sin que lo sepa el Estado, tanto si recibes ayuda como si no. Es un hecho históricamente aceptado que la agricultura es el principio fundacional de las naciones-estado, y que nuestra afición por el grano está más vinculada a la recaudación y el control de las cosechas que a la facilidad intrínseca de la semilla o a nuestra natural inclinación hacia ella. Los últimos estudios osteológicos insinúan que los *Homo sapiens* que dependían del grano eran más enclenques y estaban peor alimentados que los cazadores nómadas, y que enfermaban con más frecuencia. Pero tenían más hijos y estaban más respaldados por la comunidad, lo que facilitó su supervivencia. En su fascinante ensayo *Against the grain*, James C. Scott establece la elección del grano como fuente principal de alimentación por ser un material fácilmente tasable por el Gobierno central. El campesino no puede ocultar una cosecha que crece por encima del suelo, y que necesita ser recogida y procesada en momentos específicos del año. Las comunidades donde plantaban patatas, boniatos y otros tubérculos que crecen bajo la tierra y pueden ser recolectados por tramos, según necesidad, ofrecían menos facilidades.

Vigilar el grano es vigilar al jornalero. Scott establece el ritual de la cosecha como el principio del largo y contestado proceso de automatización del hombre por el hombre. Una rutina de ejecución primigenia y extraordinariamente larga:

> La domesticación de las plantas quedó representada finalmente como la plantación de un terreno fijo [...] que nos atrapa en un conjunto de rutinas anuales que organizan nuestra vida laboral, nuestros patrones de asentamiento, nuestras estructuras sociales. [...] La cosecha misma establece otro paquete de rutinas: en el caso de los cereales hay que cortar, empacar, trillar, espigar, separar la paja del grano, tamizar, secar, sortear... gran parte de ese trabajo quedó establecido como funciones femeninas. En el momento en que los *Homo sapiens* tomamos la decisión fatal de meternos en agricultura, nuestra especie se encerró en el austero monasterio cuyo trabajo consiste fundamentalmente en el exigente horario genético de un puñado de plantas.

En un mundo dominado por los datos del satélite, no es difícil imaginar cierto favoritismo por cosechas favorables a la tecnología.

«Los campos de maíz son muy buenos para la resolución de los satélites —dice Johnson— porque son grandes, el maíz crece despacio y no se mueve.»

Los granos y el ganado son contables. Las personas, también. DigitalGlobe tiene un proyecto colectivo para contar las focas que quedan en el mar de Weddell en la Antártida pero también ayuda a Facebook a localizar a miles de millones de personas desconectadas de la red. Los satélites están equipados con diferentes tecnologías y radares, especialmente para distinguir objetos pequeños en grandes extensiones de agua. MarineTraffic es el servicio online más popular de seguimiento de barcos, pero usa el Sistema de Identificación Automática (AIS) por el cual el satélite manda un «ping» al barco y este devuelve su posición. No todos los barcos responden. El barco que pesca ilegalmente en el mar del Sur de China o transporta personas de forma clandestina se suele dejar el transmisor en casa, pero es imposible que se esconda del espacio. Hasta la barca más raquítica es localizable desde radares satélite como el VIIRS (Visible Infrared Imaging Radiometer Suite) de Raytheon, uno de los contratistas de defensa militares más grandes de Estados Unidos, que detecta luces en el agua. O por el sistema SAR (Synthetic Aperture Radar), que detecta cualquier trozo de metal que tenga más de seis metros de largo.

SpaceKnow hace índices económicos basados en una combinación de datos satelitales. Durante la primavera de 2018 estuvo vigilando la actividad de seis mil plantas industriales en China para evaluar su producción. El vicepresidente Hugh Norton-Smith dice que su plan es indexar el desestructurado y caótico mundo físico en una plataforma digital en tiempo real. En el contexto de la crisis climática, la soberanía de las infraestructuras de control y gestión de recursos valiosos como el grano, la ganadería o el agua es tan crucial como la capacidad de trazar el movimiento de las personas. Los satélites son solo una parte de esa gran infraestructura, además de un elemento crucial en el entramado de supervigilancia que los consorcios han bautizado como 5G. En 2015, la Agencia Geoespacial movió GVA a la nube de Amazon, AWS.

EL ESTADO SOBERANO DE LA NUBE

Amazon tiene la mitad del negocio mundial de la nube. Es el negocio más lucrativo y poderoso de Jeff Bezos, aunque mucha gente piense que se ha convertido en el hombre más rico del planeta regentando una tienda de libros online. De todos los gigantes tecnológicos, Amazon ha sido sin duda el más discreto. No tiene eslogan ni lema, no dice que vaya a hacer del mundo un lugar mejor o mejor conectado. Pero en sus servidores está alojado más de un tercio de internet. Claro que Amazon ofrece mucho más que alojamiento. AWS vende servicios de software e infraestructura que permiten a cualquier empresa ofrecer un servicio de vanguardia a sus clientes con la mayor seguridad, sin tener que comprar su propia tecnología. Netflix usa AWS para asegurarse de que sus contenidos llegan en perfecto *streaming* a todos los rincones y dispositivos del planeta, Unilever para sostener mil setecientas tiendas online, WeTransfer para sostener los envíos de grandes paquetes de datos, imperios mediáticos como Guardian News & Media o Hearst Corporation para sostener sus cabeceras web, Ticketmaster para vender entradas, el Centro Internacional de Investigación de Radioastronomía para mantener un espacio colaborativo donde se intercambian cantidades literalmente astronómicas de datos. También lo hacen Dow Jones y el NASDAQ, las plataformas Airbnb, Slack, Pinterest, Coursera, Soundcloud, The Weather Company y el Laboratorio de Propulsión de la NASA. Incluso el servicio de mensajería encriptada Signal, recomendado por Snowden y utilizado por activistas de la privacidad en todo el mundo. El poder horizontal de Amazon se expande por la industria de servicios ofreciendo un acceso ilimitado a los datos que generan. Su vigilante dominio no solo afecta a los usuarios de cada una de esas aplicaciones sino también a las empresas mismas, porque Amazon puede estudiar sus modelos de negocio como si fueran ensayos de laboratorio para después destruirlos con precios imbatibles. AWS es la reina inconquistable del negocio, pero no está sola. Le siguen —a creciente distancia— Microsoft Azure, Google Cloud e IBM Cloud. Su único competidor real es Alibaba, que domina el continente asiático y en los últimos dos años ha empezado una agresiva expansión. Si internet se rompe en varios bloques, como ha sugerido el fundador de Google, estas dos nubes serán dos de los continentes principales.

Desde un punto de vista materialista, ya son reinos autogestionados con las necesidades de un país mediano. Contra lo que su vaporoso nombre sugiere, la nube es una aglomeración de silicio, cables y metales pesados que se concentra en lugares muy concretos y consume un porcentaje alarmante de electricidad. En 2008 ya producía el 2 por ciento de las emisiones globales de CO_2, y se espera que en 2020 haya duplicado esa marca, si no ha ocurrido ya. Dicen que una de sus principales causas es la «contaminación durmiente». Cada día se generan 2,5 quintillones de datos, en parte enviando colectivamente 187 millones de correos y medio millón de tuits, viendo 266.000 horas de Netflix, haciendo 3,7 millones de búsquedas en Google o descartando 1,1 millones de caras en Tinder. Pero muchos de los datos son generados involuntariamente por personas desprevenidas cuyas acciones y movimientos son registrados minuciosamente por cámaras, micrófonos y sensores sin que se den cuenta. Unos y otros se acumulan por triplicado en servidores de una industria que no borra nada, y que requiere refrigeración constante para no sobrecalentar los equipos. Cisco calcula que en 2021 el volumen aumentará en un 75 por ciento, cuando el internet de las cosas y las Smart Cities hayan puesto todos los objetos en red.

Tanto Google como Apple aseguran que sus centros funcionan con energías renovables desde 2017; Microsoft y Amazon dicen que avanzan en la misma dirección. Pero es difícil comprobarlo, especialmente en países donde no funciona la ley de transparencia. La realidad es que la nube se ha sido concentrando en lugares donde la electricidad es barata y la administración es generosa con las rebajas fiscales, la disponibilidad de mano de obra barata y la ausencia de protección de datos. Según Arman Shehabi, investigador del Laboratorio Nacional Berkeley, solo los servidores de iCloud y Google usan el 1,8 por ciento del consumo total en Estados Unidos. Un estudio de Japón, el segundo país más grande en consumo de Amazon, advierte que en 2030 la red habrá superado todos sus recursos energéticos. En el futuro, los japoneses tendrán que elegir entre el aire acondicionado y la mensajería instantánea, entre la lamparita de noche y la retroiluminación del teclado. Capítulo aparte merecen los centros de datos dedicados a Bitcoin. Dos investigadores de la Oficina de Investigación y Desarrollo de la Agencia de Protección Ambiental de Estados Unidos calcularon que entre 2016 y 2018, solo la «extracción» produjo entre tres y trece millones de toneladas de dióxido de carbono, el equivalente al producido por un millón de coches.[16] En diciembre de 2018, varios departamentos financieros anunciaron que el precio de minar bitcoin había superado el valor de la propia divisa. «Ahora mismo, los únicos lugares donde aún da beneficios son China e Islandia —contaba el director de estrategia de Meraglim, James Rickards, en el *New York Post*—. Los dos tienen electricidad muy barata e Islandia tiene la ventaja de las bajas temperaturas para enfriar los ordenadores.»

La nube devora recursos valiosos en tiempos de escasez, pero las ciudades se pelean por ella. Según los sociólogos David Logan y Harvey Molotch, el extraño fenómeno responde a un modelo de ciudad como «máquina de crecimiento», en el que las administraciones ofrecen incentivos a la industria que teóricamente fomentan el crecimiento económico aunque tenga que sacrificar recursos locales y empeore el nivel de vida de los sectores más vulnerables de la población.[17] El condado en el que se encuentra Tysons Corner, Virginia, donde el gran nudo de internet ha generado la mayor concentración de nubes del mundo, se ha convertido en el más rico de Estados Unidos, con una renta media anual de 134.464 dólares por hogar. «Este año [...] vamos a tener 250 millones de dólares en ingresos tributarios solo de los centros de datos», presumía el jefe de desarrollo económico del condado, Buddy Rizer. Amazon Web Services llegó allí en 2006 y opera ahora en treinta y ocho plantas. También tiene ocho centros en San Francisco, ocho en Seattle y siete al noroeste de Oregón. En Europa tiene siete en Dublín, cuatro en Alemania, tres en Luxemburgo. En el Pacífico tiene doce centros en Japón, nueve en China, seis en Singapur y ocho en Australia. En Latinoamérica solo tiene seis centros, y están en Brasil. La nube solitaria más hambrienta y voluminosa es la que mantiene la NSA en el desierto de Utah, la primera capaz de contener un yottabyte de información. Visto desde el aire, es indistinguible de un Centro de Detención de Inmigrantes: largos edificios sin ventanas rodeados de capas de seguridad de varias clases: cerrojos biométricos, controles marcados con alambre de espino y hombres armados con metralleta, muros y leyes federales de protección de secretos y de propiedad intelectual. Los centros de datos de Inteligencia están legalmente borrados de los mapas por motivos de seguridad. El fotógrafo Trevor Paglen ha dedicado años de su vida a fotografiar ese tipo de lugares, usando objetivos de largo alcance y una lista de lugares secretos. Cuando salieron los documentos de Snowden, se dio cuenta de que «casi todos hablaban de infraestructura y que traían direcciones».[18]

Hace tiempo que la nube es más que el almacén de la World Wide Web. La pequeña semilla que plantó Tim Berners-Lee en su oficina del CERN ha sido devorada por un complejo sistema de procesamiento de datos donde se está produciendo la gran carrera armamentística del siglo XXI: el desarrollo de inteligencia artificial. Entre las principales funciones está almacenar gigantescas bases de datos y procesarlas con algoritmos de aprendizaje automático (*machine learning*) y profundo (*deep learning*) para terceros. «Amazon.com creó AWS para permitir a otras empresas disfrutar de la misma infraestructura —anuncia la web— con agilidad y beneficios de costes, y ahora sigue democratizando las tecnologías ML poniéndolas al alcance de todas las empresas.» Cuanta más información de otros procesa, más aprende el algoritmo de Amazon y más poderoso es.

En el mundo de la inteligencia artificial, la cantidad de datos procesados es clave, pero hay material especialmente valioso. Los gobiernos ofrecen información especialmente detallada y útil, entre ella los golosos archivos clasificados de las agencias de inteligencia y sus extendidos sistemas de vigilancia. Microsoft Azure tiene un servicio de nube especial que vende «flexibilidad e innovación sin precedentes para las agencias gubernamentales de Estados Unidos y sus asociados», clasificado como Alto Secreto y con «capacidad cognitiva, inteligencia artificial y análisis predictivo». Un centenar de sus trabajadores se movilizaron para exigir a Bill Gates que renunciara a su contrato de 19,4 millones de dólares para procesar datos e imágenes para el Servicio de Inmigración y Control de Aduanas de Estados Unidos, después de ver que ayudaban a separar a las familias de inmigrantes de sus hijos. La empresa declaró que «Microsoft no está trabajando con el Departamento de Inmigración o la patrulla de fronteras en ningún proyecto *que implique separar a niños de sus familias en la frontera* y, contrariamente a los rumores, no tenemos conocimiento de que Azure o los servicios de Azure estén siendo utilizados con ese propósito». Pero no lo asegura, ni lo demuestra, ni se compromete a renunciar a su relación con el Pentágono, porque la sinergia entre las tecnológicas y las agencias federales funciona en las dos direcciones: aunque la empresa no pueda legalmente utilizar los datos clasificados de manera directa, el procesado de esos datos proporciona nuevos niveles de precisión a sus algoritmos comerciales, que afinan sus habilidades predictivas para otros clientes.

Entre 2014 y 2016, Amazon ganó varios contratos con la CIA y la NSA para desarrollar un «entorno de fusión de big data» llamado Intelligence Community GovCloud. Uno de los hijos de su relación con la comunidad de inteligencia y las autoridades ha sido Rekognition, un software de reconocimiento facial automático capaz de identificar a más de un centenar de personas en una sola imagen. Los ejecutivos de Bezos ya le han dicho a sus empleados que no pierdan el tiempo protestando por darle servicio a Trump. «AWS está compitiendo a muerte por un contrato de diez mil millones con el Departamento de Defensa y no es casualidad que una de sus dos sedes esté a un kilómetro y medio del Pentágono —declaró Andy Jassy, responsable de AWS—. No vamos a desviarnos de ese negocio por las preocupaciones de ningún empleado.» Se refiere al proyecto JEDI (Joint Enterprise Defense Incitiative), una infraestructura que centraliza todos los poderes del Departamento de Defensa en una sola isla-nube. Eso no significa que Amazon no tenga un código. En 2010, AWS sacó a Wikileaks de sus servidores por «incumplir los términos de uso al publicar contenido que no era suyo», pero no han tenido el mismo problema para trabajar con la firma más polémica de Silicon Valley: Palantir.

PALANTIR, EL BUSCAVIDAS

Peter Thiel era miembro de la PayPal Mafia, el «clan» de exalumnos de Standford y de la Universidad de Illinois que fundaron o trabajaron en Paypal y acabaron fundando algunas de las compañías más poderosas del Valle: Tesla, LinkedIn, Palantir Technologies, SpaceX, YouTube, Yelp.[19] Y había sido el primer inversor de Facebook, convirtiéndose en el mentor de Mark Zuckerberg y miembro destacado de su consejo de dirección. En 2004, Thiel puso treinta millones de dólares para fundar una empresa llamada Palantir Technologies Inc. El otro gran inversor fue la CIA, que puso dos millones a través de In-Q-Tel, su fondo de capital riesgo para tecnologías que le serán útiles. Su objetivo era hacer minería de datos para el control de la población.

Un palantir es una piedra legendaria que permite observar a personas y momentos distantes en el tiempo y el espacio. Sauron la usa en *El señor de los anillos* para vigilar a sus enemigos, ver cosas que ya han ocurrido y enloquecer a sus víctimas con voces fantasmagóricas. La piedra está conectada al anillo, que la «llama» cuando alguien lo usa. Siguiendo con la analogía, todo dispositivo conectado a internet está conectado a Palantir. Su primer trabajo para la NSA fue XKEYSCORE, un buscador capaz de atravesar correos, chats, historiales de navegación, fotos, documentos, webcams, análisis de tráfico, registros de teclado, claves de acceso al sistema con nombres de usuarios y contraseñas interceptados, túneles a sistemas, redes P2P, sesiones de Skype, mensajes de texto, contenido multimedia, geolocalización. Sirve para monitorizar a distancia a cualquier sujeto, organización o sistema, tirando de cualquier hilo: un nombre, un lugar, un número de teléfono, una matrícula de coche, una tarjeta. Siguiendo el patrón conocido, la tecnología que fue creada para vigilar «insurgentes» y «enemigos del mundo libre» en Irak y Afganistán fue rápidamente implementada en los estados federales para vigilar a los propios ciudadanos, especialmente en aquellos lugares donde hay mayoría afroamericana y en los más castigados por la pobreza o los huracanes, como Detroit o Nueva Orleans.

En la siguiente década, Palantir consiguió más de mil doscientos millones en contratos con la Marina, la Agencia de Inteligencia de

Defensa, West Point, el FBI, la CIA, la NSA y los departamentos de Justicia, Hacienda, Inmigración y Seguridad Nacional. Incluso Medicaid tenía un proyecto piloto con ellos para investigar las llamadas de emergencia y otro para identificar servicios médicos ilegales en el sur. Esto durante la administración Obama. Después, Donald Trump ganó las elecciones con el apoyo público, técnico y financiero de dos personas: Peter Thiel y Robert Mercer, los respectivos dueños de Palantir y Cambridge Analytica. Hoy, Palantir es conocido como el Departamento de Precrimen de Trump, porque su tecnología predictiva es utilizada por la policía para detectar «zonas de calor» donde podría estallar la violencia. También detecta grupos o personas «de interés», que hayan asistido a manifestaciones, participado en huelgas, tengan amigos en Greenpeace, usen tecnologías de encriptación o hayan apoyado a otros activistas en redes sociales. Palantir tiene acceso a huellas y otros datos biométricos, archivos médicos, historial de compras con tarjetas, registros de viajes, conversaciones telefónicas, impuestos, historiales de menores. Y se queda con todos los datos que procesa, para usarlos con otros clientes como las agencias de inteligencia de Inglaterra, Australia, Nueva Zelanda y Canadá. En Europa, es utilizado por al menos dos gobiernos, el británico y el danés. Pero sobre todo se ha convertido en el juguete de Trump para la detención y deportación masiva de inmigrantes sin antecedentes criminales. Todo está alojado en Amazon Web Services, que también usa Amazon Rekognition, su algoritmo de reconocimiento facial.

La banalización de la vigilancia

En mayo de 2018, Taylor Swift puso una carpa de fotos y vídeos en el estadio Rose Bowl de Los Ángeles donde daba un concierto, para amenizar a sus fans. Meses más tarde, la revista *Rolling Stone* publicó que el espacio estaba secretamente equipado con software de reconocimiento facial que tomaba fotos de los asistentes y las enviaba a un servidor en Nashville, para compararlas con una base de datos de personas sospechosas de acosar a la cantante. Esas personas podrían ser «el número de hombres que tenemos registrados por haber aparecido por mi casa, la casa de mi madre, o los que han amenazado con matarme, secuestrarme o casarse conmigo» que mencionó la cantante en una entrevista,[20] o cualquier otra lista de cualquier otra base de datos de cualquier otra empresa o institución. No podemos saberlo. Pero introduce una nueva carga poética en el nombre de la gira de su disco: «Mira lo que me has hecho hacer».

Los algoritmos de reconocimiento facial son el trozo de código más valioso del mundo y el más peligroso. Ofrecen un sistema de reconocimiento involuntario e invisible, diseñado para identificar personas sin que se den cuenta, sin su permiso y sin que puedan ofrecer resistencia, porque son traicionados por las características irrenunciables e inalterables de su físico. Aunque la regulación de ese tipo de datos varía enormemente de un país a otro, su uso ha explotado en todas las industrias porque el acceso es sencillo e inmediato. «Amazon Rekognition facilita la incorporación del análisis de imágenes y vídeos a sus aplicaciones. Usted tan solo debe suministrar una imagen o vídeo a la API de Rekognition y el servicio identificará objetos, personas, texto, escenas y actividades.» ¡Los primeros mil minutos de vídeo al mes son gratuitos! La misma tecnología que usa el ejército para encontrar terroristas y vigilar zonas de conflicto desde un dron, o las autoridades portuarias en los arcos de los aeropuertos, está disponible para tiendas, centros comerciales, bancos, garajes, festivales de música, gasolineras, colegios privados y parques temáticos. C-SPAN, el canal que retransmite en directo todo lo que pasa en el Congreso estadounidense, usa Amazon Rekognition para identificar automáticamente a los parlamentarios; Sky News lo usó para identificar a los invitados de la boda del Príncipe Harry y Meghan Markle, sobrevolando la capilla de St. George con una flota de drones. Madison Square Garden, el estadio de Manhattan con capacidad para veintidós mil personas donde juegan los Knicks, toca Billy Joel y se entregan los Grammy cada año, lo usa como parte de su protocolo normal de seguridad. Cada nuevo usuario pone un nuevo ojo en la red de vigilancia de Amazon, que extiende sus dominios y agudiza sus habilidades para ponerlas al servicio de sus valiosos clientes, como Palantir.

Hasta hace poco, el mejor algoritmo de reconocimiento facial era el de Facebook. DeepFace tiene un porcentaje de acierto del 97,47 por ciento, gracias al esfuerzo de los usuarios. En enero de 2011, antes de que el sistema empezara a sugerir los nombres, un usuario normal quedaba etiquetado en una media de 53 fotos, una decena más de las que son necesarias para que el algoritmo genere un modelo. El 2016 «liberó» sus algoritmos de detección, reconocimiento y clasificación de fotografía DeepMask, SharpMask y MultiPathNet para que todo el mundo pudiera utilizarlos en plataformas como Flickr, añadiendo astutamente nuevas bases de datos a su amplia colección. Por poner en contexto sus capacidades, el algoritmo diseñado por el FBI acierta solo el 85 por ciento y el ojo humano no pasa del 97,65 por ciento. Una de sus funciones es reconocer y etiquetar a las personas que salen en una imagen, incluso cuando la persona que ha subido la foto no sepa quién es. Otra es reconocer a cualquier persona haciendo cualquier cosa cuando no está conectada, en la vida real.

En 2015, un fotógrafo ruso llamado Egor Tsevtkov empezó a hacer fotos de personas que veía en el metro y a conectarlas con sus perfiles en VKontakte, el Facebook ruso, usando una aplicación gratuita llamada FindFace. Verdaderamente, no era más que una copia del Face Finder de Facebook que permite encontrar a tus amigos a través de fotos, pero que estaba restringido a aquellos que ya estaban en tu círculo de amigos. Su proyecto «Tu cara es big data» demostró que estar en las redes sociales en la era del reconocimiento facial significa que cualquiera que te hace una foto por la calle puede saber inmediatamente quién eres y contactarte. Si quieres llevarlo más lejos, también puede comprar la información a un *data broker* y saberlo todo sobre ti. Google lanzó su FaceNet en 2015. Tanto Android como iPhone ofrecen sistemas de reconocimiento facial para desbloquear el teléfono pero, técnicamente, cualquier aplicación que use la cámara puede agregar datos a un software de reconocimiento facial. El proyecto llamó la atención del Kremlin, que financió generosamente a su joven programador Alexander Kabakov y su empresa Ntechlab para seguir desarrollando. Hoy es una de las principales firmas internacionales del sector.

De hecho, las aplicaciones de realidad aumentada son la manera más fácil de mapear las caras de los usuarios, el Foursquare de la identificación invisible. Los populares filtros de Snapchat y de Instagram para ponerse orejas de conejito, fondos de animación o cutis de porcelana lo hacen. En 2017 Apple lanzó una aplicación similar llamada Clipps. En Asia, la reina es Face++, el filtro embellecedor que todo el mundo usa antes de enviar, compartir o publicar una foto. Cada vez que usamos estas aplicaciones o subimos fotos a la nube, estamos entrenando los mismos algoritmos que usan las empresas para abrir la puerta a sus empleados, los sistemas de transporte para cobrar un viaje o el que usan los cajeros como identificación para sacar dinero o pagar en un restaurante. Y que nos identifican aunque no queramos, tanto si lo sabemos como si lo ignoramos. «No solo pueden pagar las cosas de esta manera, sino que el personal del café es alertado de su presencia por el sistema para poder saludarlo con su nombre», explicaba el profesor de los programadores de Face++ en la revista del MIT.[21] También es parte de la tupida red de vigilancia del Gobierno chino, donde no puedes dar un paso sin que te ponga o quite puntos de crédito social.

China 2020, la primera dictadura digital

En Beijing, un ciudadano que cruza en rojo puede ser multado instantáneamente en su cuenta bancaria. También puede verse inmortalizado en un *loop* de vídeo cruzando indebidamente en las marquesinas de las paradas de autobús, para escarnio propio y de su familia. Si comete más infracciones, como aparcar mal, criticar al Gobierno en una conversación privada con su madre o comprar más alcohol que pañales, podría perder el empleo, el seguro médico y encontrarse con que ya no puede conseguir otro trabajo ni coger un avión. Así es como funcionará el nuevo sistema de crédito social chino, programado para entrar completamente en vigor en 2020. Su lema es: «Los buenos ciudadanos caminarán libres bajo el sol y los malos no podrán dar un paso».

En el sistema de crédito social, también conocido como Sesame Credit, todos los ciudadanos empiezan con la misma puntuación, pero después va subiendo o bajando en función de cómo se portan. Entre las muchas cosas que bajan puntuación están robar, comer en el metro, empezar una pelea, orinar en la calle y dejar de pagar las facturas. También hablar mal del Gobierno en un chat privado con un amigo, reunirse con intenciones sindicales, participar en manifestaciones políticas, entrar en una mezquita (aunque sea en otro país) o leer libros inapropiados. Hacer trampas en los videojuegos (usando bots) quita muchos puntos. También relacionarse con personas con puntuación muy baja, aunque sean miembros de la familia más cercana. A medida que va perdiendo crédito, el mal ciudadano pierde acceso a servicios, trabajos, casas, promociones, hipotecas, el derecho a coger el tren o acudir a un concierto. En junio de 2018, un total de 169 personas fueron expulsadas del sistema ferroviario y también perdieron permiso para volar. Sus delitos, que fueron publicados por el Gobierno junto con sus nombres y sus caras, incluyeron deudas, provocaciones y, al menos en un caso, tratar de cruzar el arco de control del aeropuerto con un mechero encima. También hay cosas que suben puntos: sacar buenas notas, donar sangre, trabajar como voluntario o participar en las actividades que organiza el Gobierno local y hacer horas extras en el trabajo. Los ciudadanos con muchos puntos pueden saltarse las colas del hospital, reciben descuentos especiales, promociones laborales y hasta acceso a páginas de contactos para conseguir citas con chicas «muy bien». Reciben créditos para comprar casas en los mejores barrios y matrículas para sus hijos en los mejores colegios. Zhenai.com, el Tinder chino, ofrece visibilidad a los hombres con puntuación más alta. Todo el mundo conoce el crédito actualizado de todos los demás. Uno tiene que saber con quién se relaciona.

El sistema de crédito chino depende de más de cuatrocientos millones de cámaras que vigilan permanentemente a la población, todas conectadas a servidores con sistemas de reconocimiento facial en tiempo real. Forma parte de un programa llamado Sharp Eye, pero en realidad cualquier cámara, micrófono o sensor de cualquier dispositivo chino en cualquier lugar es parte del sistema de vigilancia del Gobierno, incluidos los teléfonos móviles. La nueva Ley de Cyberseguridad, aprobada en 2017, reclama soberanía nacional sobre el ciberespacio y obliga a las tecnológicas a vigilar a los usuarios, compartir con las autoridades los códigos fuente de todos sus programas y abrir sus servidores para revisiones de seguridad. Además de sacar dinero presentando el rostro en lugar de la tarjeta, la mayor parte de la población cobra, presta y gasta a través de aplicaciones móviles como We-Chat Pay y Alipay. La digitalización total de las transacciones es fundamental para el registro y control del Gobierno. Como dice la protagonista en *El cuento de la criada*, el salto de la democracia a la dictadura es fácil cuando todo el dinero es digital. Todo el proyecto se sostiene gracias a un ecosistema de empresas tecnológicas dominado por tres gigantes: Baidu, Tencent y Alibaba. Hubo un tiempo en que no eran más que copias sin personalidad de las páginas populares estadounidenses. Todo eso acabó el día que el presidente de la República Popular China Xi Jinping vio cómo una inteligencia artificial extranjera les ganaba al Go.

4

Algoritmo

La máquina de ajedrez que había ganado a Kasparov usaba la fuerza bruta, que no es exactamente lo mismo que pensar. Esa «inteligencia» está basada en su capacidad de entender la lógica del juego y calcular de antemano todas las permutaciones posibles para escoger las que tienen más probabilidad de ganar. Esto después se llamaría inteligencia de vieja escuela,[1] pero entonces era la única inteligencia artificial disponible y es perfecta para resolver problemas con una base lógica de manera eficiente y con un alto grado de precisión. La clase de cosas que no se le dan bien a los humanos. Su desarrollo estaba basado en la representación lógica y abstracta de los procesos cognitivos: circuitos que imitan lo que los humanos hacen. Con la red de los ochenta llega un nuevo chico al barrio, llamado conectivismo. Y la apuesta de los conectivistas es que la única forma de imitar lo que el cerebro hace es imitando exactamente lo que es. No de manera simbólica sino literal, simulando neuronas. Y no enseñarle de manera semántica, programando la lógica de las estructuras del pensamiento como se programa a una máquina, sino a partir de ejemplos, como se enseña a un niño o a un animal. La máquina de jugar al ajedrez ya no aprendería las reglas de cada pieza para calcular todas las permutaciones posibles y escoger la que proyectara el mejor resultado. En su lugar, estudiaría una base de datos con todas las jugadas que han conseguido más ventaja en partidas anteriores y las aplicaría en el contexto apropiado, aprendiendo de sus propios éxitos y fracasos, refinando el juego hasta llegar a una imbatible perfección.

Cuando el famoso autómata Turco de Von Kempelen empezó a

ganar partidas a los grandes maestros europeos en el xviii, los intelectuales de la época lo acusaron de fraude con el argumento de que ninguna máquina podía pensar, y en aquel momento tenían razón. Cuando Deep Blue derrotó a Kasparov en 1997, dijeron que podía calcular un número finito de posibilidades sujeto a un número finito de reglas, pero que nunca podría hacer lo mismo con el Go, porque Go es naturaleza, no reglas. Ni siquiera los mejores jugadores del mundo saben exactamente cómo ganan las partidas. Y la escala es muy diferente. El ajedrez se juega en un tablero de 8 × 8 y el orden de permutaciones es mayor de sesenta y cuatro, mientras que en el Go cada movimiento tiene un orden de cuatrocientas permutaciones, y cada jugada que se calcula por anticipado abre la brecha de manera exponencial. Incluso si pudieran programarlo, la clase de algoritmo que venció a Kasparov necesitaría meses para decidir cada jugada. La única manera de jugar es hacerlo como lo hacen los grandes jugadores, de manera intuitiva. Mirando las manchas en el tablero y adivinando cuáles tienen sentido y cuáles no.

Los ingenieros de AlphaGo combinaron tres algoritmos distintos. Primero, un algoritmo de aprendizaje profundo capaz de identificar, a partir de un histórico de partidas reales, qué combinaciones de jugadas conducen a la victoria y cuáles no. Una máquina puede imitar el razonamiento de los mejores jugadores reconociendo los patrones que escapan a la sensibilidad humana (y por eso lo llamamos intuición). El segundo algoritmo, llamado «Reinforcement Learning», hace a la máquina practicar lo aprendido jugando millones de veces contra sí misma, mejorando su entendimiento y dominio del juego. Como el final de la partida de tres en raya en la película *Juegos de Guerra*, pero muchísimo más deprisa. Finalmente, aplicaron un Monte Carlo Tree search (MTCS), que permite hacer una búsqueda eficiente de soluciones, sin tener que calcular todas las permutaciones posibles en cada jugada, sino solo las más pertinentes. Y con eso salieron a jugar.

La historia es bien conocida. El surcoreano Lee Sedol, dieciocho veces campeón del mundo, fue derrotado por AlphaGo en marzo de 2016, aunque consiguió ganarle una partida (una sola) a la máquina. La Asociación Baduk de Corea otorgó al algoritmo la categoría de 9 dan, la máxima que puede recibir un jugador profesional. Un año más tarde, el chino Ke Jie, considerado el mejor jugador de la historia del Go, perdió de manera apoteósica contra la misma máquina en la cumbre Future of Go en Wuzhen, China. Entre una partida y otra, el salto cualitativo que dio la máquina jugando contra sí misma fue tan significativo que pasó de una categoría de 9 dan a una de 20 dan. En un solo año, había abierto una brecha insalvable entre su habilidad y la de un jugador de carne y hueso. Ya ni siquiera un número infinito de chinos con un número infinito de partidas podrá ganarle una sola vez a AlphaGo. Durante más de dos mil años, todos los maestros de Go han aspirado a jugar la partida perfecta con un contrincante perfecto, un encuentro en el que cada una de las jugadas fuera la jugada perfecta. Lo llamaban «la mano de Dios». Ahora existe una máquina que solo sabe hacer jugadas perfectas y ni siquiera es china. AlphaGo es el producto más famoso de DeepMind Technologies, una empresa británica de inteligencia artificial, adquirida por Google en 2010.

Kai Fu-Lee, pionero del *machine learning* y autor de *AI Superpowers*, asegura que fue el momento Sputnik de China, la clase de bocado de realidad que se llevó Estados Unidos cuando vio que Rusia había puesto un objeto en órbita. En ese momento, el Gobierno activó un programa para el desarrollo de la inteligencia artificial que, en dos años, les convirtió en una potencia mundial. Además de contar con un grupo de compañías punteras en el desarrollo de algoritmos, tenía dos grandes ventajas competitivas con respecto a Occidente: un Gobierno totalitario y una cuarta parte de la población mundial. Una de las ventajas de tener un Gobierno totalitario es que no tienes que preocuparte por los derechos civiles de nadie. Los ciudadanos chinos llevan años entrenando las mismas tecnologías que ahora les vigilan, y ahora esas tecnologías los entrenan a ellos con un sistema de castigos y recompensas que parece un videojuego. El partido asegura que, al menos, sus ciudadanos entienden el sistema. Que en el resto del mundo también hay un sistema de crédito pero nadie sabe cuáles son las reglas, cómo afecta a los ciudadanos y qué se puede hacer para mejorarlo.

Las revoluciones industriales siempre traen con ellas un periodo de expansión y racionalismo tecnocrático, una visión optimista de las capacidades de la tecnología para superar todos los obstáculos y optimizar los recursos con métodos basados en el cálculo exacto de las condiciones y la aplicación de precisas fórmulas matemáticas. Es un cuento de la lechera recurrente: si damos con la fórmula adecuada, podemos erradicar el hambre y las enfermedades, acabar con la maldad, multiplicar los panes y los peces, vivir para siempre, avanzar hacia estadios evolutivos superiores y hacer del mundo un lugar mejor antes de colonizar otros planetas sin cometer errores. Una de las fantasías que derivan de esta manera de ver el mundo es que podremos tomar al fin las decisiones perfectas, tener «la mano de Dios». La otra, es que las implementaciones tecnológicas son intrínsecamente mejores que las que toman los humanos, porque los humanos somos mezquinas criaturas deplorables embargadas por el sentimentalismo y condenadas a una ejecución defectuosa incluso de las tareas más sencillas. Por otra parte, la máquina es impoluta y digna de confianza, eficiente y discreta. Siempre ejecuta las órdenes de la misma manera, no se cansa ni se distrae ni pierde la motivación. No le coge manía a un estudiante porque lleva un pendiente en la oreja ni a una trabajadora porque tiene sobrepeso o es mujer. Teóricamente, están libres de pecado. Con ese planteamiento, las instituciones y empresas han ido delegando trabajo a las máquinas, no solo aquellas tareas pesadas y repetitivas que no requieren deliberación sino también el trabajo sucio, usando algoritmos como tapadera para tomar decisiones «políticamente responsables», dando a entender que las máquinas tomarán decisiones justas y racionales basadas en principios de eficiencia. Pero sin abrir el código responsable a la auditoría correspondiente, porque está protegido por propiedad intelectual. Esta práctica es tan habitual que hasta tiene un nombre. Se llama lavar con algoritmos, *mathwashing*.

Un algoritmo es un conjunto de instrucciones diseñadas para resolver un problema concreto. Pero cuando los algoritmos son opacos, ya no sabemos cuál es el problema que intentan resolver. En abril de 2017, en el aeropuerto de Chicago, United Airlines sacó a rastras a un pasajero del avión. El pasajero, un neumólogo llamado David Dao, había pagado su billete, había pasado los controles de seguridad, tenía toda la documentación en orden y estaba sentado en el asiento que le habían asignado esperando el despegue cuando las azafatas le pidieron que abandonara el avión. Cuando se negó, llegaron dos personas de seguridad y lo sacaron a rastras, ante el horror y las protestas del resto de pasajeros. Dos de las personas que viajaban a su lado sacaron vídeos con el móvil y los compartieron en las redes sociales. En uno de los vídeos, Dao sangraba claramente por la boca. En pocas horas, la historia estaba en la portada de todos los periódicos y hasta Donald Trump calificó el incidente de «horrible». Al día siguiente el presidente ejecutivo de la empresa, Oscar Muñoz, salió a ofrecer explicaciones: la empresa había tenido que reacomodar a algunos pasajeros, la tripulación había seguido el protocolo adecuado y Dao había sido «disruptivo» y «beligerante». Pero los pasajeros aseguraron que Dao había sido perfectamente educado, y los vídeos mostraban que lo único que había hecho era resistirse a abandonar el avión. Y lo sacaban, no por algo que había hecho él sino por algo que habían hecho ellos: *overbooking*. La empresa había vendido más billetes que asientos tiene el avión. Cuando se quedaron sin voluntarios para esperar al siguiente vuelo, sacaron el famoso algoritmo para que eligiera él. Y el algoritmo había elegido a Dao. Así lo explicó Muñoz, como si la mano de Dios hubiera descendido de entre las nubes y hubiese señalado al elegido. Esto es exactamente lo que significa *mathwashing*: higienizar una conducta discriminatoria y vejatoria con la mano limpia del código. Porque no hace falta un algoritmo para elegir un número de manera aleatoria, y el *overbooking* no es un «error». Si United Airlines tiene un algoritmo para nominar pasajeros es porque suele vender más asientos de los que dispone. De hecho, hay otro algoritmo que usan las compañías aéreas y que calcula cuántos pasajeros perderán el avión o cambiarán el viaje en el último minuto. Por supuesto, a veces se equivoca. Pero la empresa no puede dejar que un miembro de la tripulación nomine pasajeros a dedo sin enfrentarse a demandas por discriminación. Tampoco puede arriesgarse a echar a un pasajero importante. Señalando el algoritmo, Muñoz daba a entender que Dao había sido nominado de manera aleatoria, por lotería aérea, cuando había sido elegido por ser el pasajero menos valioso del avión.

«No quieren cometer el error de echar a un miembro de [Alianza] Global o a un pasajero de diez millones de millas —explicaba Paul

Touw, el presidente ejecutivo de Stellar Aero, al *USA Today*——. Tienen que asegurarse de que sacan a gente que no ha volado nunca en United y que no echan a los clientes que verdaderamente les importan.» Si vuelas poco, compras billetes baratos, no tienes tarjeta de pasajero frecuente, no trabajas para una empresa importante que compra muchos billetes o vives en otro país, la aerolínea puede echarte sin perder mucho negocio. Esta clase de algoritmos están en todas partes, hasta en el contestador automático de los servicios de atención al cliente. Cuando llamas para cambiar el contrato con tu operadora telefónica, hacer una devolución o quejarte de una factura, hay un algoritmo que reconoce tu número y valora en qué orden de prioridad está tu llamada. Si tienes que esperar demasiado a que te atienda un ser humano, es porque el algoritmo no te considera demasiado importante. De hecho, es un algoritmo el que decide el precio de tu billete, un sistema de recalificación de precios en tiempo real basado en métricas, estadísticas y, por supuesto, tu historial de compras anteriores. Son matemáticas con prejuicios que valoran cuánto lo necesitas y cuánto puedes pagar, y cuánto te ofrece el mercado, buscando tu número mágico. Como la máquina de jugar al Go, cada vez que acierta aprende algo. Después de quince años de experimentar continuamente con millones de personas, se han convertido en máquinas de ganar al precio justo.

Dicen que el precio fijo lo inventaron los cuáqueros, que pensaban que todo el mundo era igual ante Dios y que, por lo tanto, debían pagar lo mismo por el mismo producto en lugar de estar sujetos a la astucia y la pillería de un vendedor sin escrúpulos. El eslogan de Grand Depot, el primer almacén que implantó la política del precio fijo en Estados Unidos, era «Precios fijos, ¡sin favoritismo!». Pero en los mercados siempre han variado sus precios atendiendo a producción, demanda y el cliente, cuya fidelización se trabaja con ofertas, rebajas y regalos especiales («te lo dejo en quince euros y te pongo dos kilos de esto otro para que lo probéis en casa»). Los grandes almacenes fidelizan con cupones, descuentos y tarjetas de puntos (irónicamente, una fuente de información para el mercado de los datos). Pero con estos algoritmos, el cliente no tiene capacidad de regateo. Su única manera de negociar los precios es tratar de burlar al algoritmo en su propio juego, una misión en la que tiene tantas posibilidades de éxito como de ganar en una maratón a un medallista olímpico en la cumbre de su carrera. Eso no impide que la red se llene de recetas para encontrar el precio más bajo, desde buscadores hasta anonimizadores pasando por redes privadas virtuales (VPN) para comprar desde los barrios pobres de países del tercer mundo con la esperanza de pagar menos por el billete.

Todo empezó en el año 2000, cuando las plataformas empezaron a contratar economistas para calcular la curva de demanda: el máximo común denominador que está dispuesto a pagar la gente por un producto en distintos contextos y épocas del año. Google contrató a Hal Varian, un economista de Berkeley que había dado el campanazo con su libro *Information Rules*, para trabajar en el proyecto AdWords. «eBay era Disneylandia —cuenta Steve Tadelis, otro economista de Berkeley que ahora trabaja en Amazon—. Ya sabes: precios, gente, comportamiento, reputación [y] la oportunidad de experimentar a una escala inigualable.»[2] Descubrieron que la gente paga más por la mañana que por la noche, que gastan más en la oficina que desde casa. Con la explosión del big data, creció su ambición. Tenían el historial de compras de cada persona y los datos de su perfil. Tenían los datos de su tarjeta de puntos, de su seguro médico, de sus aficiones televisivas. Sabían quién compraba compulsivamente a las dos de la mañana, quién preparaba cuidadosamente su boda y quién acababa de perder un vuelo en una ciudad que no era la suya. Podían calcular cuál era el máximo que podían sacarle a cada uno. Este algoritmo de precios dinámicos nunca juega a favor del consumidor. Es completamente oportunista y no tiene sentimientos.

Las aerolíneas fueron las primeras en escalar el sistema. ¿Quién no se ha encontrado con que la oferta que trataba de comprar ha cambiado de precio antes de llegar a la caja? ¿O que un billete que has mirado hace solo unas horas ha duplicado su precio cuando lo vas a comprar? ¿O que un viaje nacional de tres horas es más caro que un vuelo intercontinental de doce horas? Como ocurrió con la burbuja del cable, la liberalización del espacio aéreo provocó una burbuja de aerolíneas cuya competencia desplomó los precios con la conocida fase de absorciones, fusiones y rescates. Hoy la mitad del mercado europeo se concentra en cinco grupos: Ryanair, Lufthansa Group,

AIG, Easy Jet y Air France-KLM. En Estados Unidos son Southwest Airlines, American Airlines, Delta Airlines, United Airlines y Air Canada. El precio de un billete ya no depende tanto del precio del combustible, el número de pasajeros y la distancia del trayecto; depende sobre todo de la oferta y la demanda. Las rutas que opera una sola compañía pueden negociar un precio máximo muy alto: compiten con el tren, el coche y las prisas. Si una línea cierra por obras, huelga o accidente, el resto subirán sus precios. Si un destino turístico sufre un atentado y se cancelan muchos vuelos, bajarán. Cuando el huracán Irma estaba a punto de llegar a Florida, declarando el estado de emergencia, los precios de los vuelos se dispararon un 600 por ciento. Una tuitera llamada Leigh Dow les acusó de sinvergüenzas. «Qué vergüenza @delta. Subir de 547 dólares a más de 3.200 cuando la gente trata de evacuar ordenadamente?» «Ayer compré un billete para mi hija para venir el martes con el mismo itinerario —tuiteó John Lyons desde Connecticut—. Y ahora con la amenaza del huracán, American [Airlines] está pidiendo alrededor de 1.000 dólares por persona, y la hija de mi amigo está atrapada porque no se lo puede permitir.» Las compañías aseguraron que no habían hecho nada para alterar los precios y que había sido culpa del algoritmo. «Es lo que pasa cuando hay mucha gente tratando de comprar al mismo tiempo», se excusaron. Estaba, sencillamente, diseñado para exprimir la mayor cantidad de dinero de cualquiera que quisiera un billete, aunque la demanda fuera provocada por una crisis de emergencia humanitaria. En medio del escándalo, Jet Blue y American fijaron sus tarifas en 99 dólares. «Queremos que aquellos que están tratando de salir antes de que llegue el huracán se concentren en una evacuación segura y no en el precio de los vuelos», declaró el portavoz de JetBlue. United dijo que «no habían cambiado los precios de sus vuelos desde Florida» pero que habían reducido los billetes restantes a «por debajo de un vuelo normal de última hora». En el momento de las declaraciones ese precio era de 1.142 dólares, muy por encima de su tarifa habitual. Esta dinámica oportunista de precios es la misma para los medicamentos, los alimentos y otros productos de primera necesidad, que aumentan ante las crisis. Cuando Amazon acaba con todos los proveedores de una zona —con su irresistible política de conveniencia, precios bajos, envío inmediato y un servicio al cliente que no tiene parangón— no solo se asegura el poder de fijar los precios que le venga en gana, también se asegura el control de las crisis.

Los algoritmos comerciales son opacos e invisibles, pero tenemos que creer que hacen lo que las empresas aseguran que hacen. Eso cuando sabemos que están siendo utilizados. Hay algoritmos interviniendo el mundo de millones de maneras distintas, y la mayor parte del tiempo no sabemos que existen ni mucho menos quién los ha puesto ni dónde están. Algunos los alteran de manera constante y sutil, como un ladrón de bancos que solo se llevara un céntimo de cada cuenta durante décadas. En 2013, unos investigadores de la Universidad de West Virginia descubrieron por accidente que los coches de Volkswagen emitían entre diez y treinta y cinco veces más de NO_2 que las que se habían registrado durante la prueba de homologación. Los ingenieros del fabricante alemán habían creado un algoritmo capaz de detectar las condiciones de las pruebas oficiales y alterar el comportamiento del coche para ajustarse a los límites legales. Gracias al pequeño código, había once millones de coches en circulación emitiendo cuarenta veces más por encima del nivel permitido.

En un principio, los ejecutivos de Volkswagen trataron de convencer a las autoridades de que se trataba de un error del sistema. Después publicaron una investigación interna que culpaba a un grupo de ingenieros que ocultaron su incapacidad para resolver el problema de las emisiones con el algoritmo, engañando así a su superior. La caja oscura del código permite llenar las incógnitas con errores informáticos, hackers y cabezas de turco. Pero el código funcionaba exactamente como lo habían diseñado por encargo de la dirección y ni siquiera era el único.[3] La trampa habría pasado desapercibida durante años, si no fuera porque las pruebas de Alburquerque diferían de las oficiales, generando discrepancias. Otras veces, los algoritmos sí cometen errores, revelando aspectos de sí mismos que preferirían que no supiéramos. Errores en Matrix, podríamos decir. Uno de los más notables ocurrió en 2011, cuando una guerra de precios entre dos algoritmos a los que nadie hacía mucho caso puso un libro sobre la evolución genética de la mosca *Drosophila melanogaster* a un precio de 23,6 millones de dólares, más 3,99 de gastos de envío.

Objetivamente, no parecía tan valioso. Era una edición de bolsillo de *The making of a fly* del profesor Peter A. Lawrence, un ensayo descatalogado que no era una primera edición ni estaba firmado por ningún premio Nobel. Si lo hubiera estado, seguiría siendo extraño. La única copia del Códice Leicester de Leonardo Da Vinci, una compilación de textos y dibujos del genio realizados entre 1508 y 1510, había costado 30,8 millones en subasta. ¡Ni siquiera era el único ejemplar disponible! En la misma Amazon había otros diecisiete ejemplares, vendidos por particulares, a precios de libro normal sobre moscas. Y sin embargo, había dos copias de dos vendedores distintos que costaban lo mismo que un paisaje pequeño de Van Gogh. Un biólogo llamado Michael Eisen descubrió la anomalía por casualidad mientras buscaba un título y, picado de curiosidad, observó los cambios durante unos días hasta que encontró el patrón. Una vez al día, uno de los algoritmos revisaba el precio para que su libro fuese exactamente 0,9983 dólares mayor que el del otro. El aumento de precio hacía subir el valor general del título, haciendo que el primer algoritmo subiera el suyo y así, sucesivamente, hasta el infinito y más allá. Eisen había descubierto la fórmula pero no acababa de entender la lógica. ¿No tendría más sentido que quisiera estar 0,99 dólares por debajo del precio de su competencia si lo que quería era venderlo antes? «Mi explicación favorita es que no tienen el libro. Han visto que alguien ha puesto una copia a la venta y ellos también la han subido, confiando en que su mejor puntuación de clientes atraerá compradores. Pero, si alguien lo compra, tienen que conseguirlo; así que han de poner un precio significativamente mayor que el precio que pagarían por comprarlo en otro lugar.» Los errores sacan a la superficie las pequeñas perversiones del sistema, como cadáveres que flotan en la inmensidad hasta que alguien tropieza con ellos. La mayoría de las veces, los cuerpos del delito son retirados en la noche sin que nadie los vea. Otras, su impacto es demasiado grande para pasar desapercibido, como en el desplome bursátil de mayo de 2010, cuando el 9 por ciento del mercado financiero desapareció sin explicación, perdiendo tres billones de dólares en menos de cinco minutos, en una cadena de acontecimientos que ha sido bautizada como el Flash Crash.

Primero descartaron que fuera un ciberataque. El mercado se recuperó bastante a lo largo del día y cerró con un 3 por ciento por debajo del día anterior, que habría sido un desastre en cualquier otra circunstancia aunque, después de la caída libre, fue celebrado con suspiros de alivio. El estrés postraumático se extendió durante cinco meses de incertidumbre, hasta que el informe de la Comisión de Bolsa y Valores junto con la Comisión de Comercio de Futuros de Mercancías señaló al culpable. Todo había empezado a las 14.45 con una compra de un fondo de inversión estadounidense, llamado Waddell & Reed. Al volante había un corredor de alta frecuencia, que es el nombre sofisticado que le dan a los algoritmos en bolsa. El volumen de la compra era lo bastante grande para alterar la posición de todos los inversores, lo que activó a otros corredores, incluidos los de alta frecuencia. El efecto dominó hizo que empezaran a comprar y vender a precios «irracionales», bajando hasta un céntimo y subiendo hasta cien mil dólares, hasta que todo paró de pronto a las tres de la tarde. La anomalía era parecida a la del libro de moscas, pero con dos agravantes: los terminales habían movido cincuenta y seis billones de dólares en acciones sin que nadie lo hubiera pedido y nadie sabía por qué.

La inteligencia artificial de vieja escuela estaba pensada para hacer las cosas que sabemos hacer, pero mejor y más rápido. El *machine learning* se usa para automatizar cosas que no sabemos cómo funcionan exactamente. Las que hacemos por «instinto», como jugar al Go. Los algoritmos recogen patrones invisibles que a nosotros se nos escapan, las capas más profundas de nuestro comportamiento, los lugares a los que no podemos llegar. Y a los que no podemos seguirlos. En verano de 2017, Facebook puso a dos inteligencias artificiales a negociar. Su tarea era intercambiar una serie de objetos con un valor preasignado: sombreros, balones, libros. Sus programadores querían ver si eran capaces de mejorar sus tácticas de negociación sin que nadie les dijera cómo. Antes de lo que se tarda en decir J.F. Sebastian, los dos *i-brokers* estaban enfrascados en una discusión incomprensible; no porque no tuviera sentido sino porque mientras trataban de ponerse de acuerdo cada vez más rápido, habían conseguido «evolucionar» su inglés original a un dialecto de su propia ocurrencia, completamente ininteligible incluso para los humanos que los habían diseñado. Los corredores de alta frecuencia son esa clase de *brokers*. No son inteligencia de vieja escuela, programados para seguir razonamientos lógicos. Son redes neuronales entrenadas con *machine learning* que «juegan» a un mercado que nosotros no entendemos, y lo hacen con dinero de verdad. Juegan con los fondos de pensiones de millones de personas, con su jubilación, pero son cajas negras hasta para sus propios programadores, que aquel día solo pudieron contemplar cómo la bolsa se desplomaba en la pantalla, sin saber cómo pararlo ni por qué sucedió. Son la misma clase de algoritmos que empiezan a integrarse en los procesos de decisión de las cosas que nos merecemos: un trabajo, un crédito, una beca universitaria, una licencia, un trasplante. Estamos desarrollando nuestro propio sistema de crédito social, pero el nuestro es secreto. Nadie puede saber cuántos puntos tiene ni cómo los perdió.

En su conocido libro *Algoritmos de destrucción matemática*, Cathy O'Neil explora los algoritmos de valoración de reincidencia que ayudan a los jueces a decidir multas, fianzas, condenas y la posibilidad de reducción de penas o libertad condicional. Estudiando los resultados, la Unión Americana de Libertades Civiles descubrió que las sentencias impuestas sobre personas de color en Estados Unidos eran un 20 por ciento más largas que las de personas blancas que habían cometido el mismo crimen. Una investigación de la agencia de noticias independiente ProPublica reveló que el software más utilizado para la evaluación de riesgo predecía que los negros eran dos veces más propensos a reincidir en el futuro, o que las personas blancas eran la mitad de propensos a hacerlo. Otros estudios señalan que los jueces asistidos por algoritmo son más propensos a pedir la pena capital cuando el crimen lo han cometido personas de color. O a imponer castigos claramente desproporcionados. La saturación en los juzgados y el clima de confianza ciega en la solución tecnológica produce casos como el de Eric Loomis, condenado a seis años de cárcel en 2013 por conducir un vehículo sin documentación y huir de la policía. Ninguno de los dos delitos está penado con cárcel, pero el saturado juez de Wisconsin que gestionó su caso había sido asistido por un software de «Asistencia y gestión de decisión para juzgados, abogados y agentes de clasificación y supervisión de presos» llamado COMPAS, de la empresa Equivant. El programa clasificó a Loomis como caso de «alto riesgo» para la comunidad, y por eso el juez lo sentenció a once años de condena; seis en la cárcel y otros cinco bajo supervisión policial.[4] Cuando Loomis exigió una auditoría del programa para entender qué factores habían contribuido a una condena que no correspondía a los delitos cometidos, el Supremo desestimó su caso. Es otro software privado, protegido por Propiedad Intelectual, que puede mandar personas a la cárcel sin someterse a auditoría o demostrar su integridad inviolable ante un tribunal.

El algoritmo imita el sesgo implícito del sistema al que sirve porque ha sido entrenado en sus valores morales y reproduce los errores del pasado. En 2015, Amazon detectó que su algoritmo de contratación de personal penalizaba los currículums que tuvieran la palabra «mujer», lo que incluía la pertenencia a grupos de mujeres, datos como «campeona del tenis femenino» o haber estudiado en un colegio femenino. Había sido entrenado con la base de datos de contrataciones de la empresa, y uno de los patrones observados por el algoritmo es que las mujeres no suelen ser contratadas en Amazon, independientemente de sus cualificaciones. Al sustituir al juez o al gerente en una estructura con problemas raciales —como el sistema judicial estadounidense— o de género —como la industria tecnológica—, los algoritmos solo sirven para mecanizar e higienizar el racismo y el sexismo de las bases de datos con las que son entrenados. Es un problema que permea todos los sistemas destinados a automatizar las decisiones institucionales, incluso en los sistemas más justos y las estructuras más democráticas. Un estudio del MIT sobre el desarrollo «natural» de prejuicios en la inteligencia artificial realizado con algoritmos genéticos demostró cómo grupos de máquinas independientes adoptan sesgos identificando, copiando y aprendiendo el comportamiento de otras máquinas. «Nuestras simulaciones muestran que el prejuicio es una fuerza poderosa de la naturaleza, y mediante la evolución, puede incentivarse fácilmente en poblaciones virtuales, en detrimento de una conectividad más amplia con los demás», explicaba Roger Whitaker, profesor de la Universidad de Cardiff y coautor del estudio. Las buenas intenciones no bastan. «La protección contra grupos perjudiciales puede llevar inadvertidamente a formar otros grupos igual de perjudiciales, lo que resulta en una población fracturada. Una vez con este prejuicio generalizado, es difícil revertirlo. Es factible que las máquinas autónomas, con la capacidad de identificarse con discriminación y copiando a otras, puedan ser en el futuro susceptibles a los fenómenos perjudiciales que vemos en la población humana.» Y sin embargo, la implantación de inteligencias artificiales en procesos de decisión es cada vez mayor. No solo porque sirven de tapadera para higienizar la discriminación, sino porque son incontestables. Un ejemplo perfecto son los protocolos de contratación «basados en análisis» de las grandes empresas de recursos humanos.

Los investigadores Nathan Kuncel, Deniz Ones y David Klieger escribieron en la *Harvard Business Review* en su número de mayo de 2014 que la contratación de gerentes se encuentra fácilmente entorpecida por cosas que pueden ser solo marginalmente relevantes y usan la información de manera inconsistente —explica la página de HCMFront, una multinacional que se dedica a la «gestión de personas»—. Obviamente, pueden orientarse a partir de datos sin importancia, como elogios de los candidatos u observaciones en temas arbitrarios. Para mejorar los resultados, los autores recomiendan que las organizaciones usen primero algoritmos basados en un gran número de datos que reduzcan el número de candidatos, y luego aprovechar el criterio humano para elegir entre los finalistas.

La pregunta es: ¿qué datos son esos? ¿Qué bases de datos manejan? El principio de no discriminación protege a los aspirantes a un puesto de trabajo de ser descartados por razones vinculadas a su raza, sexo, edad, clase socioeconómica o cualquier otro aspecto que no esté vinculado al puesto vacante. Pero ¿cómo sabemos que el algoritmo ha valorado nuestras notas, experiencia, rendimiento académico y las observaciones de empleos anteriores y no el barrio del que venimos, el coche que conducimos o las marcas de ropa que vestimos? Las empresas de recursos humanos son clientes habituales de los *data brokers* y los datos académicos y laborales son públicos. ¿Entran los test de personalidad que rellenamos alegremente en Facebook? ¿Los tuits de apoyo a movimientos sindicales o de crítica a una multinacional?

¿O la prueba de ADN que nos hicimos para conocer nuestros ancestros y que indica predisposición a alguna enfermedad? ¿O un historial de búsquedas o compras que revela la posibilidad de un futuro embarazo o de un tratamiento por depresión? En China, el Ministerio de Trabajo se ha convertido en el Ministerio de Recursos Humanos y Seguridad Social, uniendo la institución creada para proteger la integridad del mercado de trabajo y los servicios públicos con la empresa diseñada específicamente para destruirlos. En Occidente, la industria de la «gestión de personas» es privada, y se ampara en la oscuridad de los algoritmos para tapar la discriminación en un mercado dominado por la desigualdad, el desempleo y la automatización de la producción industrial.

La posibilidad de extraer los prejuicios de sistemas de IA desarrollados con *machine learning* es tan difícil como hacerlo de la cultura popular, porque su manera de aprender el mundo es imitar patrones sutiles en el lenguaje y el comportamiento, y no diferencia entre las manifestaciones públicas (como un artículo) y las privadas (como un correo o una búsqueda). Los humanos decimos en privado cosas que no diríamos en público. Pero los algoritmos no están entrenados para entender la diferencia, ni están equipados con mecanismos de vergüenza o de miedo al ostracismo social.

En 2015, un programador negro llamado Jacky Alciné descubrió que el sistema de reconocimiento de imagen de Google Photos le había etiquetado como «gorila». No era un accidente, ni un sesgo de Google. La palabra «gorila» se usa con frecuencia para referirse de manera despectiva a los hombres afroamericanos. Usando un software parecido, Flickr etiquetó a un hombre de color como «mono» y una foto del campo de exterminio de Dachau como «gimnasio salvaje». Es el mundo en que vivimos. La única solución que encontró la empresa que ha diseñado la máquina que ganó al mejor jugador de Go de todos los tiempos fue eliminar la palabra «gorila» del sistema, junto con otras iteraciones de la misma idea como «mono» o «chimpancé». Desde entonces, ni Google Photos ni Google Lens son capaces de reconocer primates, aunque el Asistente de Google y Google Cloud Vision, su servicio de reconocimiento de imagen para empresas, permanecen inalterados.

Los mismos errores aparecen en la delicada intersección entre sistemas de «gestión de personas» y algoritmos de reconocimiento facial. En 2017, la Unión Estadounidense por las Libertades Civiles (ACLU) procesó la cara de los quinientos treinta y cinco miembros del Congreso de Estados Unidos con Amazon Rekognition y el sistema confundió a veintiocho de los congresistas con delincuentes registrados. Prediciblemente, el número de delincuentes era desproporcionadamente negro. Si los venerables representantes democráticos del primer país del mundo no están a salvo de convertirse en un falso positivo, ¿qué posibilidades tienen los demás? Sobre todo los inmigrantes. La mayor concentración de estas tecnologías se puede encontrar en las zonas portuarias de todo el mundo, incluida Europa. La policía holandesa la usa para predecir o identificar conductas potencialmente delictivas de los pasajeros en aeropuertos y turistas en la calle. También hay un proyecto piloto europeo para instalar en las fronteras de la Unión Europea avatares virtuales que «interroguen» a pasajeros y analicen con biomarcadores si los sujetos mienten o no. Se llama BorderCtrl.

En *La guerra en la era de las máquinas inteligentes*, publicado en 1992, Manuel de Landa advertía que la industria militar estaba desarrollando sistemas para higienizar los contratiempos morales derivados de su actividad habitual (racismo, detenciones ilegales, asesinato). En el proceso, se estaban creando máquinas autónomas cargadas de prejuicios, ojos que miran mal. Un cuarto de siglo más tarde, tenemos sistemas de reconocimiento facial montados sobre drones armados capaces de tomar decisiones como disparar contra «insurgentes» desde el aire, asistiendo a soldados de veinte años desplegados en lugares como Afganistán. Esos operadores observan la retransmisión en vídeo de múltiples drones en sus pantallas planas, y sus decisiones están tan mediadas por la tecnología como la de los jueces asistidos por COMPAS. «En los días buenos, cuando los factores medioambientales, humanos y tecnológicos están de nuestra parte, tenemos una idea bastante clara de lo que estamos buscando —contaba Christopher Aaron, uno de esos operadores, al *New York Times*—. En los días malos teníamos que adivinarlo todo.» Y producen nuevo material que estudian los algoritmos para «aprender» a distinguir a un terrorista de un ciudadano antes de decidir si debe ser abatido. Hombres jóvenes y sin experiencia, que no hablan el idioma de las zonas ocupadas ni tienen ninguna relación previa con esta, y cuya percepción del entorno está mediada por interfaces deliberadamente diseñadas para parecer videojuegos, todo ello crea una sensación de irrealidad que debilita su empatía con los humanos pixelados de la imagen. *Collateral Murder*, el vídeo del ataque aéreo en Bagdad publicado por Wikileaks en 2010, ofrece un retrato del efecto de esas tecnologías sobre las decisiones de los oficiales estadounidenses. Barack Obama autorizó más de quinientos ataques con dron fuera de las zonas de conflicto, diez veces más que George W. Bush. Donald Trump ha autorizado cinco veces más ataques letales con dron en sus primeros seis meses de administración que su predecesor en su último medio año. El año pasado, triplicó los ataques en Yemen y Somalia, saltándose acuerdos internacionales sobre el uso de drones en zonas fuera de conflicto. El uso de drones como vehículo para operaciones letales es cada vez más habitual, y también más secreto.

En 2017, ciento dieciséis fundadores de las principales compañías de robótica y de inteligencia artificial de veintiséis países distintos, entre ellos Elon Musk y a Mustafa Suleyman, fundador de Deep-Mind, publicaron una carta a las Naciones Unidas pidiendo que se prohíba el desarrollo de esas tecnologías. «Las armas letales autónomas amenazan con convertirse en la tercera revolución en la guerra. Una vez desarrolladas, permitirán la lucha armada a una escala sin precedentes, y a una velocidad muchas veces superior a la capacidad de asimilación humana. Pueden ser armas de terror, armas que los déspotas y los terroristas podrán usar contra poblaciones inocentes, y que podrán ser hackeadas para comportarse de manera no deseada.» Todas las tecnologías diseñadas para la guerra y el terrorismo son implementadas por gobiernos cada vez más autoritarios para controlar fronteras. A veces disfrazadas de bondad. En el momento de cerrar este libro, el Programa Mundial de Alimentos de la Organización de las Naciones Unidas, cuya función es distribuir alimentos para refugiados, inmigrantes y víctimas de crisis y desastres naturales, ha cerrado un acuerdo con Palantir para analizar datos. Noventa millones de refugiados que servirán de entrenamiento para predecir y controlar los movimientos de futuros refugiados, gracias a la cooperación de las instituciones que habían sido creadas para protegerlos. Serán el principal mecanismo de gestión y protección de recursos cuando el cambio climático obligue a ciento cuarenta millones de personas a desplazarse para sobrevivir, según los cálculos del Banco Mundial.

5

Revolución

Napster fue el comienzo de la red social-personas, no páginas. Para mí fue el momento eureka, porque demostró que internet podía ser este sistema P2P distribuido. Que podíamos desintermediar a todas esas multinacionales mediáticas y conectarnos directamente entre nosotros.

MARK PINCUS, inversor fundacional de Facebook,
Napster, Friendster, Snapchat, Xiaomi y Twitter,
fundador de Zynga y de Tribe.net

Escribe un artículo que prometa la salvación, haz que sea «estructurado» o «virtual» o «abstracto», «distribuido» o de «orden superior» o «aplicativo» y puedes estar seguro de haber empezado un nuevo culto.

E. W. DIJKSTRA, *My hopes of computing science*, 1979

Todo internet podría ser rediseñado como una estructura tipo Napster.

ANDY GROVE, el presidente de Intel en *Fortune*,
sobre la gran idea del año 2000

La burbuja había estallado en marzo del 2000, y se había llevado con ella un billón de dólares en valor accionario. El naufragio dejaba millones de kilómetros de fibra óptica, antenas y cable submarino. La exuberancia irracional64 de la década anterior se había transformado en racionamiento espartano: nadie quería invertir en nada que acabara en puntocom.[1] El sueño estaba muerto. Lo que iba a ser ya no sería, y si podía serlo no sería ahora. En la bahía de San Francisco ya no quedaba dinero que repartir, pero sobraba todo: metros cuadrados, servidores, programadores y bases de datos. «Hemos pasado de los puntocom a gente que te lee las manos», se lamentaba en el *Times* el casero de un local de oficinas en la bahía de San Francisco, cuyo alquiler se había desplomado. En el mismo párrafo, Craig Newmark ofrecía una lectura más optimista del asunto: «Esto significa que la bahía está volviendo a algo más saludable».

Desgracia de unos, beneficio de otros. O quizá dos maneras de entender la economía. Newmark no tenía un local con el que especular ni se había gastado cientos de millones de dólares en alquilar uno y llenarlo de ingenieros de veinte años con salarios estratosféricos para construir una plataforma de productos para mascotas.[2] Lo que tenía era un sencillo tablón de anuncios por palabras para intercambiar, vender, comprar o encontrar piso, trabajo, muebles baratos de segunda mano, amigos, viajes compartidos y encuentros fugaces. También un apartado de «rants», donde la gente se quejaba del estado de su línea de metro o compartía su amor por los helados de un pequeño kiosco. No tenía fotos y no tenía enlaces. Tampoco publicidad. Los únicos que pagaban por poner clasificados eran empresas como Google, que entonces estaba buscando ingenieros. Craig había subido la página en 1995 porque estaba harto de que sus amigos le preguntaran qué cosas podían hacer en San Francisco, dónde comer los mejores burritos y si sabía de alguien que alquilara una habitación. Lo llamó Craigslist, «la lista de Craig». Se volvió popular tan rápidamente que Craig decidió abrirla a colaboraciones externas. Cuantas más manos haya, mejor.

Craigslist no solo sobrevivió al apocalipsis, sino que floreció gracias a él. La primera versión de la lista tenía un mercadillo virtual para el intercambio de objetos de segunda mano y una sección con ofertas de trabajo. Cientos de miles de personas que habían quedado en el paro y que tenían que dejar sus pisos, vender sus muebles y compartir recursos de la manera más indolora posible encontraron la solución a casi todos sus problemas. Ebay también había sobrevivido, y por el mismo motivo: ofrecía una plataforma de compraventa de objetos de segunda mano en un momento en que hacía falta. Pero el proceso no podía ser más diferente. Para hacerse una cuenta de usuario, había que facilitar un nombre y una dirección reales a la empresa, que enviaba una carta al domicilio con los datos necesarios para poder comprar y vender cosas. Y permitía hacer negocios a distancia, mediante un sistema de pago cerrado de la propia página. Craigslist ponía en contacto a gente con necesidades afines para que se vieran cara a cara, sin exigir cuentas de usuario, tarjetas de crédito, intermediarios, esperas, autentificaciones o comisiones. Ni siquiera un nombre real. También usaba exclusivamente software libre. Después de todo el gasto, la exuberancia y el delirio de la burbuja, era el clima perfecto para un proyecto comunitario, genuinamente anticapitalista e hiperlocal. También era el momento de que millones de desconocidos de todo el planeta se unieran para poner de rodillas a los codiciosos productores y gestores de la industria cultural. Porque, en internet, la información quería ser libre. Ese era el espíritu que había heredado la red de su primera y utópica encarnación.

Shawn Fanning y Sean Parker lanzaron Napster en junio de 1999. Fue el primer sistema P2P para intercambio de archivos masivo. También fue el primero que recibió una demanda de la Recording Industry Association of America (RIAA) por infracción masiva de copyright, el 7 de diciembre de 1999. Al principio ya era popular, pero la demanda directamente lo viralizó. A lo largo del año 2000, Napster pasó de tener veinte millones de usuarios a tener setenta millones, en un internet que no tenía más de trescientos millones de usuarios en total. La presión judicial consiguió cerrar la plataforma el 3 de septiembre de 2002. En los dos años que separan la demanda del cierre, el mundo vive acontecimientos que cambiarán nuestra manera de entender la sociedad, de participar en la vida pública y de acceder a los mecanismos que la regulan: la contracumbre de Seattle, la explosión del software libre, el renacimiento de Apple, el ataque a las Torres Gemelas, los Creative Commons, la blogosfera, la red social.

Los usuarios de Napster solo querían intercambiar programas, videojuegos y música gratis, no poner de rodillas a la industria del entretenimiento. Técnicamente, aquello fue un accidente. En el proceso crearon la herramienta más peligrosa y revolucionaria de su tiempo, porque la batalla por el acceso y la democratización del conocimiento empieza con Napster y la primera gran guerra del co-pyright. Pero lo único que querían era usar la red para lo que la red había sido diseñada. Lo explicaba cándidamente Hank Barry, presidente ejecutivo de Napster, cuando testificó ante el Comité Judicial del Senado en Washington, el 12 de julio de 2000:

> Como saben, internet comienza como una red de comunicación redundante para científicos involucrados en investigación para la defensa militar. Necesitaban compartir información de manera segura para que fuera distribuida por todo el sistema. El uso comercial de internet como vehículo mediático abandonó esta estructura. En su lugar, las compañías de internet adoptaron el modelo de radiodifusión, con grandes ordenadores centralizados «sirviendo» información a los ordenadores de los consumidores como si fuera un receptor de televisión. Servir, no compartir, se convirtió en la estrategia dominante. Shawn Fanning empezó una revolución que está retornando internet a sus raíces. Napster es una aplicación que permite a los usuarios aprender de los gustos de otros y compartir sus archivos mp3. Si los usuarios eligen compartir sus archivos —y no tienen por qué—, la aplicación hace una lista de esos archivos, envía la lista y nada más que la lista para que se convierta en parte del directorio central de Napster. El directorio de Napster es, por tanto, una lista temporal y constantemente cambiante de todos los archivos que todos los miembros de la comunidad quieren compartir. Los usuarios pueden buscar en esa lista, comentar sobre los archivos de otras personas, ver lo que le gusta a la gente y charlar sobre eso. Lo hacen sin ganar dinero, sin esperar nada a cambio, de persona a persona. Esto es todo.

Y eso era todo. El P2P, abreviatura de *peer-to-peer* o red de pares, proponía que los usuarios compartieran el contenido de sus discos duros y su ancho de banda de manera directa con desconocidos. En la era pos-SNOWDEN, el concepto produce la misma mezcla de grima y envidia que las famosas orgías de los setenta antes de que llegara el VIH. En la era pos-ARPANET, conectar a personas directamente con otras personas era el espíritu original de internet. Era lo que hacían los académicos logueándose de manera remota en ordenadores de otras instituciones, y lo que hacían los cientos de miles de usuarios de USENET. Pero los usuarios de Napster no eran académicos tratando con otros académicos ni con miembros de instituciones militares, tampoco estudiantes de cualquier otra comunidad acreditada donde se hubieran establecido lazos de confianza previa. Eran personas que se habían bajado el cliente[3] en cualquier parte del mundo y tenían un ordenador conectado a la red, sin más. Ni siquiera tenían nombre, solamente un *nick*. Eran completos desconocidos compartiendo el contenido de sus discos duros. La aplicación convertía el ordenador de cada usuario en un servidor del sistema; la única infraestructura que tenía Napster era un servidor central donde mantenía una lista actualizada de todos los archivos disponibles para compartir en cada momento, y un buscador. Como intentaba explicar Harry Bank al comité del Senado, las discográficas no les podían acusar de robar o distribuir canciones porque el servidor de Napster no tenía las canciones, solo los nombres de las canciones. Cuando un usuario quería una canción, el cliente le ponía en contacto con otro usuario que la tuviera y el archivo pasaba directamente de un ordenador al otro. ¿Era un crimen poner en contacto a dos personas para que se prestaran música? ¿No era ese exactamente el espíritu abierto y distribuido de la red?

Debía de serlo porque en menos de dos años un tercio de internet estaba intercambiando archivos en Napster. Sin pensarlo mucho, formaron la primera red social masiva de la historia, una comunidad internacional, entusiasta y anárquica que crecía de manera desbordada sin el control de nadie, sin grandes inversores y con un potencial sin precedentes. Sin prejuicios, sin filtro. Napster conectaba a obreros con yuppies, a amas de casa con estudiantes de Yale, a abogados con repartidores, a aficionados de la electrónica con forofos del metal. «Hasta Napster, la mayor parte del desarrollo de la red tenía que ver con el almacenamiento de información y la recuperación de información —explicaba Sean Parker, su otro fundador—. Nadie estaba pensando en conectar a las personas con otras personas.»[4] Cuando hablamos de conceptos como el filtro burbuja, la polarización política y la desinformación como problemas inherentes a las sociedades digitales, es importante recordar lo distinto que era todo cuando la herramienta era la red de pares, y no una estructura opaca y centralizada en manos de una multinacional.

Napster fue el germen inesperado de la lucha por los derechos civiles online, pero no por su intención sino por su arquitectura. La tecnología distribuida que crearon estaba diseñada para intercambiar archivos de manera eficiente, y no para controlar la información ni vigilar a los interlocutores. La política estaba en el diseño, exactamente como lo describió Lawrence Lessig en *El código 2.0*:

> Anonimato relativo, distribución descentralizada, múltiples puntos de acceso, ausencia de necesidad de ataduras geográficas, inexistencia de un sistema simple para identificar contenidos, herramientas criptográficas, todos estos atributos y consecuencias del protocolo de internet dificultan el control de la expresión en el ciberespacio. La arquitectura en el ciberespacio es la verdadera protectora de la expresión; constituye la «Primera Enmienda en el ciberespacio».

Lessig hablaba de internet y no de su nueva reencarnación, y Napster era hija de la red distribuida de los setenta. Su arquitectura era la verdadera protectora de la libertad de sus usuarios. Su relevancia política se manifestó solo más tarde, con la persecución de las discográficas y de las autoridades. Cuando tardaron dos años y medio en tumbarla y, en el proceso, se viralizó.

EL SOFTWARE LIBRE: LA LIBERTAD NOS HARÁ LIBRES

Napster había nacido en un canal del IRC, la mezcla de foro y tablón de noticias que triunfaba en USENET. Era popular porque había toda clase de temas, y cualquiera podía crear canales o participar en ellos. Solo había que descargarse un cliente, encontrar un canal y empezar a hablar. A diferencia de los grupos de noticias, todo sucedía en tiempo real. Pero no era un programa de mensajería como el ICQ, que era usuario-céntrico y propiedad de AOL. El centro eran los canales y su estructura abierta y descentralizada lo había convertido en el lugar de encuentro favorito de desarrolladores y aficionados al *Unreal* hasta que, en el verano de 1991, ocho oficiales rusos encabezados por el jefe del KGB orquestaron el intento de golpe de Estado que aceleró el final de la Unión Soviética.

La historia es increíble y, en retrospectiva, bastante cómica. El grupo había decidido secuestrar al jefe de Gobierno Mijaíl S. Gorbachov en su casa de vacaciones en Crimea para obligarlo a dimitir o renunciar a un tratado reciente que supondría una descentralización de la República. Su plan de dominación del mundo empezó a fallar muy pronto, cuando Gorbachov se negó a firmar. Los golpistas habían dado órdenes a los medios de comunicación rusos de leer sus reivindicaciones y emitir después una sola señal continua: el *Lago de los cisnes*. Durante dos largos días, los rusos escucharon la bella música de Chaikovski, mientras que los medios internacionales reproducían imágenes de Boris Yeltsin subido a un tanque, insultando a los golpistas en el Kremlin. Ekho Moskvy, la única radio política independiente del país, había sido desconectada, junto con muchas otras emisoras. La mayor parte de los doscientos noventa y un millones de rusos no llegaron ni a enterarse del golpe fallido hasta muchos días después, y solo estaba al tanto un grupo muy selecto de personas. Cuando la NSFNET dejó de ser una red académica, levantó también el veto al bloque del Este, y las noticias de la prensa internacional se transmitieron por los canales no vigilados del IRC.[5] Cuando la censura se repitió en Kuwait durante la Primera Guerra del Golfo, el IRC evolucionó del *partyline* al activismo, convirtiéndose en un sistema de distribución de información anónima y ajeno a la vigilancia y la censura del poder. Naturalmente, pronto empezaron a fluir las copias piratas de programas de software, música y videojuegos. La información quiere ser libre, pero el entretenimiento más.

El problema era que el IRC no estaba diseñado para el intercambio de archivos. No había un sistema central que indexara los archivos de gran tamaño y las transferencias se cortaban cada vez que la conexión fallaba, lo que ocurría todo el tiempo. «Si queríamos música, nos íbamos a algún canal del IRC y plantábamos un bot para descargarla —explicaba en una entrevista Jordan Ritter, arquitecto de Napster—. Era un dolor de muelas.» En noviembre de 1998, en un canal de aficionados al código llamado *w00w00*, Shawn Fanning contó que estaba pensando en un programa de intercambio de archivos más eficiente. Ritter (*nick*: <nocarrier>) se ofreció a ayudarle en el proyecto, que entonces se llamaba MusicNet. Napster era el *nick* del propio Fanning, un apodo de la cancha de baloncesto que se refería a su pelo rapado. Sean Parker se hacía llamar <manowar>. Todos llevaban años encontrándose en el canal, pero no se habían visto nunca personalmente. En perspectiva, este momento es más significativo para la historia de la música que el concierto de los Sex Pistols en el Manchester Lesser Free Trade Hall en junio de 1976. Pero entonces ninguno lo sabía. No sabían nada de propiedad intelectual. Solo querían compartir música y código de manera más eficiente.

El IRC fue la gran universidad de los hackers. No todo el mundo podía ir a Stanford, Yale o el MIT. A finales de los noventa, cientos de miles de adolescentes con inclinaciones tecnológicas se entretenían quitando, poniendo y alterando líneas de código a los programas y videojuegos de la época, para ver qué pasaba. Cuando algo se rompía, iban al canal a pedir consejo; cuando pasaba algo interesante, lo compartían con los demás. Para esa generación de usuarios, cambiar código, música o videojuegos era tan natural como aprender a jugar al baloncesto o saltar con la tabla de skate. No distinguían entre el código que hacían ellos y el que cogían de los demás. Todo el código era de todos, o al menos de todo el que supiera leerlo y ejecutarlo con un ordenador. No estaban pensando en propiedad intelectual, no sentían que estuvieran robando o apropiándose de nada que no fuera suyo porque no lo hacían para vendérselo a nadie sino para aprender y compartir lo aprendido. Después, estaba Richard Matthew Stallman, genio de la programación y padre de una licencia de propiedad intelectual llamada Licencia Pública General o GPL.

Stallman había llegado a Harvard en 1971 para estudiar física, pero al poco de llegar descubrió el laboratorio de inteligencia artificial del Instituto Tecnológico de Massachusetts, donde rápidamente le contrataron como programador de sistemas. Tenía dieciocho años, una personalidad abrasiva y claros síntomas de autismo, pero había encontrado un lugar en el mundo donde solo le juzgaban por su habilidad para escribir código. Y Stallman era un genio del código, una máquina de programar. La clase de felicidad que Stallman encontró en el MIT era completamente nueva para él y no quería estar en ningún otro sitio. A diferencia de Harvard (donde se graduó *magna cum laude* de todas formas), en el laboratorio «no había obstáculos artificiales, la clase de cosas que hay que hacer y que no dejan que nadie termine nada: cosas como la burocracia, la seguridad o no dejarte compartir tu trabajo con otros». Era la clase de anarquía productiva que había caracterizado los primeros años de la revolución informática y que el ensayista Steven Levy caracterizó como los principios de la ética hacker. Son seis:

1. El acceso a ordenadores y a cualquier cosa que pueda enseñar algo acerca de la forma en que funciona el mundo, debe ser ilimitado y total.
2. Toda la información debe ser libre.
3. Desconfía de la autoridad, promueve la descentralización.
4. Los hackers deben ser juzgados por su capacidad y no por sus títulos, edad, raza, sexo o posición.
5. Puedes crear arte y belleza en un ordenador.
6. Los ordenadores pueden cambiar tu vida para mejor.[6]

Para aquella generación de programadores, el código era el latín de una nueva era. Proteger el código para explotarlo académica o comercialmente era el equivalente al monopolio de la lectura por parte de los ricos y sacerdotes, como habían hecho la Iglesia y los tiranos. No podía prohibirse que la población aprendiera a leer. Esta era la filosofía que dominaba aquellos canales del IRC. Stallman comulgaba con esos principios con intensidad religiosa. «La sociedad estadounidense ya es una jungla donde perro-come-a-perro —escribiría Stallman sobre aquella época— y tiene reglas que la mantienen así. Nosotros [los hackers] queremos reemplazar esas reglas con una preocupación por la cooperación constructiva.» En la siguiente década, su amado laboratorio de inteligencia artificial se vino abajo por culpa de una batalla interna y desigual por la comercialización y privatización de software que había sido creado por los propios miembros del MIT.[7] Los que antes habían colaborado y compartido hallazgos dejaron de hablarse entre ellos y también dejaron de ir. «Las máquinas empezaron a romperse y no había nadie para arreglarlas; a veces simplemente las tiraban a la basura —recordaba Stallman desolado, años más tarde—. No se podían hacer los cambios necesarios en el software. Los no-hackers reaccionaron comprando sistemas [operativos] comerciales y trayendo con ellos el fascismo y los acuerdos de licencia.» Cuando no pudo más y abandonó el MIT, lo hizo para escribir un sistema operativo distinto de UNIX, el estándar en las universidades propiedad de AT&T. Su OS libre se llamaría GNU. Es un acrónimo recursivo, donde la primera letra se refiere al propio acrónimo: GNU's Not Unix.

Stallman quería seguir trabajando con ordenadores sin traicionar los principios que habían producido su amado laboratorio y ayudar a crear nuevos espacios donde personas como él pudieran seguir desarrollando sin ser destruidos por las lógicas del capitalismo. Pero no le bastaba con intercambiar líneas de código en los oscuros rincones del IRC. Quería asegurarse de que podría, y de que cualquiera podría, seguir trabajando bajo esas condiciones en cualquier lugar, en cualquier contexto. Y supo que la única manera de hacerlo era tener su propio sistema operativo y protegerlo con las mismas armas con las que monopolios como IBM o AT&T o compañías de software como Microsoft protegían las suyas: una licencia de propiedad intelectual. De todas las contribuciones de Richard Stallman a la sociedad en la que vivimos, la GPL es la más importante. Es un texto crucial de nuestro tiempo, porque propone una economía basada en la protección del bien común, independiente de la intención del creador, el usuario, los gobiernos y la industria. Como una capa mágica de invulnerabilidad contra el capitalismo, un objeto inmodificable, como el castellano, el chino o el francés. Y es simple. Para ser software libre, el código tiene que poder ser usado, estudiado, modificado y distribuido. La GPL es tan estricta como la licencia tradicional de copyright donde todos los derechos están reservados porque es su reverso exacto: no una licencia diseñada para conservar monopolios, sino para evitarlos. No una herramienta diseñada para el control del código, sino para garantizar su libertad.

Centrándose en el código en lugar de los usuarios, no permite que su libertad dependa del propósito, las intenciones, la afiliación política o el poder económico de las personas, empresas o instituciones que lo usan. Todo el mundo puede usar software libre para todo salvo para convertirlo en cualquier otra cosa que no sea software libre. Nadie podría hacer lo que habían hecho en el laboratorio: cerrarlo y enriquecerse a costa del trabajo de otros. Ninguno de los cuatro puntos es negociables. Como dice Stallman, la GPL «is not Mr. Nice Guy».

Dice NO a algunas de las cosas que a veces la gente quiere hacer. Hay usuarios que piensan que esto es un error, que la GPL «excluye» a algunos desarrolladores de software que «necesitamos acoger en la comunidad del software libre». Pero no los excluimos, son ellos los que han decidido no entrar. La decisión de producir software privado es la decisión de quedarse fuera de nuestra comunidad. Ser parte de nuestra comunidad significa trabajar en cooperación con nosotros; no podemos «traer a nuestra comunidad» a gente que no quiere venir. La GNU GPL está diseñada para generar un incentivo desde el mismo software: «Si haces tu software libre, puedes usar este código». Evidentemente, no convencerá a todo el mundo, pero funciona de vez en cuando.

El software libre «no es libre como en barra libre sino libre como en libertad de expresión».[8] Permite hacer distribuciones y venderlas, si alguien te las compra. Permite crear una estructura jerárquica de actualizaciones, si otros quieren participar. Permite casi cualquier cosa salvo una: cambiar la licencia y cerrar el acceso al código. Todo lo que se genera usando software libre tiene que ser software libre también. No admite excepciones técnicas, políticas o morales. La transparencia radical del código es una garantía contra la vigilancia, la censura y el abuso de poder. El propio Stallman lo dice claramente, una década antes de que entendiéramos a qué se dedica la NSA.

Si los usuarios no tienen todas las libertades, entonces no pueden controlar completamente el programa —lo que significa que es el programa el que controla al usuario, y el dueño quien controla el programa. Así que ese programa es un instrumento que le da a su dueño poder sobre los usuarios. Por eso el software privado es una injusticia, Y ese poder es una tentación constante para los desarrolladores. Hoy en día los estándares éticos de los desarrolladores de software privado están por los suelos, y es práctica estándar hacer software privado para espiar a los usuarios, impidiéndoles de forma deliberada que hagan las cosas que quieren hacer. Esto se llama DRM, Digital Restrictions Management;[9] y también hay puertas traseras que aceptan órdenes de otros que no son el usuario. Y hay software privado que son plataformas de censura.

Garantizando la libertad del software, todos se benefician sin estancarse, amordazarse, vigilarse, discriminar o aprovecharse unos de otros. Según la famosa fórmula del matemático italiano Carlo Cipolla, obliga a todo el mundo a ser inteligente; es decir, a trabajar para el beneficio propio sin dejar de hacerlo para el de los demás.

En su ensayo *Las leyes fundamentales de la estupidez humana*, Cipolla establece cuatro clases de individuos, que clasifica siguiendo un solo parámetro. Por un lado, si sus acciones les benefician o perjudican a sí mismos; por el otro, si benefician o perjudican a los demás. Cipolla propone un universo de cuatro ejes y cuadrantes, dos positivos y dos negativos. El que obtiene beneficio a costa de perjudicar a otros es malvado; el que se perjudica a sí mismo para beneficiar a otros es tonto. Para Cipolla, los verdaderos estúpidos son los que se perjudican a sí mismos y también a los demás. Sus leyes fundamentales son que la estupidez humana es independiente de otras características, que sobreestimamos la cantidad de estúpidos que hay en el mundo y que son la gente más peligrosa del planeta porque, además de destructivos, son impredecibles. Son capaces de inmolarse para hacer daño a un tercero. Son, en definitiva, lo peor.

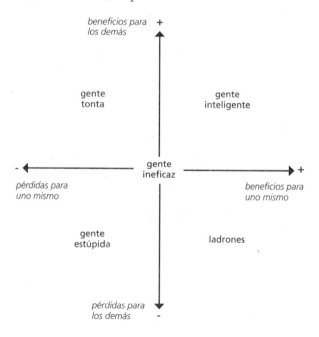

Lo opuesto de un estúpido es una persona inteligente, aquella que trabaja para conseguir un beneficio propio al mismo tiempo que beneficia a las demás. Ese es el único cuadrante en el que la GPL permite funcionar. Sin saberlo, Stallman creó una ley que obligaba a todo el mundo a comportarse de manera inteligente —al menos en el universo cipollano— independientemente de sus valores, intenciones o características personales. La GPL es el gen que cataliza una evolución darwinista del código, que debe ser egoísta siempre pero sin perjudicar a los demás.

Stallman no había oído hablar de Cipolla cuando diseñó la GPL. Estaba pensando en sus antiguos compañeros de laboratorio bloqueando el trabajo que había sido desarrollado en equipo para beneficio de todo el que quisiera usarlo, con la esperanza de que alguien lo cogiera y lo hiciera crecer. Pero es la confirmación de las tesis de Cipolla, porque el software libre se extendió como un incendio a lo largo y ancho del planeta. Sin más publicidad que el acceso al código, sin más satisfacción que la posibilidad de aprender, buscar soluciones, hacer juegos y programas y compartirlos con personas afines.

La transparencia fomenta la meritocracia: nadie quiere compartir código deficiente y quedar como un mediocre. Y el acceso fomenta la colaboración. Es más fácil modificar un proyecto que ya existe para adaptarlo a tus necesidades que empezar uno nuevo. Las modificaciones favorecieron la biodiversidad del código, lo que sería más adelante una fortaleza contra los virus y los ataques. A finales de los noventa y gracias a las contribuciones de los departamentos de IT de instituciones públicas y privadas y de decenas de miles de solitarios entusiastas (por ejemplo, el kernel de Linus Torvalds), el software libre se había integrado en todos los grandes proyectos, instituciones e infraestructuras de Occidente, incluidos centros de investigación y universidades, laboratorios, empresas. Y sobre todo internet. El servidor de dominios más popular de la red era software libre, y una mayoría abrumadora de servidores de la red usaban Apache. Stallman no era «el último hacker verdadero», como le había llamado Steven Levy, y su comunidad no era un centenar de pajeros autistas rodeados de teclados y bolsas de patatas fritas en un sótano mugriento. El software libre era un movimiento peligroso, una máquina de producción descentralizada, colaborativa y abierta capaz de asustar al líder indiscutible de la industria del software. Y no lo decían ellos, lo decía Steve Ballmer, presidente de Microsoft. «Linux es una competencia dura —explicó en un congreso de analistas financieros en Seattle en el año 2000—. Porque no hay una compañía llamada Linux, ni siquiera hay un mapa de carreteras. Es como si saliera directamente de la tierra. Y tiene, ya sabes, las características del comunismo que a la gente le gusta tanto. Quiero decir, que es gratis.» En febrero de 2001, el vicepresidente de Microsoft, Jim Allchin, declaró en *Bloomberg News* que «el código abierto es un destructor de la propiedad intelectual. No me imagino nada peor para la industria del software y para la industria de la propiedad intelectual». Coincidía con la Asociación Americana de la Industria Discográfica, que en ese momento protagonizaba titulares con demandas de cárcel para los usuarios de Napster, abuelitas, adolescentes y discapacitados incluidos. Pero el problema se hacía cada vez más grande. Gracias a su acuerdo con IBM, Windows se había convertido en el sistema operativo por defecto cuando comprabas un PC. También se había hecho fuerte ofreciendo licencias educativas de su sistema operativo al Gobierno, inyectando el sistema en colegios, universidades y administraciones. Ya había voces en las instituciones que se preguntaban si era lícito pagar para enseñar software privado en las escuelas cuando podían usar, estudiar y adaptar software libre gratis. Su monopolio se tambaleaba por culpa de un rival al que no sabía cómo enfrentarse.

En un documento interno, filtrado en noviembre de 1998, Microsoft advierte a sus trabajadores que su «capacidad de recoger y aprovechar el IQ colectivo de miles de individuos a lo largo de internet es increíble». Más preocupante aún, «su capacidad de evangelización crece con internet mucho más deprisa de lo que conseguimos crecer con nuestros esfuerzos». El documento sugería usar las patentes de software para detener el desarrollo de Linux, pero también acusarla de lo peor de lo que puede ser uno acusado en Estados Unidos: de comunista. «Yo soy estadounidense, creo en la manera de mi país de hacer las cosas —declaró Allchin—. Me preocupa que el Gobierno anime el software libre porque no creo que hayamos educado lo suficiente a los gobernantes para que entiendan la amenaza que supone.» «Linux es un cáncer que, desde el punto de vista de la propiedad intelectual, contagia a todo lo que toca —dijo Steve Ballmer en el *Chicago Sun Times* poco más tarde—. Así es como funciona esa licencia.» Y tenía razón.

IBM había anunciado que invertiría mil millones de dólares en desarrollo de software libre. El Gigante Azul seguía siendo un jugador habitual en los entornos institucionales y educativos, y las instituciones públicas querían un código que pudieran adaptar a sus necesidades sin gastarse dinero en licencias. En el último informe de Forrester Research, el 56 por ciento de los ejecutivos de las dos mil quinientas compañías tecnológicas más grandes del mundo habían dicho que sus compañías usaban código abierto. La competencia parecía abrazar el movimiento, aunque fuera con la única intención de destruir a Microsoft. Petr Hrebejk y Tim Boudreau de Sun Microsystems hablaban abiertamente en los medios de abrazar el software libre como la única ventana de oportunidad para derrocar a Bill Gates.[10] Pero la industria no podía rociarse con el perfume revolucionario del software libre tal cual estaba. La GPL lo había blindado contra la explotación, la exclusividad y el monopolio. Así que introdujeron una pequeña reforma: ya no se llamaría software libre sino «open source» o código abierto. Y no usaría la GPL sino otras licencias «parecidas» pero más modernas y molonas. Y vendría vestido con la capa de colores brillantes de lo que Stallman había querido evitar: el capitalismo.

DOS VISIONARIOS TÓXICOS: STEVE JOBS Y TIM O'REALLY

«El "software libre" y el "software de código abierto" son dos términos para la misma cosa», anunciaba la página de la Open Source Initiative, fundada por Eric S. Raymond y Bruce Perens en 1998. Con una pequeña diferencia con las licencias: el *open source* era tan abierto que admitía licencias «flexibles», que no eran abiertas ni cerradas sino todo lo contrario. No era como el software libre, que no se juntaba con nada más. «Nos dimos cuenta de que era el momento de deshacerse de la actitud confrontacional asociada con el software libre y vender la idea en términos estrictamente pragmáticos y de negocios, como había hecho Netscape.» Su premisa era que el software de código abierto era más abierto que el software libre, por el mismo motivo que una industria de las telecomunicaciones desregulada era más libre que una institucional. Las dos estrellas del código abierto eran BSD, la versión de UNIX que había salido de Berkeley y Netscape, el primer navegador comercial.

Cuando se lanzó en 1994, Netscape había sido el principal navegador del mercado pero había sido desplazado por el Explorer de Microsoft. Los dos eran derivados directos de Mosaic, el navegador que el Centro Nacional de Aplicaciones de Supercomputación había creado para la Web de Berners-Lee. Pero Explorer venía por defecto en Windows 95, el sistema operativo que traían todos los PC. Como estrategia para recuperar terreno, decidió abrir su código en enero de 1998. Pero no lo hizo bajo la licencia GPL, que lo hubiera lanzado al dominio público sin billete de vuelta, sino con otra llamada Netscape Public License, que les permitía distribuir versiones futuras del navegador, con las modificaciones que la comunidad hubiera contribuido, bajo una licencia no abierta. Si la FSF era vegana, ellos proponían una dieta flexitariana. Que se prometía mucho más variada, alegre y fácil de seguir.

A diferencia de Stallman, los gurús del código abierto no hablan de libertad sino de oportunidades. El escenario que proponen no es una comunidad de hackers donde colaborar sin obstáculos sino un escaparate para el talento. «Los participantes donan el código que han desarrollado a cambio de un valor: la oportunidad de ser parte de algo más grande que su propio trabajo, influir en la dirección del proyecto para acomodar sus necesidades y conseguir un cierto estatus social entre sus pares.» También es una oportunidad de optimizar recursos: «¿Qué pasa cuando un proyecto de software es más sostenible, más autogestionable? ¿Cuando la geografía deja de ser importante? ¿Cuando las compañías necesitan menos edificios, menos energía y tienen más de donde elegir en el mercado laboral?». La palabra clave no era libre sino abierta: código abierto, cultura abierta, que es la cultura de internet. Esta filosofía fue la alfombra que se encontraron las empresas como Google, Apple y los nuevos «visionarios» del mundo de la cultura tecnológica, un grupo de evangelistas, consejeros y charlatanes capitaneados por el editor Tim O'Reilly y promocionados sin descanso por la revista *Wired*.

Tim O'Reilly era un hacker, pero de otra clase. Para empezar, entró en la comunidad del software libre sin haber escrito una línea de código. Lo consiguió editando manuales de software y lenguajes de programación con lindos animalitos en la portada, que fueron recibidos con verdadero entusiasmo por la comunidad. Hasta entonces, los manuales de software eran tristes masas de páginas grises y tipografía pequeña que acompañaban al paquete de programas comerciales. No existían los manuales de software libre, solo las sucintas instrucciones que puedes invocar tecleando *man* (de manual) en la consola, usando la línea de comandos. La comunidad del software libre no tenía tiempo de escribir manuales porque se pasaba el día escribiendo el código o ayudando a otros en el IRC. Era el nicho perfecto, porque no había competencia y no tenía que pagar derechos. La GPL protegía el código, pero los manuales no era código. Podía publicar manuales de software libre con una licencia tradicional de copyright. Y eso es exactamente lo que hizo.

Los libros fueron un éxito instantáneo, y decidió promocionarlos haciendo un congreso como los que organizaba la Free Software Foundation, creada por Stallman en 1985 para financiar y promocionar el software libre. Eran encuentros donde la gente salía de sus canales del IRC y sus grupos de noticias para encontrarse AFK.[11] Montar los suyos propios le dio la oportunidad de sentar a los principales desarrolladores de proyectos de software libre como Linux, Perl o Sendmail junto con otros que traían licencias más flexibles, y agruparlos a todos bajo la misma categoría de *open source*. A diferencia de Stallman, O'Reilly se preocupó de invitar especialmente a la prensa. «Teníamos al *Wall Street Journal*, al *New York Times*, el *San Jose Mercury* (que en ese momento era el periódico más leído de Silicon Valley), *Forbes* y *Fortune*.» Pronto empezó a participar como invitado en otras conferencias de software libre, donde se hizo fuerte como la alternativa jovial y libertaria del «código abierto» a la presencia gruñona y terca de Stallman.

Comparado con el carismático editor, Stallman parecía un viejo comunista autoritario, incapaz de llegar a un compromiso para que los desarrolladores de software libre pudieran vivir de sus contribuciones. O'Reilly, por su parte, era un predicador convincente, y se había ganado el cariño de la comunidad elevando su oscuro código a la categoría de arte con sus bellos manuales. Les dijo que la red crecía a toda velocidad y que todo el mundo debería pillar cacho antes de que se hundiera de nuevo o se cerraran todas las ventanas de oportunidad. Solo tenían que abandonar la secta del software libre y volverse flexibles y atractivos para las grandes firmas. En 1998, recibió el premio de InfoWorld de la Comunidad del Software colaborativo por una contribución a la industria «que va más allá de sus publicaciones».

> Mientras internet se convertía en el centro del actual boom económico, O'Reilly le ha recordado al mundo de los negocios que el desarrollo de internet ha sido posible gracias a los estándares abiertos y procesos de desarrollo colaborativo. Emprendió una campaña personal para dejar claro que el código abierto era una fuerza no solo en el frente de los sistemas operativos (Linux) sino como parte de la infraestructura de internet.

Son como los Pimpinela del software. Les invitan a sentarse juntos en los congresos, los periodistas los llaman para conseguir entrecomillados mordaces. O'Reilly sigue mezclando deliberadamente proyectos distribuidos bajo la GPL con otros de licencias más comerciales, como BDS, Mozilla Public License, y se refiere al *open source* como una especie de polvo de hadas que flota en el ambiente, una nebulosa de posibilidades infinitas que cambian según el contexto, el producto y el interlocutor. «Si hablas con abogados te dirán que no todas son realmente ejecutables legalmente —le dice con toda candidez a Andrew Orlowski en una entrevista para la *IT Week UK* en marzo de 1999—. Pero es como la gravedad; no necesitas una ley para proteger la gravedad; el beneficio será evidente para todos. De alguna manera, la GPL es una herramienta transicional que nos lleva al nivel en el que se vuelve evidente que los usuarios necesitan esos derechos.» Repite su eslogan de «crear más valor del que capturas» pero sin que nada te obligue a hacerlo, solo tu buena intención. Este compromiso no vinculante encontraría su máximo esplendor en el «Don't do evil» que adoptaría Google como eslogan poco después. «Richard piensa que hay un imperativo moral en la redistribución del software y que ahora, por extensión, en la de toda la información. Richard piensa que, puesto que no hay un coste físico asociado a la copia del software, limitar la libre redistribución es una manera de extorsión —explica en diciembre de 1998, en un texto titulado *Por qué los libros de O'Reilly no son open source*—. Yo, sin embargo, pienso que es inmoral tratar de obligar a alguien a darte algo que ha creado sin compensarle de alguna forma. O sea, que cuando el software se libera, es un regalo, no el resultado de una obligación.» Su carisma no es lo único que tapa las contradicciones. O'Reilly es miembro de una comunidad, pero no es esta. La suya es la que aspira a comerse el mercado del software que domina Microsoft. Hay dos obstáculos en su camino y el de sus amigos: el ardiente, productivo y descentralizado bloque del software libre y el monopolio de Bill Gates.

En retrospectiva, es evidente que se enfrentaban dos maneras de entender el mundo: la de un programador obsesivo que cree rabiosamente en la cultura libre y la de un genio del marketing que ha olido una gran oportunidad. Las dos eran ciertas pero, aunque antagonistas, podían coexistir. Salvo por un detalle: Stallman no necesitaba nada de O'Reilly, mientras que el editor necesitaba algo de Stallman. Para que la nueva ola del *open source* pudiera entrar a vendimiar los frutos del software libre, tenía que poder hacer lo mismo que había hecho O'Reilly con los manuales de software libre: rentabilizar el trabajo ajeno sin liberarlo a la comunidad. O sea, sacarla del cuadrante inteligente de Carlo Cipolla y arrastrarla al de al lado, donde unos pocos podían beneficiarse a costa del trabajo de muchos. O'Reilly no era el único que se había dado cuenta.

Mip. Mix. Burn

«Steve Jobs es como Pedro y el lobo —escribía el periodista Robert Cringely en la *Rolling Stone* en 1994—. Ha gritado ¡Revolución! demasiadas veces.» Pero Jobs tenía más ases en la manga que el mismísimo Dai Vernon. Como Tim O'Reilly, pronto se convertiría en la figura más influyente de la informática contemporánea sin haber escrito una línea de código en su vida. Era otra clase de hacker. Después de una guerra abierta con el resto de la junta directiva y gran parte del equipo durante la producción del Macintosh, Jobs había sido apartado de la empresa que había fundado con Steve Wozniak y Ron Wayne en 1976. Durante los ocho años siguientes, trató de reconquistar el terreno perdido con NeXT Software. También tuvo tiempo de comprar Graphics Group, el área de desarrollo de gráficos por ordenador de Lucasfilm, y cambiar su nombre por el de Pixar. Pero a Apple no le había ido bien en su ausencia. Cuando volvieron a buscarle en 1995, se encontraron a un Jobs triunfante y victorioso. Su primera película, *Toy Story*, había sido nominada en tres categorías de los premios Oscar y la semilla de la web era uno de sus cubos de NEXT. Apple le compró la empresa y le ofreció un puesto como consejero. Jobs aceptó el puesto y después hizo tres cosas.

La primera fue recuperar el puesto de presidente ejecutivo, quitándoselo al mismo ejecutivo que lo había invitado a volver. Después llegó a un acuerdo con su archirrival. Las demandas por infracción de patente que Apple había mantenido con Microsoft se saldaron en un acuerdo de licencias cruzadas. Bill Gates invirtió ciento cincuenta millones de acciones sin voto en Apple y se comprometió a desarrollar Office para MacOS durante cinco años; Apple se comprometió a usar Internet Explorer como navegador de cabecera durante el mismo tiempo. Cuando Jobs anunció el acuerdo en la Macworld de Boston en 1997, lo hizo acompañado de un gigantesco Bill Gates que sonreía a su espalda desde la pantalla. Si alguien quiere saborear la confusión y el desamparo que se propagó en la sala, los vídeos están en YouTube. Parecía una bajada de pantalones, una derrota moral. Pero, con ese acuerdo, Jobs compró tiempo para hacer lo que verdaderamente quería hacer: tirar el sistema operativo MacOS 9 a la basura y reciclar el que había creado para NeXT. Y NeXT estaba montado sobre FreeBSD, descendiente de la versión de UNIX que habían desarrollado en la universidad de Berkley, en paralelo a Stallman y su GNU. Y que tenía una de esas licencias flexibles que patrocinaba O'Reilly.

En la comunidad se dice de broma que FreeBSD no es una licencia libre sino «libertina» porque, a diferencia de la GPL, permite que una empresa use el código de la comunidad para poder crecer con sus contribuciones pero cierre sus propios desarrollos con una licencia tradicional. Esa fue la que eligió Jobs para el kernel de su sistema operativo, llamado Darwin. Es evidente que sabía exactamente lo que hacía. «Darwin es increíble —explica a la audiencia de la Macworld de San Francisco, donde presentó por primera vez OS X en marzo de 2000—. Un kernel supermoderno. ¡Y es como un Linux! Tiene UNIX FreeBSD, que es lo mismo que Linux, así que es prácticamente lo mismo para los desarrolladores. Tiene un microkernel y es completamente *open source* [...]. Y estamos recibiendo mucha ayuda de la comunidad Mac para hacerlo cada vez mejor.» En realidad no se parecía en nada a Linux, porque el sistema operativo no funcionaba sin las implementaciones que habían aportado los programadores de Apple, y que estaban protegidas con «todos los derechos reservados». Hoy, todos los proyectos para desarrollar versiones libres de Darwin han desaparecido, pero Apple es la empresa más valiosa del mundo. Esta presentación le devolvió a Jobs el sillón de presidente ejecutivo permanente de Apple. Su jugada maestra estaba por llegar.

El 23 de octubre de 2001, desde el Apple Town Hall de Cupertino, Jobs presenta un dispositivo capaz de llevar «mil canciones en tu bolsillo». Tiene una autonomía de diez horas y se llama iPod. En su particular estilo rimbombante, Jobs lo describe como «un salto cuántico». Cosa que no es, porque Apple no había inventado el reproductor de mp3 con memoria en estado sólido. Ni siquiera era el primero en lanzarlo al mercado; los primeros en lanzar esa tecnología habían sido Diamond Multimedia con su Rio 100 y la coreana Saehan Information Systems con su MPMAN. Pero ninguna de estas empresas tenía a Steve Jobs. Los verdaderos innovadores salieron al mercado explicando las novedades tecnológicas de sus nuevos dispositivos, mientras que Jobs habló de saltos cuánticos y, naturalmente, de revolución. Y esa revolución estaba ocurriendo de verdad. Jobs había entendido que la guerra de las discográficas contra los usuarios de Napster habían convertido el intercambio y la descarga de música en un ejercicio de desobediencia civil y diseñó una campaña para ellos. El primer anuncio mostraba a un prehipster terminando de usar su ordenador y saliendo de casa sin dejar de bailar al ritmo de su música favorita. El siguiente fue un guiño mucho más directo. Se llamaba nada menos que Rip, Mix, Burn («copia, mezcla, graba»). El característico cable blanco de Apple pasó a ser una provocación para la RIAA, la policía de las descargas y la propia industria musical, pero también un significante de la clase creativa para todos los que estaban en el ajo (e indetectable para los malos, los grises, los burócratas y los padres). Y que hacía juego con el nuevo diseño blanco minimalista de Apple, y se integraba de manera invisible con el reproductor que había presentado unos meses antes, llamado iTunes.

De repente, no había portadas suficientes en el mundo para la cara de Steve Jobs. No acababa de volver y ya había conseguido capitalizar la energía del software libre y de la primera guerra del copyright, rescatando a Apple de la ruina o, peor aún, la medianía. Cuando el presidente ejecutivo de Disney Michael Eisner le acusó de promocionar abiertamente la piratería ante el Comité de Comercio del Senado de Estados Unidos, Steve contestó desde el *Wall Street Journal*: «Si adquieres la música legalmente, tienes que tener el derecho de manejarla desde todos los dispositivos que poseas». Estaba preparando el nido para su pirueta más espectacular. Cuando la guerra del copyright estaba en lo más cruento de su historia, seis meses antes de que un juez ordenara el cierre de Napster para prevenir violaciones a derechos de autor, Jobs hizo una carambola perfecta. Por un lado, fue a hablar con las universidades de élite y las convenció de que los estudiantes iban a seguir usando la red universitaria para descargarse música de manera ilegal. Si no querían asumir los costes y las responsabilidades, solo tenían dos opciones: podían cortarles el acceso a internet o podían obligarlos a pagar por la música de antemano, como parte de su matrícula, y olvidarse del tema. Por otro lado, se fue a hablar con las discográficas y les recordó que su negocio era la música, no la tecnología. En la guerra contra la tecnología se estaban ganando de manera innecesaria el odio de sus propios clientes. Jobs podía liberarlos del problema con una plataforma de venta de música digital. Así fue como Jobs le levantó el negocio de la música a la industria de la música. Mientras Napster cerraba con una deuda con las discográficas de veintiséis millones de dólares por daños y otros diez millones de dólares por futuras licencias; Jobs se convertía en el intermediario de dos enemigos mortales con una plataforma de música digital que estaba completamente centralizada, cuantificada y registrada por Apple. Y, por supuesto, perfectamente integrada con el iPod y el nuevo OS X.

Las discográficas se tiraban de los pelos, porque veían la promesa de un negocio salvaje. Copiar y distribuir CD costaba dinero, pero copiar y distribuir mp3 era prácticamente gratis. Solo había un problema: contener la distribución ilegal masiva de pistas digitales después de sacarlas al mercado era como tratar de sujetar agua con las manos. No había demandas lo suficientemente grandes para acabar con ella ni tecnologías de protección de copia lo suficientemente efectivas para impedir su proliferación. Querían vender a coste cero sin perderlo todo y no sabían cómo, hasta que llegó Steve Jobs. Su estrategia para acabar con la pesadilla era doble: aterrorizar a los usuarios con demandas cada vez más desquiciadas y ofrecerles a la vez una salida, llamada iTunes. Aún hoy resulta difícil exagerar la genialidad de su maniobra. Además de quitarles las llaves del reino y hacer que le dieran las gracias, Steve Jobs convirtió a las discográficas en sus matones.

Durante los dos años siguientes, el mundo siguió con creciente estupor los centenares de demandas que las discográficas y las sociedades de gestión de derechos entablaron contra redes de intercambio, contra las páginas web que enlazaban a las redes de intercambio y contra los propios usuarios, cuyos nombres y dramáticas situaciones eran descritas con una mezcla de incredulidad y oportunismo por los medios generalistas. No respetaban a nadie, ni siquiera a los muertos. En febrero de 2005, la RIAA demandó a Gertrude Walton, una abuela de ochenta y tres años de Virginia Occidental, por «compartir más de setecientas canciones de pop, rock y rap *songs* bajo el alias smittenedkitten». Cuando su hija contó en los medios que la señora no había tocado un ordenador en su vida y que además llevaba meses difunta, la respuesta de la asociación fue: «La colección de pruebas y la consiguiente acción legal fueron iniciadas hace semanas, incluso meses», sugiriendo que Gertrude había llevado una doble vida, a espaldas de su propia hija, antes de abandonar el caso. La estrategia funcionó como la seda. En menos de un año y sin ensuciarse las manos, Apple subió del puesto 236 en el ranking de Fortune 500, entre R. J. Reynolds Tobacco y Pepsi Bottling Group, al puesto número 35, por delante de Intel y hasta de la propia Microsoft. El iPod se convirtió en el objeto más icónico de su generación. Si el Walkman de Sony había tardado dos décadas en vender trescientos millones de unidades, Apple vendería cuatrocientos millones de iPods en una, antes de descontinuarlo definitivamente en 2014, en favor del iPhone.

Lo más gracioso es que todo el mundo sabía que los iPods estaban llenos de música descargada ilegalmente. La oferta del iTunes Music Store de comprar discos a diez dólares y canciones sueltas a 99 céntimos no podía competir con el Kazaa. Las cuentas lo explican claramente. La primera generación de iPod costaba 399 dólares y tenía cinco gigabytes de capacidad. Llenarlo legalmente costaba nada menos que mil dólares. La tercera generación iPods costaba 499 dólares y tenía capacidad para cuarenta gigabytes, ocho veces más. Poca gente podía invertir 8.499 dólares en algo que te podías dejar olvidado en el asiento trasero de un taxi o que te podían robar en un bar.

El acceso ilimitado a la música coincidió con otro salto cuántico en el mundo de la producción, propulsado por el software de edición digital. Todo el mundo descargaba y compartía música, pero también hacía, producía, remezclaba y pinchaba música en todas partes, a todas horas. Había más grupos que nunca, más conciertos que nunca y más remezclas que nunca. Y la escena en expansión alimentaba otros mundos; la crítica musical florecía, los festivales se multiplicaban y el activismo encontraba su forma de expresión más pura en el lenguaje de la publicidad. Los DJ producían frenéticos *mashups* de canciones protegidas en copias no autorizadas llamadas *bootlegs*. De repente todo era posible y, al mismo tiempo, todo era ilegal. Los artistas vieron que ganaban más dinero tocando en conciertos que sacando discos, y empezaron a publicar y promocionar sus temas en sus propias páginas web, sin contar con las discográficas. Descubrieron entonces que no podían regalar su música sin más, porque toda la música publicada era automáticamente gestionada por las sociedades de gestión de derechos.[12] Para hacer autogestión, les hacía falta un tipo de licencia que les permitiera compartir su música bajo sus propias condiciones, sin ceder sus derechos a las sociedades de gestión y sin dejarse explotar gratis por las discográficas. Que tuviera algunos derechos y algunas libertades, algo entre el copyright tradicional y la GPL. Algo como las licencias de código abierto, que pudieran estar abiertas un rato y cerradas después. Encontraron lo que buscaban en la propuesta de un abogado especializado en código, llamado Lawrence Lessig.

CREATIVE COMMONS: ALGUNOS DERECHOS RESERVADOS

En el año 2000, el 95 por ciento de la música y las películas que circulaban por las redes de pares eran obras licenciadas en Estados Unidos, y la última actualización de la Ley del Copyright en Estados Unidos había sido firmada por el presidente Clinton en pleno *affaire* Lewinsky, en octubre de 1998. Llevaba el nombre del cantante y después congresista Sony Bono y prolongaba el derecho privado sobre la creación individual a setenta años tras la muerte del autor, y a noventa y cinco años del estreno o edición de la obra si el propietario legal de los derechos fuera una empresa. Las obras creadas antes de 1978 tendrían noventa y cinco años de protección, fueran de quien fueran. Cientos de miles de obras cuyos derechos privados estaban a punto de pasar al dominio público quedaron vedadas hasta el año 2019. Las pequeñas editoriales que vivían de hacer reediciones de antiguas rarezas tuvieron que parar las máquinas. Las páginas web que ponían a libre disposición de los usuarios grandes obras maestras de la literatura y artistas de todo el mundo eran de pronto ilegales. A Lawrence Lessig, catedrático de derecho en la Universidad de Stanford y uno de los mayores expertos del mundo en ciberderecho, esto no le pareció bien.

Lessig llevó su rechazo hasta la Corte Suprema defendiendo a Eric Eldred, editor de una de aquellas páginas. Argumentó que, según el artículo primero, sección 8, cláusula 8 de la Constitución de Estados Unidos de América, el Congreso tenía el deber de promover el progreso de la ciencia y de las artes útiles, asegurando por un tiempo limitado a los autores e inventores el derecho exclusivo sobre sus respectivas creaciones e inventos, antes de liberarlo al dominio público. En 1790, ese periodo era de diecisiete años. Al alargar a setenta y a noventa y cinco años ese tiempo, el Congreso faltaba a su deber de limitar esa retención, además de impedir la readaptación de obras que ya se consideran clásicos, la base de la cultura popular, de Shakespeare a *La Bella Durmiente*. «Victor Hugo debe de estar retorciéndose en su tumba después de ver lo que la Disney ha hecho con su Jorobado de Notre Dame —ironizaba Dan Gillmor, reputado columnista en el *San Jose Mercury News* cuando empezó el jaleo—. Pero es lo que pasa cuando tus creaciones son del dominio público.»

Lessig perdió el caso, pero su derrota fue el nacimiento de Creative Commons, la fundación que transformó el mundo de la propiedad intelectual. No podía llegar en un momento más propicio. La guerra que había empezado con Napster ya no era por la descarga de archivos protegidos sino para liberar la cultura de las garras de la industria del entretenimiento. Y encontraron un inesperado icono en la popular figura de Mickey Mouse. La extensión de Sony Bono había ocurrido cuatro años antes de que la Disney perdiera al ratón, y fue rebautizada como la Mickey Mouse Protection Act en honor a los cientos de millones que la compañía invirtió para que no fuera liberado. Lawrence Lessig declaró que el copyright se renueva cada vez que Mickey Mouse está a punto de entrar en el dominio público. Disney no quiere dejar que otros hagan con Mickey lo que ellos habían hecho con el legado de los hermanos Grimm.

Richard Stallman estaba radicalmente en contra de la propiedad del software, que debía ser monetizado como un servicio que se presta y no como un objeto que se protege para beneficio de una empresa y en detrimento de la alfabetización general. Y aplicaba la misma lógica a la música, argumentando que Napster era positivo porque llevaba gente a los conciertos, que es donde los músicos ganan dinero, y eliminaba la venta de discos, con la que se lucraban un grupo de empresas codiciosas y monopolistas. Pero Lessig no era un abolicionista sino un reformista; creía en la propiedad intelectual. Consideraba que proteger la explotación comercial de una obra era lo justo, siempre que fuera durante un tiempo razonable y siempre que beneficiara al autor. Siguiendo esta línea de pensamiento, Creative Commons produjo un espectro de licencias alternativas de propiedad intelectual y consiguió adaptarlas a la legislación de todos los países del mundo, con ayuda desinteresada de especialistas locales. Las licencias cubrían la escala de grises que va del tradicional «todos los derechos reservados» a la libertad obligatoria de la GPL, pero el proyecto no estaba diseñado para proteger el bien común por encima de todo. Estaba pensado para ayudar al creador a promocionar su obra en la era de la reproductibilidad infinita sin depender de la industria cultural —discográficas, productoras de cine, sociedades de gestión, grandes grupos editoriales e imperios mediáticos—, pero sin renunciar a la oportunidad de explotar su creación más adelante. En otras palabras, no eran licencias anticapitalistas, eran licencias *open source*. Y encontraron su entorno natural en una creciente red de creadores que publicaban de manera voluntaria, gratuita, organizada y superconectada para compartir su visión de la realidad. Lo sé, porque yo era una de ellos.

LA TRAMPA DE LA INTELIGENCIA COLECTIVA

La contracumbre de Seattle empezó pocos meses después del lanzamiento de Napster, el 29 de noviembre de 1999. Es el momento que marca una nueva era de movilizaciones. Por primera vez en la historia, los sindicatos de una ciudad se unían a las asociaciones ecologistas, pacifistas, anarquistas, comunistas, feministas, grupos indígenas y otras organizaciones de derechos civiles para manifestar su rechazo contra la cumbre de la Organización Mundial del Comercio (OMC). Más de setecientos grupos del brazo, no los partidos sino las personas, no una campaña sino una manifestación. Aunque se trataba de una manifestación pacífica, las autoridades llamaron a la Guardia Nacional y declararon el estado de excepción. El día 30, las televisiones de todo el mundo siguieron las sentadas y las marchas de miles de personas durante las veinticuatro horas del día. Mostraron imágenes de veteranos caminando junto a anarquistas y a ecologistas del brazo de camioneros, a negros de Carolina mezclados con rubios de Washington, a jornaleros mexicanos con profesores de universidad. También mostraron imágenes de policías armados rociando con espráis de pimienta a grupos de manifestantes pacíficamente sentados en la posición de loto. Lo llamaron la Batalla de Seattle. Habían nacido dos movimientos que pronto serían el mismo. Y la conciencia de una brecha que separaba claramente a dos grupos desiguales de personas: las que tomaban decisiones y las que sufrían las consecuencias. El 1 por ciento y todos los demás.

Jacquelien van Stekelenburg, jefa del Departamento de Sociología de la Universidad de Vrije en Ámsterdam y especialista en movilizaciones sociales, dice que hay dos claves para el éxito de una manifestación. La primera es que sea capaz de generar graves problemas (cortes de tráfico, paros severos) y la consiguiente atención mediática. Para que una condición sea definida como problema social debe ser considerada como injusta por un grupo con influencia social. Por ejemplo, los medios generalistas. La segunda es que suceda en un entorno favorable: un régimen democrático, clima de desencanto general, un sistema abierto a modificaciones y el apoyo de aliados poderosos como, por ejemplo, la comunidad internacional. En el mundo occidental se daban todos los ingredientes para que la contracumbre de Seattle tuviera éxito.

La respuesta ejemplarizante de la policía de Seattle se encontró con la cobertura persistente de los medios de comunicación, que se recrearon en las escenas de violencia con impactante material gráfico. La propia cobertura empezó con un escándalo que cambió el curso de los acontecimientos. El *New York Times* publicó el primer día que los manifestantes habían lanzado cócteles molotov a la policía, y al día siguiente se tuvo que retractar. Naturalmente, el resto de medios aprovechó para lanzarse contra la Dama gris y proponerse como antídoto, un giro que benefició a la marcha, condimentando la narrativa del pueblo que avanza unido contra los poderosos, de David contra Goliat. Parecía que todas las instituciones se confabulaban para hacer callar a los protestantes. Las fotos de estudiantes sentados cubriéndose la boca mientras eran fumigados por la policía eran indignantes. Cientos de personas que estaban viendo las noticias en otros estados saltaron a sus coches y condujeron hasta allí, para unirse a la protesta. En Europa, las imágenes se comparaban nostálgicamente a otras revueltas icónicas: Mayo del 68, la caída del muro de Berlín. El fantasma que recorrió Europa no fue exactamente el del comunismo sino el de la solidaridad. Cuando el director de la OMC, Mike Moore, acusó a los manifestantes de ser proteccionistas disparando contra el internacionalismo, Naomi Klein aprovechó bien la ironía: era el movimiento más internacional que se había visto hasta entonces. «Sería muy fácil descartar a los manifestantes de la cumbre de la OMC en Seattle como radicales con envidia de los sesenta», empezaba el artículo que publicó en el *New York Times*. La primera entrega de su trilogía contra el capitalismo, *No Logo*, estaba en imprenta.

> La verdad, sin embargo, es que los manifestantes de Seattle han sido picados por el mosquito de la globalización con tanta intensidad y tan certeramente como los abogados mercantiles que hay en los hoteles de Seattle, solo que es otro tipo de globalización y lo saben. La confusión acerca de las reivindicaciones políticas de los manifestantes es comprensible: es el primer movimiento nacido de los caminos anárquicos de internet. No hay jerarquía de arriba abajo, no hay líderes reconocidos universalmente y nadie sabe lo que viene después. [...] Este es el movimiento más internacionalista, más globalizado que el mundo ha visto. Ya no hay más mexicanos o chinos sin rostro robando nuestros trabajos, en parte porque los representantes de esos trabajadores están en las mismas listas de correo y en las mismas conferencias junto con los activistas occidentales. Cuando los manifestantes gritan contra los demonios de la globalización, la mayoría no están pidiendo una vuelta al estrecho nacionalismo sino a que las fronteras de la globalización se expandan, a que el comercio esté vinculado a las reformas democráticas, a salarios más altos, derechos laborales y protección medioambiental.

No un movimiento de paletos nacionalistas, como sugerían los representantes de las multinacionales, sino un movimiento internacional anticapitalista, basado en la solidaridad. Los trabajadores se habían unido para exigir que los gobiernos que habían elegido democráticamente gobernaran sobre las multinacionales, y no al revés. El objetivo simbólico de su resistencia pacífica era impedir la Cumbre de Seattle donde los gobiernos y las multinacionales se sentaban a negociar. Y, contra todo pronóstico, lo consiguieron. David ganó a Goliat. El movimiento que no tenía nombre ni cara ni logo ni siglas ni sede ni partido consiguió detener la cumbre y echar a los presidentes ejecutivos, abogados y banqueros de su ciudad. La primera batalla había sido ganada. Les habían escuchado. Salieron en los principales medios de comunicación de todo el mundo hablando de la precarización, de la privatización de recursos, de discriminación, de pobreza, de destrucción medioambiental. Habían pedido lo imposible y lo habían conseguido. Fue entonces cuando el movimiento anticapitalista se globalizó.

Decía John Berger que las manifestaciones son ensayos para la revolución porque a diferencia de la asamblea de trabajadores, los manifestantes «se congregan en público para crear su función, en lugar de formarse en respuesta a una función determinada». La función de Seattle fue despertar a los no poderosos para que se unieran contra el régimen neoliberal. Reunir lo que los años de bipartidismo y clientelismo habían roto: la unión de los trabajadores con los trabajadores, de los vecinos con los vecinos, independientemente de la raza, clase, nivel académico, orientación política o sexual. Y se organizaron para bloquear otros encuentros de todas las instituciones responsables de haber instaurado el régimen neoliberal en el mundo occidental. Contra todo pronóstico, lo consiguieron. Impidieron que el Foro Económico Mundial se reuniera en Melbourne y Davos, los encuentros en Washington y Praga del FMI y el Banco Mundial. Se manifestaron contra la cumbre de Quebec sobre el Tratado de Libre Comercio de las Américas y el de la Unión Europea en Gotenburgo. Se encontraban en los grupos de noticias, listas de correos y foros donde entraban a organizar las marchas y compartir su repudia al gobierno de las multinacionales, su desprecio por los gobernantes y millones de horas de música. La máquina iba a todo vapor hasta la cumbre del G8 de Génova, donde el movimiento se hizo mayor.

La promesa de la blogosfera: vivir para contarlo juntos

La cumbre del G8 de julio de 2001 reunía en Génova a los presidentes más poderosos del mundo: Tony Blair, Vladímir Putin, Gerhard Schröder, Silvio Berlusconi, Jacques Chirac y el canadiense Jean Chrétien. Para George W. Bush y su homólogo japonés, Junichiro Koizumi, era su primera cumbre. El movimiento se había organizado para mostrar el rechazo a las políticas neoliberales, como habían hecho en otras cumbres. Pero el ambiente fue muy distinto, también las consecuencias. Para empezar, fue mucho más grande. La contracumbre de Seattle no había llegado a reunir más de cincuenta mil personas, pero Génova convocó a más de doscientas mil. También hubo mucha más policía, con el claro propósito de acabar con la insurrección. Las cargas de los Carabinieri sobre la masa de manifestantes hicieron que los policías de Seattle parecieran monitores de un campamento de Boy Scouts.

El ministro del Interior, Claudio Scajola, se había preparado como para una guerra. Se habían cortado calles, bloqueado alcantarillas y cerrado todos los accesos de transporte alrededor del G8. El equipo de producción del G8 había denegado acreditaciones a todos los periodistas con antecedentes de activismo. Se hizo sitio en las cárceles para unas seiscientas personas. Se trajo a ciento ochenta especialistas en seguridad para que vigilaran las telecomunicaciones. La prensa publicó que incluso se habían pedido ataúdes y bolsas para cadáveres. Advirtió que los manifestantes eran violentos, especialmente un grupo llamado Black Block que en Seattle ya había atacado los escaparates de GAP, Starbucks, Old Navy y franquicias similares. Iban vestidos de negro para reconocerse entre ellos y se cubrían con pasamontañas para no ser identificarse. Llevaban hierros, botellas y piedras. El relato posterior de los manifestantes coincide en dos cosas: la policía dejó que el Black Block se moviera a sus anchas y se ensañó con todos los demás.

La noche del 21 de julio, un grupo de trescientos policías entró en el colegio Díaz —un edificio de cuatro plantas que había sido cedido por el propio Gobierno para que los manifestantes pacíficos pudieran dormir—, y golpeó brutalmente a todo el que encontraron allí, independientemente de la edad, situación o actividad. «Parecía importarles que todo el mundo quedara herido», contaba una asistente social de veintiséis años que había llegado de Londres.[13] Avanzaban de manera metódica; cuando un cuerpo ya no se movía, pasaban al siguiente. Hay docenas de testimonios que describen cómo fueron planta por planta golpeando personas hasta reducirlas a un montón de sangre y huesos fracturados. En ese mismo edificio estaba la sede de Indymedia, la red de periodistas independientes que nació en Seattle.

Los periodistas fueron golpeados como todos los demás; sus ordena-dores, cámaras y equipos requisados o destruidos. Los heridos más graves fueron llevados al hospital de San Marino, el resto detenidos en una prisión del barrio de Bolzaneto. Hospitalizaron a doscientas seis personas, encarcelaron a más de quinientas.

Para justificar la brutal redada, los policías plantaron cócteles molotov en el colegio y acusaron a los manifestantes de tratar de acu-chillarlos. En 2012, tras un largo proceso, fueron encontrados culpa-bles de brutalidad policial y falsificación de pruebas. En 2015, el Tribunal Europeo de Derechos Humanos declaró que «se habían cometido actos de tortura» por parte de las autoridades y que «la le-gislación criminal italiana era [...] inadecuada para el castigo de tales actos y no un repelente efectivo contra su repetición».

El comportamiento de las fuerzas del orden fue tan repugnante que hasta el comisario Salvo Montalbano, el famoso personaje de Andrea Camilleri, presentó su dimisión.[14] Pero eso fue mucho más tarde. Durante el ataque, los grandes medios cubrieron a los pocos vio-lentos, y abandonaron a los miles de manifestantes pacíficos que ha-bían sido brutalmente apaleados sin motivo. Al menos hasta que hubo un muerto. En una calle abierta, a plena luz del día, delante de la cáma-ra de un reportero de Reuters, un carabinieri llamado Mario Placani-ca disparó contra un manifestante llamado Carlo Giuliani desde un todoterreno. Luego el vehículo lo atropelló.

Las fotos de Dylan Martínez documentan lo ocurrido como en una fotonovela: Giuliani se acerca al coche por detrás con un extintor en las manos, una mano sale desde dentro del coche y le dispara en la cabeza. Giuliani se desploma y el coche pasa por encima de su cuerpo inerte, primero marcha atrás, y luego hacia delante. Los informes de la policía hablaban de una gran violencia callejera, de lluvia de cócte-les molotov, pero un carabineri había disparado a un chico en la ca-beza. El muerto tenía veintitrés años; el policía, veintiuno. Los líderes del G8 condenaron de forma conjunta la «violencia derivada en anarquía» de un pequeño grupo de manifestantes. Dijeron que respe-taban las manifestaciones pacíficas pero que «es de vital importancia que los líderes elegidos democráticamente y que representan a millo-nes de personas puedan encontrarse para debatir asuntos de preocupación mutua». La prensa generalista recogió el comunicado oficial, mientras en los foros y listas de correo circulaba un relato alternativo hecho de testimonios, fotos y vídeos de los manifestantes. Se hablaba de George Holliday, el videoaficionado que grabó a la policía de Los Ángeles dándole una brutal paliza al taxista negro Rodney King en 1992. El precio de las cámaras había bajado y, con el formato digital, también lo había hecho la producción. La masa interconectada de indignados era un sistema de terminaciones nerviosas capaz de transmitirlo todo en tiempo real. De pronto hacer fotos y vídeos se convertía en un acto revolucionario. Distribuirlas, también.

La libertad de prensa ya no era para el que tiene una prensa. El que hacía la foto no era más importante que el que la hacía llegar a los demás. Por primera vez los manifestantes tenían la oportunidad de contar su propia historia, al mismo tiempo que la BBC. El poder de las redes aseguraba la difusión. La verdad era un esfuerzo colectivo; podían contestar la versión oficial de los hechos y usar sus propios medios para demostrarla. Se empezaba a hablar del periodismo ciudadano, un relato coral sin intermediarios ni filtros que avergonzaría a los periódicos vendidos al poder, controlados por los gobiernos autoritarios, gestionados por las clases dominantes y, en definitiva, podridos de corrupción. Y lo más novedoso: se podía hacer sin salir de casa, siguiendo las noticias y facilitando su difusión.

La primera versión de Blogger salió en septiembre de 1999. Pyla Labs, la empresa de Evan Williams y Meg Hourihan, imitó el formato de cabecera y contenidos fechados en orden cronológico inverso de Slashdot, que llevaba dos años online y había sido comprado por 1,5 millones de dólares y siete millones en acciones. Blogger no fue el primer servicio de publicación de blogs (LiveJournal había llegado tres meses antes), pero fue el que disparó el fenómeno de masas porque ofrecía un servicio de *hosting* y era fácil de usar. Hasta entonces, los «web logs» eran páginas web hechas por personas con conocimientos de HTML para diseñarlas y había que contratar un servidor para alojarlas. «Todo el mundo que usaba la red tenía la capacidad de escribir algo [...] pero editar páginas web era difícil y complicado para la gente —explicaba Tim Berners-Lee en una entrevista a la BBC—. Lo que pasó con los blogs y los wikis, esos espacios editables, es que se volvieron mucho más simples. Cuando escribes un blog no escribes hipertexto, solo texto». Con Blogger podías elegir un título y un nombre de usuario y ponerte a publicar en menos de veinte minutos. En diciembre de 2000 ya había tantos que el *New York Times* declaró la *Invasión del Blog*: «No parece la receta para un movimiento social. Pero, en los últimos dos años, miles de personas han empezado sus propios Web Logs, creando una explosión de páginas que, para el no iniciado, puede parecer un universo paralelo de la red».

Era mucho más que un universo paralelo. Era una comunidad de publicaciones internacional, interconectada y autorreferencial que crecía exponencialmente sin buscar la aprobación ni el respeto de los medios tradicionales ni una gran inversión de capital. «Gracias a su extraordinaria arquitectura —explicaba la documentalista Astra Taylor en su libro *La plataforma del pueblo*—, internet facilita la creatividad y la comunicación sin precedentes. Cada uno de nosotros es ahora un canal de comunicación; ya no somos consumidores pasivos sino productores activos. A diferencia de la transmisión vertical, unidireccional de la televisión y de la radio y hasta de los discos o los libros, por fin tenemos un medio a través del cual supuestamente se puede escuchar la voz de todo el mundo.»[15] Esa voz colectiva vivió la guerra del Golfo en 2001 con la intensidad de un corresponsal recién retirado, comentando furiosamente la Operación Libertad Duradera del ejército estadounidense y la Operación Herrick de las tropas británicas, siguiendo la cobertura 24/7 de la CNN en tiempo real. También cuando, el 11 de septiembre del mismo año, diecinueve miembros de Al Qaeda ejecutaron un ataque coordinado en el que estrellaron dos aviones Boeing 767 contra los dos edificios más emblemáticos del mundo. Los bloggers estaban atentos, involucrados, comprometidos. El mundo se había convertido en un lugar que necesitaba estar permanentemente vigilado, permanentemente contado, por el mayor número de personas posible. Lo que había empezado como una batalla por el acceso a la información se estaba transformando en una guerra por escribir la historia. Pronto tendrían dos grandes aliados, uno moderado llamado Wikipedia y otro extremista, llamado Wikileaks.

Wikipedia nació en enero de 2001, con una licencia GPL y el

formato wiki. Jimmy Wales y Larry Sanger estaban trabajando en una enciclopedia online escrita por académicos y especialistas llamada Nupedia, cuando se les ocurrió sacar una colaborativa, donde cualquiera pudiese contribuir. Querían ver si surgiría algo parecido a la entusiasta y productiva comunidad del software libre. En poco tiempo el experimento se tragaría a Nupedia y se convertiría en la referencia más visitada de la red. «Imagina un mundo en el que cada persona en el planeta tiene acceso a la suma de todo el conocimiento —declaró Wales en Slashdot—. Porque eso es lo que estamos haciendo.» Pero la novedad de Wikipedia no era el acceso al contenido sino a la producción del contenido. El derecho a escribir la historia, no solo a leerla. Esta democratización del pasado fue la mofa de las instituciones durante sus primeros años de vida. «Yo no la usaría y no conozco a ningún bibliotecario que lo haga —declaraba un bibliotecario llamado Philip Bradley en el *Guardian*—. El principal problema es la falta de autoridad. Cuando publican las cosas, los editores tienen que asegurarse de que sus datos son verídicos, porque su trabajo depende de ello.» El software funciona o no funciona, pero la historia es algo más resbaladizo. Sin *fact-checkers* ni responsabilidad, ¿qué garantías había de que los artículos eran correctos? ¿Quién podía asegurar que los artículos fueran «verdad»? La respuesta de Wales fue: la verdad no es más que una interpretación de los hechos, y la interpretación colectiva, colaborativa y consensuada de los hechos tiene tanto derecho a existir como la interpretación monolítica y opaca de las instituciones. La red tenía su propio modelo de responsabilidades, que no estaba basada en la *autoritas* institucional sino en un sistema de reputación propia basada en la total transparencia. Wikileaks muestra todos los cambios que ha sufrido un texto y quiénes han contribuido. En 2010, James Bridle imprimió la entrada correspondiente a la guerra de Irak, incluyendo todas las versiones por las que había pasado desde diciembre de 2004 hasta noviembre de 2009. En total, eran doce mil cambios y casi siete mil páginas. Lo editó en una colección de doce tomos, titulada *The Iraq War: A History of Wikipedia Changelogs*. Wikipedia demostró que la historia no tiene versión final, solo un fatigoso e interminable debate entre partes interesadas.

Julian Assange presentó Wikileaks.org en el congreso anual del

Chaos Computer Club de 2007 como «una Wikipedia incensurable para filtración masiva de documentos y análisis». Dijo que querían denunciar regímenes opresores en Asia, el antiguo bloque soviético, el África subsahariana y Oriente Medio, y «servir de herramienta a personas de todas las regiones que quieran revelar comportamientos inmorales en sus gobiernos y corporaciones». El australiano era miembro de una respetada lista de correo llamada Cypherpunks y en seguida encontró apoyo en la comunidad hacker, pero su salto a la cultura popular llega con la publicación de unos manuales secretos de la Iglesia de la Cienciología, donde se explicaban sus protocolos para silenciar periodistas o vigilar a las personas «supresivas» que habían escapado a la secta. La Iglesia activó todos sus recursos legales, propiciando el famoso efecto Streisand, por el cual el esfuerzo por censurar un contenido provoca el efecto contrario. En *This Machine kills secrets*, Andy Greenberg lo llamó «el momento más gratificante del ascenso de WikiLeaks». Assange contestó a las amenazas con el panaché que le haría mundialmente famoso: «WikiLeaks no piensa ceder a las peticiones abusivas de la Cienciología más de lo que ha cedido a demandas similares de bancos suizos, plantas rusas secretas de células madre, kleptócratas africanos o el Pentágono». Tres años después, reventaría la industria del periodismo con un vídeo titulado *Collateral Murder* en el que dos helicópteros Apache estadounidense disparan sobre un grupo de iraquíes desarmados, asesinando a doce personas, entre ellos dos periodistas de Reuters. Las imágenes eran incontestables. Habían sido tomadas en 2007 desde el mismo helicóptero del ataque. El vídeo contenía la conversación por radio entre los dos helicópteros y sus oficiales. Reuters llevaba años tratando de conseguirlo a través de la ley de transparencia, sin conseguir nada. Los documentos habían llegado a través del buzón anónimo de la organización, junto con el publicado como los «Diarios de la Guerra de Afganistán» y los «Registros de Guerra en Irak», en julio y octubre de 2010. El *New York Times* ya no podía decidir qué noticias era «apropiado publicar».[16] El famoso eslogan que había establecido Adolph S. Ochs para su venerable periódico en 1897 ya no parecía una declaración de imparcialidad sino todo lo contrario. Wikileaks sugería que el hecho mismo de seleccionar lo que es publicable y lo que no era una forma de manipular al ciudadano. De repente, no solo la historia era mentira, también las noticias. «Quiero establecer un nuevo estándar —le dice Assange a Raffi Khatchadourian en su perfil del *New Yorker*—: periodismo científico.»[17] La verdad está en los documentos, el código fuente. Todo lo demás es manipulación.

El grito de guerra era eliminar a los intermediarios. Se configura un nuevo ecosistema mediático que enfrenta al pueblo con los poderes tradicionales, a la visión colectiva del poder con la visión interesada, codiciosa y corporativa del negocio editorial. En la red no hay jerarquías, no hay enchufes, no hay burócratas. Y cuando el poder es horizontal, el verdadero talento triunfa. El verdadero talento es objetivo —hasta científico, diríamos— porque se evalúa con métricas: más referencias, más visitas, más reputación. Es elegido por la voz del pueblo, que no sabe mentir. Es inteligencia colectiva. «La nueva ortodoxia retrata la red como una especie de Robin Hood, robándole audiencia e influencia a los grandes para dársela a los pequeños —dice Astra Taylor—. Las tecnologías en red pondrán a los profesionales y a los amateurs en la misma cancha de juego, o puede que le dé ventaja a estos últimos. Los artistas y escritores florecerán sin respaldo institucional, capaces de llegar directamente a sus audiencias. Llega una era dorada de colaboración, inspirada en el modelo de la Wikipedia y el *open source*. En muchos aspectos, este es el mundo que todos estábamos esperando. Pero en muchos otros cruciales, estas suposiciones populares sobre los efectos inevitables de internet nos han confundido.» Pero esas suposiciones no llegaban de la nada. Había una campaña detrás.

UN NUEVO ECOSISTEMA MEDIÁTICO

«Cuando estalló la burbuja puntocom, todo el mundo dijo que la web estaba muerta», le gusta contar a Tim O'Reilly. La verdad es que todo el mundo había perdido todo en la crisis y todo el mundo buscaba estrategias para sobrevivir. O'Reilly quería integrarse como fuera en el grupo de supervivientes, y puso en marcha el método que ya había funcionado con el *open source*: apropiarse de algo que no era suyo con una nueva marca. Después agrupar activos alrededor de esa marca que promocionen la visión. Y por último aplicar la marca a lo que a mí me dé la gana. En el tour de su último libro explicaba la receta:

> Empezamos con un evento de liderazgo intelectual, donde invitamos a presidentes ejecutivos para que ratifiquen la historia. Para que dijeran: hay un nuevo juego en la ciudad, estas son las nuevas reglas del juego, esta historia es verdad. Y después usamos eso para destacar a los innovadores que acaban de llegar para que la gente vea que está pasando algo aquí. Y después introducimos una expo porque estaba este tema de la ecología comercial.

La primera Conferencia Web 2.0 (más adelante recalificada como «cumbre») se celebró en octubre de 2004 en el Hotel Nikko de San Francisco. Todos los invitados eran supervivientes de la burbuja: Craig Newmark de Craigslist, Marc Andreessen de Netscape, Louis Monier de Altavista, eBay y Google; Jerry Yang de Yahoo y Jeff Bezos, que estaba ya poniendo en marcha Amazon AWS y su plataforma de *crowdsourcing* Amazon Mechanical Turk. También habló Mark Cuban, uno de los principales inversores de Weblogs, Inc. y otros grandes inversores como John Doerr, Mary Meeker, Bill Gross y Halsey Minor. Las estrellas *indies* fueron Lawrence Lessig de Creative Commons y Cory Doctorow, editor de Boing Boing, un popular blog de tendencias *geek* para la generación Napster. El socio de O'Reilly en esta misión fue John Battelle, cofundador de la revista *Wired* y fundador de Federated Media, la primera plataforma publicitaria para blogs, creada para gestionar anunciantes para Boing Boing y Digg.

Battelle estaba entonces terminando un libro, titulado *La búsqueda: cómo Google y sus rivales reescribieron las reglas del negocio y transformaron nuestra cultura*. Y *Wired* se había transformado en la biblia del Valle, alimentando una mitología de heroicos hackers, emprendedores, «libertarios civiles» y visionarios que hacían frente a los villanos de la vieja guardia, IBM, Dell, Microsoft y el Gobierno. Los santos de esta nueva contracultura eran Marshall McLuhan, Buckminster Fuller, Ted Roszak y sobre todo el editor del *Whole Earth Catalogue*, Stewart Brandt. También extrajeron estrellas de un subgénero *sci-fi noir* poblado por hackers, malvadas multinacionales y nereidas artificiales llamado *cyberpunk*, muy notablemente William Gibson, Neil Stephenson y Bruce Sterling. Su banda sonora era una mezcla de rock californiano y música electrónica, su fiesta de fin de curso era el Burning Man. Llevaba reportajes largos y en profundidad sobre temas *ultranerds*, como la construcción del mayor cable de red submarino,[18] el Manifiesto Cypherpunk[19] o reflexiones pseudoacadémicas como «la Larga cola».[20] Establecía un lenguaje nuevo para una generación nueva: *cognifying, remixing, screening, tracking, crypto* esto, *cypher* lo otro. Era la *Rolling Stone* de la nueva economía. Era la clase de amplificador que O'Reilly necesitaba para el proyecto que se traía entre manos: capitalizar la energía de los movimientos sociales y la blogosfera, de la misma manera que había rentabilizado la del software libre. Solo faltaba empaquetarlo y ponerle un nombre: web 2.0. «En nuestro primer programa nos preguntamos por qué algunas empresas habían sobrevivido al estallido de la burbuja, mientras que otras habían fallado miserablemente —explicaba O'Reilly cinco años más tarde— [...]. Nuestra principal visión fue que "la red como plataforma" es mucho más que ofrecer viejas aplicaciones a través de ella (software como servicio); significa construir aplicaciones que literalmente mejoran cuanta más gente las usa, acumulando efecto red no solo para adquirir usuarios sino para aprender de ellos y construir sobre sus contribuciones. De Google a Amazon, Wikipedia, eBay y Craigslist, vimos que el valor estaba facilitado por el software, pero era cocreado por y para la comunidad de usuarios conectados. Desde entonces, nuevas plataformas poderosas como YouTube, Facebook y Twitter han demostrado esa misma visión de maneras nuevas. La Web 2.0 va de aprovechar la inteligencia colectiva.»[21] Aprender de ellos y construir sobre sus contribuciones.

Las aplicaciones de inteligencia colectiva «dependen de gestionar, comprender y responder a la cantidad masiva de datos generados por los usuarios en tiempo real». No solo a través del teclado, donde la contribución del usuario es deliberada, sino a través de sensores, donde la transacción de datos es invisible. «Nuestros teléfonos y cámaras se están convirtiendo en los ojos y oídos de las aplicaciones; sensores de movimiento y localización dicen dónde estamos, qué estamos mirando, a qué velocidad nos movemos. Los datos están siendo recolectados, presentados y aplicados en tiempo real.» En resumen, la visión, la idea, el concepto: las empresas que triunfarán en la red serán sistemas diseñados para capturar inteligencia colectiva. Uno de los aspectos más deslumbrantes del genio de O'Reilly es que es capaz de proponer con total candidez un modelo de negocio en el que las principales empresas se hacen multimillonarias explotando trabajo no remunerado y espiando a millones de personas desprevenidas sin que le parezca un escándalo. Nótese la diferencia: cuando Kevin Kelly, director ejecutivo de *Wired*, habla del mismo negocio no lo llama «aprender de ellos y construir sobre sus contribuciones» ni «capturar inteligencia colectiva». Habla de colectivismo y de socialismo digital. «La frenética fiebre global por conectar a todo el mundo con todo el mundo todo el tiempo está gestando silenciosamente una versión revisada y tecnológica del socialismo», explicaba en su ensayo *El nuevo socialismo. Una sociedad colectivista global.*[22] Los ejemplos que cita son Wikipedia y otras «webs de comentario colaborativo» como Digg, StumbleUpon, Reddit, Pinterest y Tumblr. Pero puntualiza después que este socialismo es diferente. Es un socialismo libre de Estado, *made-in-America* y digital.

> No estamos hablando del socialismo político de tu abuelo. De hecho, hay una larga lista de movimientos pasados que este nuevo socialismo no es. No es lucha de clases. No es antiestadounidense; de hecho, el socialismo digital podría ser la última gran innovación hecha en Estados Unidos. Mientras que el socialismo de la vieja escuela era un arma del Estado, el socialismo digital es socialismo sin el Estado. Esta nueva marca de socialismo opera en el reino de la cultura y la economía, más que del Gobierno. [...] En lugar de granjas colectivas, nos reunimos en mundos colectivos. En lugar de fábricas estatales, tenemos fábricas de escritorio conectadas a cooperativas virtuales. En lugar de compartir picos y palas, compartimos scripts y API.[23] En lugar de enfrentarnos a burócratas sin rostro, tenemos meritocracias sin rostro donde lo único que importa es que las cosas se hagan. En lugar de producción nacional, tenemos producción de pares. En lugar de subsidios y racionamientos gubernamentales, tenemos un botín de servicios y bienes comerciales gratis. [...] el nuevo socialismo no es ni el

comunismo clásico de arquitectura centralizada sin propiedad privada ni el caos egoísta y concentrado del libre mercado. En lugar de eso, es un espacio de diseño emergente en el que la coordinación descentralizada del público puede resolver problemas que ni el comunismo puro ni el capitalismo puro pueden resolver.

Se aprecia de nuevo la táctica de juntar pájaros de pluma muy diferente bajo la misma etiqueta, sentando a Wikipedia con plataformas como PatientsLikeMe, «donde los pacientes vuelcan sus resultados médicos para mejorar su propio tratamiento y el hábito cada vez más común de compartir lo que estás pensando (Twitter), lo que estás leyendo (StumbleUpon), tus finanzas (Wesabe), todas tus cosas (la Web)». En aquel momento sus lectores no sabían que el «botín de servicios y bienes comerciales gratis» no era tan gratis, y que la «coordinación descentralizada del público» estaba de hecho centralizada en una montaña de servidores del Valle y el norte de Virginia y que ese «socialismo digital» libre de Estado pronto sería la principal herramienta de vigilancia del Estado. Otro de los vehículos mágicos de la campaña web 2.0. fue TED, la plataforma de conferencias que Chris Anderson, hoy jefe de la revista *Wired*, compró en 2002.

TED había nacido como una conferencia para los muy iniciados que se llevaba a cabo en Monterrey y después en California. Su fundador, el arquitecto Richard Saul Wurman, quería interconectar a la industria tecnológica con la del entretenimiento y el diseño. «No se daban cuenta de que eran parte del mismo grupo... no veían que estaban creciendo juntos.» Consiguió crear un ambiente mítico juntando a gente reverenciada como el matemático Benoît Mandelbrot con empresarios como Steve Jobs o líderes como Nicholas Negroponte. Pero no era un evento rentable. Anderson lo convirtió en un producto doble: la conferencia por un lado, a la que solo se accede por invitación y pagando una cantidad irracional de dinero; el vídeo de la charla por el otro, que se «libera» para hacer del mundo un lugar mejor. Una vez virtualizados, ya no hacía falta sentar a los conferenciantes juntos o invitarlos al mismo evento; basta con ponerles el mismo *tag* o etiqueta. Así fue como visionarios genuinos de la democracia participativa como Howard Rheingold derramaron su karma sobre gurús del marketing como Seth Godin y oportunistas como Clay Shirky, posiblemente el miembro más vergonzoso de esta congregación. Su primer libro contaba cómo una mujer que pierde el móvil en un taxi consigue rastrear al pasajero que se lo queda y acosarlo para que se lo devuelva invocando a la masa enfurecida de la red social. La lectura es absurdamente positiva: «Internet está hecha de amor». El segundo habla del «surplus cognitivo», el sobrante del talento y atención que la gente usa para «colaborar de manera voluntaria en proyectos grandes, a veces globales» como los «increíbles experimentos científicos, literarios, artísticos, políticos» de la red social. Shirky calcula el surplus en unos tres billones de horas, tiempo suficiente para salvar al mundo a base de post, clicks, retuits y meneos. Claramente se equivocaba: ahora regalamos una media de tres horas diarias de nuestro surplus cognitivo a las mismas plataformas que promocionaba y el mundo parece a punto de estallar. En otra charla, defiende que la colaboración a través de plataformas es más transformadora que las instituciones, aunque sustituya la acción colectiva por la participación pasiva a través de herramientas como Facebook, Twitter o Change.org. «Las instituciones siempre tratan de preservar el problema del que son la solución» es el Principio Shirky que cita Kevin Kelly en sus propias conferencias. Para salvar el mundo, mejor retuitear. Sus cinco charlas documentan el camino guiado de la red como institución pública y abierta hacia el feudalismo digital de las grandes plataformas de extracción de datos. Un modelo de negocio basado en centralizar el activismo político en el lugar donde no puede estar. Como hicieron con la comunidad del software libre, todos defendieron sin que nadie se lo pidiera el derecho de los músicos, fotógrafos, bloggers y periodistas ciudadanos a usar las nuevas plataformas «comunitarias» como escaparate de su talento.

Movable Type se lanzó tres semanas después del ataque a las Torres Gemelas, con un diseño profesional y formato arrevistado. Cualquiera podía hacer revistas tan bien maquetadas como las de Condé Nast. La blogosfera podía ser un lugar de denuncia y un espacio de expresión personal donde colgar fotos, publicar tus poemas, compartir tu música, reseñar libros, videojuegos o gadgets o, en general, manifestar tu personalidad única y hacerte famoso con ella. La estrella de internet destaca como la versión limpia de la estrella mediática, porque no está sometida a los intereses mediáticos o económicos y ha sido elegida de manera democrática, por el pueblo desinteresado. Son estrellas auténticas que florecen sin dinero ni padrinos, iluminadas por la luz deslumbrante de su propio genio incontestable. Y son fácilmente identificables, condición imprescindible para convertirse en una marca. A diferencia de los medios tradicionales, las nuevas plataformas ofrecen una lectura «científica» del impacto de cada contribución. Con las herramientas de contar visitas y reproducciones llegan los rankings de los más visitados, un modelo algorítmico de selección natural que establece un nuevo estándar del éxito, llamado viralidad. Es más complejo que el número de visitas de una página y tiene que ver con el número de republicaciones y de referencias que consigue un contenido. Dos estudiantes del MIT lanzan Blogdex, un sistema que puntúa cada enlace con un valor numérico basado en la cantidad de referencias que obtiene. Technorati lanza un ranking global y otro temático con los blogs y los post más influyentes sobre un determinado tema en un momento en el tiempo. De este modelo nacen plataformas de agregación de noticias ajenas como Digg (en España, Menéame) cuya posición jerárquica cambia con el ranking de cada noticia. Los autores reciben un nuevo estatus en la red: *influencers*.

Al principio, la mayor parte de los *influencers* eran especialistas de algún tema específico, generalmente relacionado con la ciencia, la tecnología o la cultura digital, y muchos fueron rápidamente mimetizados por grandes cabeceras, editoriales, sellos discográficos y galerías emergentes. Otros miembros de la vieja guardia aprovecharon para crear su propio imperio mediático, declarando la independencia y singularidad de los nativos digitales. Los pioneros eran gente bien establecida en el sector editorial. John Battelle negociaba banners publicitarios para Boing Boing, Nick Denton levantaba el poderoso Gawker Media. Otros como Weblogs S.L. crean consorcios de blogs para negociar publicidad en grupo. Son microcosmos de blogs temáticos de cultura y tecnología, videojuegos y nueva economía con gran cantidad de contenido ajeno, publicados con licencia Creative Commons para aumentar la viralidad. Para los que no tienen agente publicitario, Google lanza una plataforma que «democratiza» la publicidad, llamada Adsense. Desde la política se empieza a configurar una nueva clase de híbrido, mitad panfleto, mitad blog, que imita el tono y la energía de los movimientos civiles pero no viene precisamente de la calle, y aspira a acabar con el «imperio corrupto» de los grandes medios de comunicación.

El confidencial Drudge Report nació en 1996 como una lista de correo para simpatizantes de la derecha pero se consolidó con la exclusiva de «una relación inapropiada» entre una becaria de la Casa Blanca y el presidente Bill Clinton. El escándalo Lewinsky lo transformó en un medio influyente de la derecha, pero sin estar sujeto a las normas periodísticas de una cabecera normal, lo que le otorga la mágica habilidad de publicar las cosas que no se atreve a publicar nadie, a menudo porque no son ciertas. Un análisis posterior de primeras exclusivas reveló que solo el 61 por ciento eran verdaderamente exclusivas y que, de esas exclusivas, el 36 por ciento eran verdaderas, el 32 por ciento falsas y el 32 por ciento restante verdades a medias. El dudoso material es replicado y amplificado regularmente por grupos como Fox, en una estrategia de amplificación que marcará el comienzo de una nueva era de noticias falsas con fines comerciales y políticos. Y de una clase de contenido viral mutante, llamado meme. Richard Dawkins había propuesto el término en su best seller *El gen egoísta* como «una idea que se autorreplica». En la red acaban siendo trozos de contenido tradicional recontextualizados o alterados como una sátira de sí mismos. La política de partidos, con su intensidad de culebrón latino y su épica parlamentaria, resulta ser una fuente inagotable de memes. La contrapartida demócrata a Drudge fue un agrupador de destacados columnistas demócratas llamado Huffington Post.

Arianna Huffington quería competir con el *Washington Post*, pero tenía menos de una décima parte de su equipo de redacción y carecía de su reputación y de su archivo. Para optimizar sus resultados en el buscador de Google tenía que llenar su cabecera de contenido muy rápidamente y todo tenía que ser muy «viral». Empezó por asociarse con dos expertos en el tema: Andrew Breitbart y Jonah Peretti. El primero venía de trabajar con Matt Drudge y sabía cómo «picar» a los lectores. El segundo había encontrado la receta de la viralidad haciendo un posgrado en el laboratorio del MIT. La historia corta es que descubrió una campaña de Nike que permitía personalizar tus zapatillas con un eslogan de tu propia cosecha y pidió unas con la palabra *sweatshop*. Nike se negó a producir las zapatillas, argumentando que era jerga inapropiada y, por lo tanto, quedaba fuera de las condiciones de la promoción. Jonah buscó en el diccionario de Oxford por la ese de *sweatshop* y la encontró enseguida: «Fábrica o taller, especialmente en la industria textil, donde los trabajadores se contratan por salarios muy bajos por sesiones muy largas en condiciones muy malas». Nike respondió que la palabra estaba protegida por propiedad intelectual y no la podían reproducir legalmente. Y así siguió una hilarante conversación entre el muchacho y la marca, que fue compartida en varias listas de correo hasta convertirse en un fenómeno mediático. Jonah acabó hablando de las condiciones laborales de la industria textil en los programas de la tarde. Sorprendido y encantado con su nuevo estatus, empezó a buscar la fórmula mágica de la viralidad, y estaba experimentando con varios formatos y métricas para encontrar las cualidades exactas que daban piernas a un contenido cuando le llamó Arianna. Pronto se reunieron con el empresario Ken Lerer y montaron el *Huffington Post*.

El problema que planteaba Arianna Huffington no era nuevo. A principios de los noventa, la MTV se había encontrado con un problema similar. Después de definir una era de cultura televisiva con vídeos de Michael Jackson, Madonna y Duran Duran, su audiencia estaba ahora viendo fútbol y telenovelas, y la cadena no tenían dinero para comprar ninguna de las dos cosas. En un momento de desesperación, decidieron realizar su propia telenovela barata pero, con las prisas y las restricciones de presupuesto, inventaron sin querer la telerrealidad. «The Real World» era una telenovela sin estrellas, sin localizaciones, sin banda sonora y sin guion. Más barato imposible. Encerraron a siete personas en una casa del Soho durante varios meses a ver qué pasaba. Toda la producción, del mobiliario a la última patata frita, era parte de un acuerdo de marketing. Los protagonistas recibieron en total mil cuatrocientos dólares cada uno por toda la temporada. En lugar de cobrar en dinero, les explicaron, ganarían atención y fama para hacerse ricos más tarde. «Esta es la historia real de unos extraños seleccionados para vivir en una casa —decía la promo—, trabajar juntos y que sus vidas sean filmadas para intentar averiguar qué pasa cuando la gente deja de ser amable y empieza a ser real.» Los productores habían descubierto el secreto de la viralidad antes que Jonah Peretti, una combinación de narcisismo patológico, irracionalidad extrema y fanatismo ideológico que, fermentados por un roce continuo, generaba épicos despliegues de machismo, racismo, violencia y mezquindad que el país empezó a devorar con una mezcla de fascinación morbosa y asco. El *reality* era más «real» que la realidad misma. Y sobre todo era mucho más viral.

El *Huffington* le hizo la misma oferta a cientos de bloggers, pero sin los mil cuatrocientos dólares. Escribirían gratis por la satisfacción de luchar por el Amazonas, las bibliotecas públicas y defender la democracia en una plataforma de gran visibilidad, junto a firmas como Al Gore. La promesa era que el contenido que mejor funcionara llamaría la atención de medios que, por algún motivo, sí querrían pagar. Al principio, tenía solo dos páginas: la portada y una cascada de agregados titulada *Eat The Press*. El año de la crisis resultó ser un año de oro para el *Huffington*, porque millones de periodistas quedaron en el paro y porque las primarias de Obama contra Hillary Clinton y su histórica victoria contra John McCain consagraron al medio de Arianna como una alternativa *real* a la cobertura de los especialistas, demasiado integrados en las jerarquías de Washington para servir a la ciudadanía. Aquí crearon una maravillosa sección de periodismo político ciudadano, llamada «OffTheBus».

> Inspirados en «Los chicos del autobús» de Timothy Crouse,[24] que relataba la habilidad con la que las campañas manipulaban a la prensa, les pedíamos a nuestros periodistas ciudadanos que se alejaran de aquella carrera de caballos y la cobertura vertical que dominaba la prensa generalista. No tratábamos de hacer lo que aquellos periodistas ya hacían bien. Nos centramos en lo que aquellos periodistas no podían o querían hacer: llegar a las bases y cubrir la campaña desde allí. La tecnología digital había roto el monopolio de la producción del periodismo, y nosotros explotamos esa realidad organizando a miles de personas normales (a menudo extraordinarias) para cubrir las que probablemente fueran las elecciones más importantes de nuestra era.[25]

«Lo que Arianna propuso fue un lugar para que los escritores promocionaran su talento —una especie de clasificados para aspirantes a escritor— solo que, a diferencia de los clasificados, no les cobraba nada», argumentaba la excolaboradora Glynnis MacNicol en un artículo (presuntamente pagado) de *Business Insider*.[26] Este fue el modelo que floreció cuando otros medios digitales con plantilla y modelos de financiación tradicionales se estrellaron en la crisis de 2008. Y les hizo millonarios. En 2011, Arianna vendió el *Huffington* a AOL por trescientos quince millones de dólares. La noticia cayó como un tiro entre los periodistas ciudadanos que habían levantado su proyecto, que se sintieron humillados y estafados. Entre ellos un abogado. Jonathan Tasini presentó una demanda colectiva en nombre de los nueve mil bloggers que habían trabajado gratis para levantar el proyecto, exigiendo que los fundadores compartieran un tercio de la fortuna que habían ganado en pago por su valiosa contribución. «La demanda carece de fundamento —declaró el portavoz de *Huffington*—. Nuestros bloggers usan nuestra plataforma, así como otras plataformas que no pagan en la web, para conectarse y ayudar a que su trabajo sea visto por la mayor cantidad de gente posible. Es el mismo motivo por el que la gente va a la televisión para promocionar sus opiniones y sus ideas. Los bloggers del *HuffPost* pueden repostear su trabajo en otros sitios, incluyendo sus propias webs.» El juez John Koeltl del distrito de Nueva York desestimó el caso, argumentando que «nadie ha forzado a los demandantes a regalarle su trabajo al *Huffington Post* para que lo publicara, y los demandantes han admitido claramente que no esperaban compensación por hacerlo». Tasini dijo en los medios que había que crear «un estándar para el futuro porque esta idea de que los creadores individuales tengan que trabajar gratis es como un cáncer que se extiende por las cabeceras de medios de todo el planeta». El *HuffPost* se expandiría a quince países, con una media global de doscientos millones de visitas mensuales. Mientras tanto, Breitbart se había vuelto a la derecha con Breitbart News. Peretti y Lerer creaban su propio medio basado exclusivamente en métricas de contenido viral, llamado Buzzfeed.

La nueva etiqueta de periodismo ciudadano permite que nuevo ecosistema mediático se perfume con el espíritu de la blogosfera, pero con un modelo completamente jerárquico, centralizado y optimiza-do para la rentabilidad extrema. Mientras tanto, el grueso de la blo-gosfera siguen siendo blogs personales esperando a ser descubiertos. Han comprobado que Adsense es una vía muerta, salvo que tengas un millón de visitas como Boing Boing. La red es la gran herramienta de la guerrilla contra el imperio del dinero, la injusticia y la desigualdad y un enorme escaparate para el verdadero talento, pero es mucho trabajo. Y hay nodos como Gawker y el *Huffington* que concentran mucho más tráfico que los demás. La nueva consigna es buscar virali-dad sin esfuerzo, abrazar el contenido automático y maximizar la in-terconexión. Hay muchas maneras más directas y efectivas de ser vi-sible que escribir tres artículos diarios con la esperanza de que alguien los enlace. Más cortas, más inmediatas, más sencillas. Y otra clase de identidad: dejar de ser un nodo que refuerza el poder de una multitud anónima para convertirse en el centro-marca de una red cuyo valor comercial se calcula y se actualiza de manera precisa en el mercado de los *likes*, los *followers*, las descargas y los RT. Cuando llegó la Primave-ra Árabe, los activistas se estaba mudando en masa a la red social. Y, antes de eso, la comunidad P2P había sido asediada hasta entrar en el Parlamento europeo y transformarse en la primera liga de defensa de los derechos civiles online.

La carrera darwinista, de Napster a The Pirate Bay

Napster murió, pero no lo mató la RIAA. De hecho, la persecución de las discográficas empujó al P2P a un proceso de evolución tecno-lógica basado en la pura selección natural. Los especímenes de la primera generación, Napster y Audiogalaxy, habían sido diseñados pensando en la usabilidad y tenían servidores centrales que, aunque no contuvieran ningún archivo de música, eran imprescindibles para el funcionamiento del sistema y, por lo tanto, ofrecían un cuello visi-ble que cortar. Sus sucesores se fueron deshaciendo de ese peligroso apéndice y adoptaron formas cada vez más distribuidas, donde la in-formación se fragmentaba para ser compartida por todos los nodos del sistema al mismo tiempo, hasta llegar a su destino final. No un dragón sino un enjambre, indestructible en su multiplicidad. En marzo de 2000, Justin Frankel y Tom Pepperdos lanzaron al mundo Gnutella, la primera red de pares completamente distribuida. La alojaron en los servidores de Nullsoft, la empresa donde trabajaban, pero la firma acababa de ser comprada por AOL, y su nuevo jefe tardó menos de 24 horas en suspender el proyecto y prohibir su distribución. Por suerte, Gnutella estaba licenciada bajo la GPL. Cuando Slashdot compartió el código fuente, el programa se viralizó. La combinación de arquitectura, software libre y efervescencia política fue puro polvo de hadas. Aquel día nacieron cientos de clones de una nueva generación de sistemas de intercambio de pares, completamente distribuidos, prácticamente imposibles de eliminar. La respuesta desproporcionada de las autoridades contra el movimiento P2P hizo que el movimiento también mutara. Un momento clave fue la redada de mayo de 2006 en las oficinas de Pirate Bay, cuando la policía descendió como un comando contra el narcotráfico sobre tres activistas de veinte años para requisar un montón de ordenadores donde solo había películas y canciones. Ya no era un caso de tecnología y canciones sino de soberanía y capital. Era policía sueca actuando contra ciudadanos suecos en suelo sueco para proteger los intereses del lobby del entretenimiento estadounidense. Una vez más, los gobiernos elegidos democráticamente trabajaban para multinacionales extranjeras en detrimento de los derechos civiles de su propia ciudadanía. Tampoco era solo un caso de infracción de copyright sino de poder. The Pirate Bay se había convertido en supernodo. Cuando llegó la policía, movía un tercio del tráfico total de internet.

Como medida antidescargas, la redada sirvió de poco. Los piratas suecos usaban BitTorrent, otro protocolo descentralizado, y la web tardó tres días en reanudar su actividad, desde servidores en otros países. Y lo seguía haciendo tres años más tarde, cuando la demanda colectiva de Warners, MGM, EMI, Columbia Pictures, Twentieth Century Fox, Sony BMG y Universal se saldó con un año de prisión para sus tres administradores. Gottfrid Svartholm, Peter Sunde y Fredrik Neij habían sido acusados de «ayudar en hacer disponible contenido con derechos de autor». Pero, el día de la sentencia, The Pirate Bay tenía 3,8 millones de usuarios registrados, 1,7 millones de torrents y trece millones de nodos. La redada no acabó con el intercambio de archivos pero sí obligó a los activistas a salir de los márgenes y entrar en política.

Tres meses antes de la sentencia, un empresario tecnológico llamado Rick Falkvinge había constituido formalmente el primer Partido Pirata. Lo hizo para entrar en los debates y decisiones del Parlamento sueco en torno a la propiedad intelectual, donde dominaba una peligrosa mezcla de desconocimiento y desinterés. La dramática actuación policial disparó su número de socios de dos mil doscientos a seis mil seiscientos e inspiró el nacimiento de partidos piratas en Estados Unidos, Austria y Finlandia. Su primer momento de gloria fueron las elecciones al Parlamento europeo de 2009 en las que, tras conseguir el 7,1 por ciento de los votos, aupó a Christian Engström como primer europarlamentario pirata. Tras la constitución del Partido Pirata británico y el alemán, se fundó en Bélgica la Internacional de Partidos Piratas. No era un grupo de *nerds* que querían bajarse canciones gratis sin pagar multas. Era un movimiento internacional, descentralizado y con capacidad de intervención política. Ni siquiera querían cambiar el mundo; solo introducir en el Parlamento aspectos del debate político que habían escapado de la atención —y la comprensión— de los legisladores, relativos al control de las infraestructuras, la gobernanza del tráfico de datos y la gestión de derechos de propiedad intelectual. Desde entonces, han funcionado como vigilantes de los procesos legislativos y de la presión permanente de los lobbies de las diferentes industrias. No solo en lo que respecta al acceso a la cultura, también en los aspectos más preocupantes del capitalismo de datos: la vigilancia, la censura y la manipulación.

En 2012, el consorcio de partidos pirata consiguió frenar, junto con la blogosfera y el apoyo de millones de personas online dos proyectos de ley que habrían permitido el cierre de cualquier plataforma que fuera acusada de alojar material protegido, incluyendo bloquear el acceso a un dominio completo por la infracción única de una sola página web. Se llamaban SOPA (Stop Online Piracy Act) y PIPA (PROTECT IP Act). Después de un «apagón» en el que miles de páginas «cerraron» con un cartel de protesta, incluida Wikipedia, EFF y hasta la mismísima Google, se generó una avalancha de artículos, ensayos y columnas sobre «el poder de las redes» que hicieron reflexionar al Congreso y la Casa Blanca. Después de una guerra de múltiples asaltos, Barack Obama se pronunció en un comunicado diciendo que no apoyaría «una legislación que reduzca la libertad de expresión».[27] El triunfo no salió gratis. Un solo día después, el estrambótico Kim Dotcom, dueño de MegaUpload, fue arrestado en su casa de Nueva Zelanda en una redada tan dramática y desquiciada como la que había protagonizado años antes The Pirate Bay. Unas semanas más tarde, las manifestaciones se repitieron en Europa contra ACTA, un tratado que, además de vulnerar las libertades fundamentales de la red, ponía en peligro la producción de medicamentos genéricos. El día que el Gobierno polaco firmó el tratado, un grupo de parlamentarios polacos apareció en el Congreso con las caretas de Guy Fawkes, mientras todas las páginas de la administración eran bloqueadas por ataques DDoS.

Los partidos pirata no fueron los únicos grupos de acción política que se constituyeron entonces. La famosa legión múltiple, aterradora y gamberra de Anonymous empezó a explotar el poder de la acción distribuida en 2008 para castigar a la Iglesia de la Cienciología por un acto de censura bastante particular. Los abogados de la famosa Iglesia habían intentado sacar de internet un vídeo de nueve minutos bastante intenso en el que la estrella cinematográfica Tom Cruise aseguraba que los cienciólogos son «las únicas personas que pueden ayudar en un accidente de coche o conseguir que alguien deje las drogas». El vídeo era muy gracioso y, naturalmente, se hizo viral. Cuando la Iglesia trató de contener su distribución, Anonymous emprendió una serie de ataques distribuidos de denegación de servicio contra sus servidores,[28] una campaña de llamadas absurdas a las oficinas de la Iglesia y un hilo de denuncias acerca de sus oscuras maniobras de extorsión a sus antiguos miembros, y evasiones fiscales. Después lanzaron en YouTube un vídeo que marca el principio de una nueva era. Decía: «Vamos a proceder a expulsarlos de internet y desmantelar sistemáticamente la Iglesia de la Cienciología, en su forma actual... Somos Anonymous. Somos legión. No perdonamos. No olvidamos. Cuenten con nosotros».

Con aquel vídeo, Anonymous encarnó el nuevo espíritu de la

disidencia en la era de la vigilancia masiva, mucho antes de que Snowden revelara los programas de la NSA. Su influencia se puede reconocer claramente en series como *Mr. Robot* y en la presencia de su máscara en las manifestaciones, la cara del conspirador de la pólvora Guy Fawkes. Pero su verdadera potencia política se manifestó en diciembre de 2010, cuando el Gobierno de Barak Obama cerró la página de Wikileaks y presionó a las instituciones y plataformas financieras para que cortaran su acceso a las donaciones, en ese momento su única vía de financiación. El motivo había sido la publicación de una selección editada de cables diplomáticos del Gobierno estadounidense, en coordinación con cinco medios elegidos por el propio Julian Assange: *El País*, *Le Monde*, *Der Spiegel*, *The Guardian* y *The New York Times*.

Obama atacaba a la fuente, porque podía. Ninguna de las grandes cabeceras sufrió consecuencias por la exclusiva, porque la Primera Enmienda garantiza el derecho de los medios a publicar noticias que irritan al Gobierno, siempre que las puedan respaldar. Wikileaks no era una de las grandes cabeceras, a las que sirvió como fuente. Y las cabeceras no protegieron a su fuente. Los partidos pirata ofrecieron inmediatamente sus servidores para levantar el sistema lo más rápido posible, y mantener docenas de versiones espejo de la página. Anonymous lanzó una ola de ataques distribuidos de denegación de servicio contra las multinacionales que se habían doblegado a la voluntad del Gobierno y contra el propio Gobierno de Estados Unidos Eran *poltergeist* digitales, estaban en todas partes a la vez.

Para hacer un ataque de denegación de servicio distribuido, el atacante crea un ejército de bots que, desde distintas partes de la red, bombardean a un servidor con millones de peticiones hasta que se sobrecarga y el sistema se cae. El objetivo es dejar el servidor fuera de juego, consumiendo todos sus recursos o su ancho de banda. Para tumbar una página con este método, el ataque se ejecuta sobre el servidor donde está alojado el dominio. Anonymous tiró las páginas de Amazon, Visa, PayPal y MasterCard. Este nuevo tipo de activismo sería imitado y eclipsado por las tácticas de ciberguerra de las potencias tecnológicas y los secuestros informáticos de los ciberdelincuentes. Entonces era otra manera de cambiar el mundo sin tomar el poder.

Napster tuvo otra reencarnación interesante, una que le echó un pulso a la industria de las telecomunicaciones en su propia casa y también se lo ganó. En 2003, unos desarrolladores estonios cogieron Kazaa, el P2P de los daneses Janus Friis y el sueco Niklas Zennström, y la transformaron en una red para hablar gratis por teléfono, incluyendo llamadas internacionales y hasta intercontinentales. Lo llamaron Skype. Hasta ese momento, las llamadas a larga distancia seguían siendo extremadamente caras, sin que el coste de la transmisión justificara su precio. En 2005, las operadoras ejercieron su dominio sobre las infraestructuras para bloquear activamente el tráfico P2P y acabar con Skype. Era relativamente fácil, porque es un tráfico diferente del de la World Wide Web. Se saltaron el principio de neutralidad de la red, que obliga a los dueños de las infraestructuras a no intervenir en el tráfico de datos, para obligar a sus propios usuarios a seguir pagando tarifas desorbitadas por las llamadas telefónicas. Después de bloquearlo y de intentar prohibirlo durante más de dos años, el tráfico de voz por IP se integró en los sistemas de telefonía comerciales, bajando el precio de las llamadas a las tarifas actuales.

El ataque legal más severo que sufrió el P2P como tecnología ocurrió en España, cuando Promusicae y las cuatro grandes discográficas internacionales (Warner, Universal, Emi Music y Sony BMG) demandaron a Pablo Soto como autor de Manolito P2P, entonces el programa español de intercambio de archivos más descargado de la historia. La acusación calificó el software de «arma de destrucción masiva», comparando las descargas ilegales con la bomba H. Pedían trece millones de euros, un cálculo de servilleta hecho sobre el número de descargas que se podían haber realizado desde el nacimiento del programa por el número máximo de usuarios que había tenido multiplicado por el precio arbitrario que podía tener una canción. De haber ganado, no solo habrían arruinado a Soto: habrían acabado para siempre con las redes de pares en toda la Unión Europea. Tres años más tarde, un juez desestimó el caso considerando que «el hecho de facilitar [el intercambio de archivos] no es una actividad prohibida en nuestra legislación». Hoy Pablo Soto es concejal de Ahora Madrid, miembro de la Junta de Gobierno, y en línea con los proyectos que por poco le llevan a la cárcel, se dedica a construir modelos abiertos de participación colectiva como jefe del Área de Participación Ciudadana, Transparencia y Gobierno Abierto del Ayuntamiento de Madrid. El P2P, por su parte, es considerado una de las herramientas clave para una reforma del mercado y del Estado hacia una sociedad sostenible basada en el apoyo mutuo y el beneficio común. «El P2P describe perfectamente sistemas en los que cada ser humano puede contribuir a la creación y mantenimiento de un recurso común mientras se beneficia del mismo», escriben Michel Bauwens, Vasilis Kostakis y Alex Pazaitis en la primera página de su *Peer to Peer. The Commons Manifesto*, publicado bajo licencia Creative Commons en marzo de 2019. Los lectores reconocerán el cuadrante de Carlo Cipolla y la GPL de Richard Stallman. Estructuras diseñadas para que el poder esté lo más repartido posible, y la mayor parte de personas pueda beneficiarse sin causarse perjuicio a sí mismas. El P2P se ha transformado en activismo, pero la mayoría de la gente ya no lo usa para escuchar música. Ahora están todos en Spotify.

El P2P ya no es una amenaza para la industria del disco, pero no gracias a la RIAA o a las redadas de las autoridades. Fueron Steve Jobs, la nube, el *smartphone* y la tarifa plana de datos los que empujaron el consumo de entretenimiento hacia modelos de suscripción por demanda como Spotify y Netflix. Fue la senda que había abierto iTunes; deja de demandar a tus usuarios y ofréceles una salida cómoda y razonable. Si Apple dejó que Spotify le quitara gran parte del pastel después de haberlo cocinado, fue precisamente porque Sean Parker había aprendido las lecciones de Steve Jobs. El cofundador de Napster hizo de embajador entre Spotify y las discográficas, además de ser su primer gran inversor. Cuando desembarcó en Estados Unidos, Spotify se posicionó de manera abierta como «la alternativa viable de la piratería», aunque por su beta circulaban millones de archivos mp3 piratas que no habían negociado aún. Jobs falleció tres meses más tarde, y nunca sabremos cómo se tomó la jugada. Me gusta pensar que le habría hecho gracia. Como le dice Cristal Connors a Nomi Malone en *Showgirls*, siempre hay alguien más joven y hambriento bajando la escalera detrás de ti.

Del movimiento anticapitalista a la web 2.0

«Occupy Wall Street empezó como un #hashtag en Twitter —dice Steven Johnson—.[29] Y no fue nada más que un hashtag durante tres o cuatro meses hasta que la gente dijo que quizá sería buena idea ocupar Wall Street. [...] Y lo que más me gusta es que, si pudiéramos volver atrás en el tiempo y decirles a los creadores de Twitter, Evan Williams, Jack Dorsey y Biz Stone, que su creación, su plataforma, sería utilizada para organizar manifestaciones en todo el mundo mediante hashtags, ellos habrían dicho: ¿qué es un hashtag?» Porque Twitter no había implementado el signo de almohadilla como etiqueta para marcar un tema de conversación, sino que lo «inventó» un diseñador de Google llamado Chris Messina en 2007. Los dueños de la plataforma tardaron dos años en incorporarlo de manera oficial, pero ahora eran la nueva portada. Como dice William Gibson, la calle siempre encuentra su propio uso para las cosas. «Todo empezó de la manera más inocua el 13 de julio con un post instando a la gente a #OccupyWallStreet —empieza la nota de Reuters—. El movimiento Occupy, descentralizado y sin líder, ha movilizado a miles de personas en todo el mundo usando exclusivamente internet. La multitud se ha conectado y organizado en gran parte a través de Twitter y también plataformas como Facebook y Meetup.»

La narrativa que conduce estas descripciones es que los usuarios de Twitter podían usar la plataforma de maneras que escapaban a la intención —y hasta la comprensión— de sus creadores, como si pudieran comprender la plataforma mejor que ellos, y que sin plataforma no hubieran podido reunir a tantas y tantas personas con un mismo propósito. También parece implicar que las plataformas nombradas son tan descentralizadas y «sin líder» como el propio movimiento que las usa. En realidad, todo empezó en una lista de correo donde apareció la convocatoria: #OccupyWallStreet. Are you ready for a Tahrir moment? La habían mandado Kalle Lasn y Micah White, dos veteranos de la protesta, editores de la revista *Adbusters*, un fanzine anticapitalista famoso por usar el lenguaje de la publicidad para destruir la publicidad. Y Messina había copiado literalmente el hashtag de los canales del IRC. Nada nuevo bajo el sol, pero el principio de una leyenda.

En la misma leyenda, el «momento Tahrir» empieza en junio de 2010, cuando otro empleado de Google llamado Wael Ghonim abre en Facebook un grupo llamado «Todos somos Khaled Saeed». El grupo era anónimo. Khaled Saeed era el nombre de un informático egipcio de veintiocho años que había sido sacado a rastras de un cibercafé y asesinado a golpes en la calle por dos policías en Alejandría por publicar vídeos que les implicaban en redes de narcotráfico. El informe oficial dijo que Saeed se había asfixiado tratando de tragarse una bolsa de hachís, pero su hermano publicó la foto del cadáver, y la página de Facebook se convirtió en el epicentro de una revuelta civil. Allí se convoca la manifestación que reunió a cientos de miles de egipcios en la plaza de Tahrir el 25 de enero de 2011, propiciando la dimisión del presidente de la República Árabe de Egipto, Hosni Mubarak, después de treinta años de dictadura.

Cientos de personas murieron en la protesta, pero se había repetido el milagro de Túnez. Un mes antes, un vendedor ambulante llamado Mohamed Bouazizi se había inmolado delante del palacio de Gobierno como protesta por haber sido despojado de sus mercancías por la policía tunecina. Su primo lo grabó en vídeo con el móvil y lo colgó en Facebook, donde fue compartido por un conocido blogger político y recogido por Al-Jazeera, que cortó un fragmento y lo emitió repetidas veces. Esta horrible muerte desató la revuelta que hizo huir a Ben Ali, su «presidente» desde hacía veinticuatro años. Le siguieron en cadena las protestas contra los dictadores Bashar al-Ásad en Siria, contra Ali Abdullah Saleh en Yemen, contra Abdelaziz Buteflika en Argelia. En Occidente, todos los conflictos se etiquetaron con un hashtag: #PrimaveraÁrabe. El pueblo árabe había echado a sus dictadores de manera colectiva, pero el principal protagonista fue la red social. «Esto es la Revolution 2.0: no hay ningún héroe —explicaba Ghonim en la charla TED que dio ese mismo año en Ginebra—. No hay ningún héroe porque todo el mundo fue un héroe.» Solo que en su relato sí hay un héroe: internet, tecnología, Blackberry, SMS. «Plataformas como YouTube, Twitter, Facebook, nos estaban ayudando mucho porque básicamente te daban la impresión de "¡guau!, no estoy solo". Hay mucha más gente que está frustrada.» Berger había dicho que las manifestaciones masivas se congregan en público para crear su función, en lugar de formarse en respuesta a una función determinada. Si la manifestación se congrega en Facebook antes de hacerlo en la calle, entonces la función de Facebook debía ser la de ayudar a los árabes a acabar con los regímenes autoritarios. Este era el discurso de Ghonim, jefe de marketing de Google para Oriente Medio y África del Norte. Cuando le preguntaron en la CNN si pensaba que había sido todo gracias a Facebook, Ghonim dijo: «Absolutamente sí». La revolución fue retransmitida por cientos de miles de móviles, una masa de ojos y oídos abiertos que grababan y compartían sin descanso. El activista Fawaz Rashed tuiteó: «Usamos Facebook para agendar las protestas, Twitter para coordinarnos y YouTube para contárselo al mundo».

Al principio, el Gobierno egipcio bloqueó el acceso a Twitter y Facebook, como había hecho el de Túnez. Después hizo algo sin precedentes: ordenó bloquear todo el acceso a la red. Todas las operadoras obedecieron: Telecom Egypt, Vodafone/Raya, Link Egypt, Etisalat Misr, Internet Egypt. Vodafone, que en ese momento tenía veintiocho millones de clientes, comunicó en su web que «todos los operadores móviles de Egipto han recibido la orden de suspender el servicio en ciertas áreas». El 93 por ciento de la red quedó a oscuras. La única línea que aún funcionaba era la de la Bolsa, que siguió conectada a través del cable submarino euroasiático y la conexión Noor Group-Telecom Italia.

El bloqueo llegó tarde y encima no cayó bien. «El Gobierno ha cometido un gran error eliminando la opción de los dedos de la gente —dijo el profesor de comunicaciones Mohammed el-Nawawy en *The Times*—, porque ahora se han llevado su frustración a la calle. También les dijo que los blogs ya no eran importantes. Las cosas se han movido a otro lugar.» Las redes sociales eran las armas de revolución masiva, el panfleto de la Revolución francesa, el *speakers' corner* de Hyde Park y la escena de «yo soy Espartaco», todo a la vez. Su capacidad de reunir a millones de desconocidos en torno a una causa de manera instantánea era puro fuego revolucionario. Que sus servidores estuvieran en Estados Unidos significaba que las autoridades no los podían censurar. Eran las embajadoras de la democracia, sus mensajeras y sus facilitadoras. Esta era la clase de noticia que le encanta a los medios: positiva, energética, con un titular claro, fotos de jóvenes con el puño en alto y una tecnología que lo cambia todo a mejor. También la clase de titular que triunfa en el *newsfeed* de noticias. Pronto veríamos que al algoritmo de recomendación de las plataformas le gustaba la revolución, pero no porque fuera liberadora sino porque era violenta. La ira, el odio y la venganza son emociones que producen *engagement*, la levadura que hace crecer la viralidad. Cuando terminaron de celebrar la victoria, los hermanos musulmanes, izquierdistas, liberales, naseristas *y* salafistas que habían cantado, protestado y resistido juntos se volvieron unos contra otros, con los sangrientos resultados que ya conocemos. «La parte más dura para mí fue ver cómo la misma herramienta que nos había unido estaba ahora destruyéndonos —reflexiona Ghonim años más tarde—. Estas herramientas son solo facilitadores, no distinguen el bien del mal, solo miran los datos de interacción.» Pero no solo los miran. También los registran.

Un mes después del fin del régimen de Mubarak, los manifestantes egipcios entraron en las oficinas del SSI, el Servicio de Investigaciones de Seguridad del Estado, en El Cairo. Se creía que allí estaban almacenados documentos sobre el programa de vigilancia masiva de ciudadanos, además de herramientas de tortura y celdas subterráneas. Entre las montañas de papel cortado que habían dejado los agentes antes de escapar, muchos ciudadanos encontraron sus propios archivos con sus mensajes de Gmail, sus mensajes de texto, sus llamadas por Skype, sus post. «En el pasado se tardaban semanas o incluso meses en entender las relaciones de la gente en Irán, ahora solo tienes que mirar su página de Facebook —ironizaba un jovencísimo Evgeny Morozov en su primer libro, *El desengaño de Internet*—. El KGB tenía que torturar gente para conseguir esa clase de información y ahora ¡esta toda en la red!»

Una investigación de Privacy International reveló que los servicios secretos egipcios habían contratado tecnología de Nokia Siemens Networks para pinchar las llamadas de sus ciudadanos y una infraestructura alternativa para seguir conectados después de «apagar» la red. También usaban software espía de dos empresas europeas: el sistema de control remoto de la italiana Hacking Team, que permite acceso a dispositivos ajenos de manera remota, y otro similar de la firma alemana FinFisher. Los hackers declararon que sus servicios eran legales bajo la legislación europea. Nokia aseguró que había cerrado sus servicios de monitorización en 2009 y que eran la primera operadora en establecer un programa de derechos humanos para asegurar el buen uso de sus tecnologías.[30] El SSI fue heredado por el Gobierno de Mohamed Morsi, candidato de la Hermandad Musulmana y primer presidente elegido democráticamente en la historia del país. Dijo que reformaría la agencia para que fuera compatible con los derechos civiles. Fuera cual fuera su intención, no le dio tiempo. En 2013, fue destituido por el golpe de Estado de Abdul Fattah al-Sisi, comandante en jefe de las Fuerzas Armadas de Egipto. En 2017, el jefe de la Oficina de Comunicaciones Essam-El Saghir declaró que su departamento estaba usando «métodos poco convencionales»[31] para recabar datos de los ciudadanos, basado en un sistema de lectura automática de las huellas digitales, el iris y el documento nacional de identidad. Las mismas plataformas digitales que apoyaron el desmantelamiento del antiguo régimen autoritario son las principales aliadas del nuevo. Como dice Rebecca MacKinnon, experiodista de la CNN y directora de Global Voices Online, las plataformas digitales son infraestructuras globales con la suficiente entidad y autonomía política para retar la soberanía de las naciones-estado de maneras muy interesantes, pero también son extremadamente útiles para proyectar esa soberanía y extenderla más allá de las fronteras del Estado que la ejerce. Sobre todo si hay recursos para hacer una campaña de desinformación.

Después del golpe de Estado, Wael Ghonim fue suplantado en Facebook por un impostor que insultaba al ejército, una campaña que le podía haber costado la vida y que le sumió en el terror. Escribió a Facebook para advertir que la plataforma estaba facilitando la distribución de campañas maliciosas en un momento de máximo peligro para miles de activistas, pero no obtuvo ninguna respuesta. Facebook estaba ocupado en su próxima salida a bolsa. Necesitaba demostrar a sus inversores que tenía la gallina de los huevos de oro. Ese era el trabajo de Sheryl Sandberg, que venía de crear el Departamento de Venta y Operaciones Online de Google, donde germinaron las semillas del capitalismo de plataformas: AdWords y AdSense.

6

El modelo de negocio

El big data es el nuevo plutonio. En su estado natural
tiene fugas, contamina y hace daño. Contenido y apro-
vechado de manera segura puede iluminar una ciudad.

Robert Kirkpatrick, UN Global Pulse

«Las mejores mentes de mi generación están pensando en cómo hacer que la gente pinche en los banners.» Se lo contaba Jeff Hammerbacher a Ashlee Vance en un artículo de Bloomberg titulado «Esta
burbuja tecnológica es diferente». Es abril de 2011 y el entrevistado
es un programador de veintiocho años que ha trabajado en Facebook
desde los inicios. Es lo que llaman en la mitología del Valle «uno de
los primeros cien», el Mayflower de la red social. Mark Zuckerberg lo
contrató en 2006 para descubrir por qué Facebook arrasaba en unas
universidades pero flojeaba en otras. Y, ya puestos en el tema, que
analizara los rasgos de comportamiento que diferencian a los pardillos
del *college* de los veteranos en las facultades estadounidenses. «Eran
preguntas de alto nivel, y no había ningún tipo de herramientas para
contestarlas», cuenta Hammerbacher. Durante los dos años siguientes,
su equipo diseñará algoritmos para atesorar todos los aspectos cuantificables de la interacción del usuario con la plataforma. Les intere-
saba especialmente sus círculos sociales; qué hacía, por ejemplo, que
unos chicos fueran populares y otros no. Registraban sus actividad-
des, relaciones, aspiraciones y miedos. En tres años «Facebook ha convertido esta visión en publicidad de precisión, la base de su negocio
—explica Vance en el siguiente párrafo—. Ofrece a las compañías
acceso a un público cautivo que se presta voluntariamente a ser monitorizado como ratas de laboratorio.» Parecería que el modelo de

207

negocio de Facebook empezó de manera casi accidental, pero es improbable. Cuando Zuckerberg lanzó thefacebook.com desde su cuarto de la residencia de Harvard, el 4 de febrero de 2004, ya sabía cómo iba a monetizar el proyecto. Lo sabía cuando contrató a Sean Parker, cofundador de Napster, y cuando recibió su primera inyección de dinero de Peter Thiel. Eso fue antes de que fundara Palantir, la gran máquina de espionaje del Gobierno estadounidense. Y desde ese momento, ha sido mentor de Zuckerberg y miembro destacado de su consejo de dirección.

Mucho antes de anunciar que «la era de la privacidad se ha acabado», Zuckerberg ya había demostrado una fuerte voluntad de extraer los datos de sus propios usuarios para servir a sus propósitos personales. Como todo el mundo sabe, los gemelos Cameron y Tyler Winklevoss y Divya Narendra le acusaron de robar su idea de una red social para alumnos de Harvard. Los tres estudiantes habían contratado a Zuckerberg para escribir el código y lo acusaron de mangonear el proyecto para poder sacar el suyo antes y dejarles fuera de juego. Aquel drama se resolvió legalmente en 2007 con un acuerdo de veinte millones de dólares y 1.253 millones de acciones ordinarias de Facebook para repartir entre los tres demandantes. Después se volvió a saldar —esta vez en el imaginario colectivo, y a favor del demandado— con el momento más memorable de *The Social Network,* la película que dirigió David Fincher con guion de Aaron Sorkin. Ocurre cuando los cuatro universitarios se sientan en la mesa de negociaciones, flanqueados por sus respectivos abogados, y Zuckerberg les dice: «No hace falta un equipo forense para llegar al fondo de esto. Si vosotros fuerais los inventores de Facebook, habríais inventado Facebook». Que es la manera en que Sorkin reformula la regla de oro de la ciencia y del progreso, incluso en esta era dominada por la propiedad intelectual: las buenas ideas están en todas partes; lo único que importa es su implementación.

Lo que no todo el mundo sabe es que el *Crimson,* el periódico de los alumnos de Harvard, había estado investigando el caso. Querían escribir un artículo sobre el presunto robo intelectual, un asunto de primer orden en las universidades de élite estadounidenses. En ese momento todos los estudiantes tenían cuentas en The Facebook, y

Zuckerberg usó los datos privados de acceso de varios editores para entrar en sus cuentas de correo y enterarse de lo que iban a publicar. Al parecer, no solo usaba su acceso a esos datos de manera puntual sino que también se lo ofrecía a sus conocidos, para distintos propósitos. «Si algún día necesitas información sobre alguien que esté en Harvard solo tienes que decirlo —le dice a un amigo por Messenger poco después de abrir la web—. Tengo más de cuatro mil correos, fotos, direcciones, números de la Seguridad Social.» Cuando el amigo le pregunta cómo ha conseguido todo eso, Zuckerberg contesta: «La gente lo pone. No sé por qué. Confían en mí. Pringaos».[1]

Meses antes, el *Crimson* había publicado otra pieza contando que la universidad había sancionado a Zuckerberg por violar la seguridad de los servidores, vulnerar la propiedad intelectual de la institución y la privacidad de sus alumnos. Zuckerberg había creado una web llamada Facemash, un clon de Hot or not donde se podía votar el atractivo de los alumnos, eligiendo en secuencias de dos en dos. El sistema estaba diseñado para generar un ranking automático a partir de las votaciones. Para hacerlo, había usado sin permiso las fotos de la web de Harvard y compilado una lista pública con los nombres de todos los estudiantes de la universidad. Irónicamente, fue el éxito de aquella web lo que puso a los gemelos Winklevoss en su camino. «Alguien está tratando de hacer una web de contactos —le escribió entonces Zuckerberg a su primer socio, Eduardo Saverin—. Han cometido un error. Me han pedido que se la haga yo.»

El artículo de Bloomberg describe a Hammerbacher como «un objetor de conciencia del modelo de negocio basado en la publicidad y la cultura basada en el marketing que se deriva de él». En realidad, el programador no era ningún disidente, sabía perfectamente a lo que había venido a Facebook y no tenía problemas morales con su modelo de negocio. Lo que le molestaba era el desperdicio de talento. Le parecía trágico que los mejores cerebros de su generación malgastaran su tiempo buscando patrones, confirmando sospechas y adelantando tendencias para poner el producto apropiado en el momento justo delante de la persona exacta. Le daba pena que los genios que habían ido al Valle a cambiar el mundo contribuyeran a la última revolución industrial con algo tan banal.

Técnicamente, todo empezó con las cookies. Era 1994 y Lou Montulli trataba de implementar la interacción del navegador Netscape con un carrito de compras virtual. La idea era que la aplicación reconociera al usuario y recordara los distintos artículos que había en su cesta sin tener que guardar sus datos en el servidor de la tienda. Montulli usó Javascript, un lenguaje para la web creado por Netscape, para insertar un pequeño archivo de texto en el navegador que registrara esos datos sin «molestar» al usuario. Así nacieron las cookies, el trocito de código que se pega a tu navegador cuando pasas por un sitio web y que le dice al servidor de esa web quién eres. En cuanto pudieron reconocer al usuario de manera única, los portales empezaron a guardar información sobre él, con la inocente intención de cambiar su aspecto de acuerdo a sus preferencias. Teóricamente, la cookie solo podía ser leída por la página que la había puesto, y solo cuando el usuario volvía a la página en cuestión. En 1996, una empresa llamada DoubleClick empezó a colocar banners en miles de páginas diferentes e inventó las «cookies de terceros», que registraban información cada vez que el usuario visitaba cualquiera de esas páginas. Además de identificar al usuario de manera única, la nueva cookie (también llamada *tracker*) registraba las páginas visitadas y su contexto: qué artículos leía, qué anuncios miraba, qué productos compraba. DoubleClick aseguró que lo hacía para no repetir el mismo anuncio demasiadas veces al mismo usuario y que «nunca trataría de conocer la identidad real del dueño o usuario del navegador». Después se fusionó con una empresa de marketing directo llamada Abacus Direct, y su catálogo de dos mil millones de transacciones con el nombre, dirección, número de teléfono, e-mail y dirección física del comprador. Después Google compró DoubleClick.

Google había empezado licenciando su motor de búsqueda a otras empresas, pero cuando estalló la burbuja empezó a ofrecer un «patrocinio premium» a las marcas, que consistía en meter cajas de publicidad basadas en las búsquedas del usuario. «Nuestros clientes son más de un millón de publicistas —decía su página de inversores—, desde pequeños negocios buscando clientes locales hasta muchas de las mayores multinacionales del mundo.» Esos clientes pagan por acceder a grupos seleccionados de personas. En lugar de anunciar a voces sus productos a todo el mundo, quieren que aparezcan delante de los usuarios más susceptibles de querer comprarlos. En lugar de hacer un anuncio para todo el mundo con la esperanza de convencer a unos cuantos, la idea es crear varios anuncios diseñados para grupos específicos. El precio dependería de la cantidad de veces que salía el anuncio. Después llegaron AdWords y AdSense.

El modelo era diferente: en lugar de comprar espacio, el anunciante «apuesta» por ciertas palabras. S el usuario las busca, sus anuncios aparecen destacados en lo alto de la página, como «enlaces patrocinados». Una idea genial, aunque se la habían robado a otro. La empresa que inventó la búsqueda patrocinada se llamaba Overture, y les puso una demanda por infracción de patente que ganó aunque solo después de haber sido adquirida por Yahoo en 2002. En 2003 lanzan la plataforma de publicidad AdSense, que amplía su espacio publicitario a todas las páginas web que quieran usarlo, en plena explosión de los blogs. De pronto cualquiera puede encajar unos banners en su página y llevarse parte del dinero que generen. También puede poner una caja con el motor de Google para hacer búsquedas en su propio blog. Blogger, Movable Type y el recién llegado WordPress se apresuran a integrar los anuncios y el buscador de la plataforma en sus plantillas. Cada anuncio y cada buscador de Google es registrado por las cookies de Google, que ahora pueden seguir al usuario por millones de sitios y saber quién es, qué lee, dónde pincha, cuánto se queda y adónde va después. Dejaron de cobrar por anuncio y empezaron a cobrar por clic. En 2006, los mejores cerebros de Silicon Valley estaban ya pensando en cómo conseguir ese clic.

La concentración de talento en Silicon Valley rivaliza con la de Los Álamos, pero en lugar de armas nucleares están pergeñando sistemas de extracción de datos. «Ross tenía un PhD en robótica aeroespacial y una idea sobre cómo debía funcionar el sistema de anuncios», contaba Douglas Edwards, empleado número 59 de Google, en su libro de memorias *I am feeling lucky*. Otro «lideró el equipo para construir uno de los mayores sistemas de *machine learning* del mundo; solo para mejorar la publicidad segmentada». Los que no trabajaban en Facebook, Google, Twitter, LinkedIn, Amazon o Groupon buscando maneras de mejorar los anuncios estaban en Wall Street escribiendo algoritmos capaces de digerir cantidades industriales de datos de mercado para tomar decisiones de compraventa en microsegundos. «Toda la gente inteligente de cada generación se siente atraída hacia el dinero —dice Steve Perlman, fundador de WebTV y de OnLive, un servicio de videojuegos online— y ahora mismo es la Generación Banner.»

En aquel momento todo parecía una buena idea. Un trato justo: excelentes servicios gratuitos a cambio de saber cómo satisfacer las necesidades del usuario, poniéndole en contacto con los productos que necesita, o que quiere comprar. Una verdad universal acerca de las personas orientadas a la resolución de problemas técnicos es que pueden estar tan concentradas en la tarea encomendada que no son capaces de valorar el impacto social de sus soluciones hasta que ya es demasiado tarde. Además, todo el mundo lo estaba haciendo. Las redes sociales lo hacían, las plataformas de venta online lo hacían. Las compañías de videojuegos, las plataformas de música, los bancos, los supermercados, las productoras de televisión. Y las campañas políticas. La cuestión era hacerlo sin que pareciera que lo estabas haciendo. Como le dice Sean Parker a Zuckerberg en la película:

> The Facebook es *cool*, ese es su capital. No quieres arruinarlo con anuncios, porque los anuncios no son *cool*. Es como montar la fiesta más grande del campus y que alguien venga y diga que se acaba a las once. Todavía no sabes cuán grande es la cosa. Cuánto puede crecer hasta donde puede llegar. No es el momento de bajarte del carro. Un millón de dólares no es *cool*. ¿Sabes lo que es *cool*? Mil millones de dólares. Ese es tu objetivo: la valoración de mil millones de dólares.

Los anuncios son la tapadera, una excusa. El negocio no es venderles productos a los usuarios, sino vender los usuarios como productos a una industria hambrienta de atención. Para que el negocio funcione, hay que mantener a los usuarios entretenidos mirando la página el mayor tiempo posible. En 2006 lanza News Feed, una cascada sin fondo de noticias generadas por algoritmo que mezcla las actualizaciones, fotos y comentarios de los amigos con contenido de anunciantes y medios de comunicación. «El algoritmo analiza toda la información disponible para cada usuario —explica Zuckerberg en la presentación—. De hecho, decide cuál será la información más interesante y publica una pequeña historia para ellos.» Un pequeño paso para Zuckerberg, un gran paso para la manipulación de masas. De pronto la plataforma decide qué noticias son importantes (como el *New York Times*, «las que es apropiado imprimir») y no las muestra en orden cronológico, como si fuera un blog, sino que las edita para contarte una historia. Es un periódico personalizado y constantemente actualizado que además incluye contenido que tú no has escogido mezclado con lo demás. Tu propia ventana al mundo, pintada y decorada por un algoritmo misterioso en una plataforma digital. Todo esto pasa completamente desapercibido porque hay un cambio que levanta en armas a toda la plataforma: las actualizaciones de los amigos incluyen cada foto que suben, cada grupo al que se unen, cada persona a la que «amigan», cada cambio en el estatus marital (*its complicated!*). Y puedes ver todo eso en «tu» muro y no en el suyo. La reacción es tan negativa que hasta surge un grupo en Facebook para boicotear Facebook si no deshace los cambios inmediatamente. A este grupo todo le parece mal. Antes Facebook era como la blogosfera, donde había que ir a la página de un amigo para ver lo que estaba haciendo o escribir algo en «su» muro. Todavía existían los muros de los demás. El nuevo modelo de difusión permanente de todas las actividades les parece un atentado contra su privacidad. Entonces Facebook cuenta con nueve millones y medio de usuarios, la mayor parte estudiantes universitarios, y todavía no ha empezado la cultura de la exhibición permanente porque no habían inventado un sistema de premios adecuado (el botón de *like* no llega hasta 2009). La pataleta es tan sonora que el propio Zuckerberg escribe un post titulado: «Calm down. Breathe. We hear you» («Calmaos. Respirad. Os hemos oído»), donde asegura que la privacidad del usuario está garantizada, una frase que repetirá como un mantra durante la década siguiente. «Significa menos páginas vistas para Facebook a corto plazo porque los usuarios ya no tendrán que abandonar su portada-página de administrador para ver qué pasa con sus amigos —explica con entusiasmo Michael Arrington, fundador de TechCrunch—. Pero si hace que los usuarios adoren aún más a Facebook (si eso es posible), al final merecerá la pena.» La prensa tecnológica se ha convertido en el coro de animadoras de la Web 2.0. Pocos meses más tarde, ocurren dos cosas que aceleran lo que ya ha empezado: Apple saca el primer iPhone y Zuckerberg conoce a Sheryl Sandberg en la fiesta de Navidad de Dan Rosensweig.

Sandberg había llegado a Google en 2001 para crear el Departamento de Venta y Operaciones Online del que salieron AdWords y AdSense. Tenía treinta y ocho años y ya era la mujer más poderosa de Silicon Valley. Zuckerberg tiene veintitrés años, un millón de usuarios y está a punto de morir de éxito. La plataforma crece exponencialmente, quemando cientos de miles de dólares en servidores pero aún no ha encontrado un modelo efectivo de monetización. También se siente un poco solo. Sus usuarios están cabreados, su mejor amigo Adam D'Angelo se ha ido de la empresa y tiene dos tiburones por mentores: Peter Thiel y Bill Gates. Sandberg cuenta que empezaron a verse dos veces por semana para hablar del futuro y para preguntarse el uno al otro: ¿En qué crees? ¿Qué es lo que realmente te importa? «Era todo muy filosófico», diría la ejecutiva. En marzo de 2008 Facebook anuncia que será su nueva jefa de Operaciones. El nuevo lema oficial es: «Hacer del mundo un lugar más abierto y conectado», pero sin dejar de aplicar el viejo: crece rápido, rompe cosas.

Cuando llegó Sandberg, la empresa acababa de lanzar su plataforma para integrar aplicaciones externas. Por ejemplo, para escuchar canciones de Spotify y compartirlas con tus amigos de Facebook. O una aplicación de reseñas de libros de Amazon que los usuarios ponen en su muro con un enlace para comprar en Amazon. Había una interfaz de programación de aplicaciones (API) que hacía de puente entre la aplicación y la plataforma, para que cualquier desarrollador pueda integrar sus apps sin tener que coordinarse con los programadores de la casa. Las API sirven al mismo tiempo de puerta y de muralla; ofrece acceso a ciertas bases de datos, procesos y funciones y bloquea el acceso a otros. Es un conjunto de funciones matemáticas habilitadas de manera deliberada por programadores expertos para optimizar su negocio y a la vez protegerlo. Y esta API en concreto estaba diseñada para que los desarrolladores externos tuvieran acceso no solo a los datos de los usuarios que instalaban sus aplicaciones, sino también a los de sus desprevenidos amigos. Las primeras aplicaciones diseñadas para extraer millones de datos de usuarios en poco tiempo son los juegos y los *quiz*.

En 2009 todo el mundo estaba jugando a Farmville, un fabuloso experimento social. Estaba diseñado para maximizar las relaciones sociales regalando animales, semillas y plantas. El juego requería atención constante pero no era complejo y daba mucha satisfacción ver a los animalitos contentos y a las cosas crecer. Los regalos resultaron ser la excusa perfecta para relacionarse con otras personas, la mayor parte de las cuales no eran verdaderos amigos sino gente a la que conocías de nombre o querías conocer. Después llegó el botón de *like*, el último grito en lubricante social. Pokear era personal, hacérselo a un desconocido era raro, inapropiado. El *like* era más sobrio y elegante, menos emocional. «Conecta con un *like*», repetía Mark. Los *likes* hicieron que la gente se sintiera escuchada, valorada, atendida. Empezaron a hacer más cosas para conseguir más. Por fin habían encontrado un medidor interno para la plataforma que les permitía evaluar quién era quién dentro de sus propios círculos y qué comportamientos generaban interés en otros usuarios, cómo se generaban los grupos, quién ejercía influencia sobre los demás y qué clase de contenidos producían más interacción. Patrones que podían revelar la inminente explosión de una moda, una tendencia o un movimiento social y que podían ser imitados por un buen algoritmo de recomendación.

La otra fuente natural de información eran los test. Estaban diseñados para ser compartidos en la típica cadena: comparte tus resultados y reta a siete personas más. Eran tan banales que parecían inofensivos. ¿Qué personaje de *Star Wars* eres? ¿Eres Carrie o Samantha, Miranda o Charlotte? ¿A qué ola feminista perteneces? ¿Qué color define mejor tus valores? ¿En qué planeta deberías vivir? De hecho, el *quiz* fue un recurso tan sobrexplotado por los desarrolladores que la CNN incluyó a los *quizzeros* en su lista de doce clases de personas más insoportables de la red social. Las organizaciones de defensa de los derechos civiles descubrieron otra cosa: al hacer el test, compartías algo más que tus resultados. Los responsables accedían a los datos de los usuarios que hacían el test (edad, localización, estado civil, religión, afiliación política, preferencias) y también a los de todos sus amigos. Y no era un error, era una funcionalidad del sistema, una característica deliberada diseñada para atraer anunciantes.[2] Sandy Parakilas, encargado en aquel momento de vigilar a los desarrolladores externos, le contó al *Guardian* que fue un festín de datos. «Una vez los datos dejaban los servidores de Facebook, no había controles de ningún tipo, nadie trataba de saber qué iban a hacer con ellos.» En 2009, la American Civil Liberties Union hizo una campaña específica para que Facebook dejara de regalar datos a terceras partes sin su permiso. En 2011, la Comisión Federal de Comercio les ordenó que dejaran de compartir datos con terceras partes sin el consentimiento expreso de los usuarios afectados. No sirvió de mucho. Este fue el agujero por el que entró Cambridge Analytica en 2012, junto con muchas otras empresas. Incluidas otras agencias dedicadas al marketing político y la manipulación online.

Facebook se estaba preparando para salir a bolsa cuando la Primavera Árabe se empezó a torcer. La misma plataforma que había facilitado la revuelta era ahora el escenario de una preocupante radicalización. Recibieron numerosos avisos de que su algoritmo de selección de noticias favorecía los comentarios racistas, el activismo panfletario y las noticias falsas. Los contenidos más extremos generan más interacción que el resto, porque consiguen los *likes* de los *followers* y también las correcciones, insultos y amenazas de los detractores; y suelen ser distribuidos por ambas partes por igual. Para el algoritmo son todo burbujas de champán; está diseñado para optimizar la interacción sin valorar si es buena o mala. En Facebook ignoraron los avisos. No tenían tiempo para pensar en algo que estaba ocurriendo en países lejanos ni con conflictos anteriores que no entendían del todo. Y lo que es más importante, no eran legalmente responsables de lo que publicaban. Los usuarios podían amenazarse de muerte entre ellos sin que pasara nada, gracias a la sección 230 de la Ley de Decencia en las Comunicaciones que había firmado Bill Clinton en 1996.

La ley había sido diseñada para perseguir la pornografía en internet, el primer negocio que floreció como una infección de hongos en el mundo interconectado. Antes de aprobarla, el Congreso introdujo una cláusula que protegería a las proveedoras y servicios de cable de ser perseguidos cada vez que alguien usaba su conexión para distribuir pornografía. Decía: «Ningún proveedor o usuario de un servicio informático interactivo será considerado como el editor o portavoz de ninguna información proporcionada por otro proveedor de contenido». Gracias a esta cláusula, también conocida como la Ley del Buen Samaritano, las plataformas pudieron empezar a publicar contenidos ajenos de manera automática sin preocuparse de que hubiera infracciones masivas de propiedad intelectual, distribución masiva de noticias falsas o campañas masivas de violencia contra minorías étnicas y religiosas (su equivalente europeo es el Artículo 17 de la LSSI, donde se establece la responsabilidad de los intermediarios en internet). Facebook podía ser el mayor medio de comunicación del mundo, pero no tenía las pesadas responsabilidades del *New York Times*. Su única preocupación era aumentar sus beneficios antes de salir a bolsa. Necesitaban saber más de los usuarios para poder afinar su algoritmo de recomendación.

Como ya había hecho en Google con Adsense, Sandberg había puesto en marcha un sistema para seguir a los usuarios por la red a través de las cookies, usando como ancla los botones para compartir artículos o poner un *like* a los artículos y post en otras páginas web. También seguía a personas que no eran usuarios. Lo contaba Katherine Losse, una de las pocas mujeres que trabajaron allí de 2005 a 2010. «Estaban tan convencidos de que Facebook era algo que todo el mundo debía tener que cuando el equipo técnico creó una función experimental llamada Perfiles Oscuros en 2006, nadie movió una ceja.»[3] En 2012 ya no era suficiente. Necesitaban saber qué hacían los usuarios cuando estaban en cualquier otra parte; sobre todo información comercial. Cuánto dinero tenían, qué cosas compraban, adónde iban a cenar después del trabajo y con quién. Pidió a los ingenieros que buscaran otras fuentes de datos, pero la manera más fácil era comprarlos. Cinco meses antes de salir a bolsa, Facebook firmó contratos con al menos tres *data brokers* para alimentar su algoritmo: Acxiom Corp., Epsilon Data Management y Epsilon. Ese mismo año compró Instagram.

Compraventa de datos personales

Los *data brokers* son empresas que se dedican a la compraventa de bases de datos personales. Su trabajo es reunir bajo una sola identidad toda la información dispersa que existe sobre cada persona. Pegar su nombre completo, dirección, teléfono y número de la Seguridad Social con los datos de su tarjeta, matrícula, seguro médico, los informes de su empresa, las liquidaciones de su banco, las compras con sus tarjetas, viajes, suscripciones, multas, tarjeta del casino, factura del veterinario, licencia de armas, currículum académico, series favoritas, antecedentes penales, afiliación religiosa, estado civil, pruebas de ADN, etcétera. Si los datos existen los compran donde estén, también en el mercado negro. Después los reempaquetan en detallados grupos socioeconómicos para que resulten útiles a clientes o campañas concretas. Por ejemplo, de jubilados con antecedentes cardíacos y alto poder adquisitivo que consumen demasiada carne roja, o de mujeres que han sufrido abusos sexuales o violencia de género y viven solas en grandes ciudades. Adolescentes hijos de padres divorciados con problemas de autoestima y alto poder adquisitivo, familias numerosas que no llegan a final de mes. Una fuente inagotable para estas empresas son las tarjetas de puntos, que generan listas automáticas de madres solteras, divorciados recientes, personas que necesitan cuidados especiales porque padecen hipertensión, anemia o diabetes o son adictos al azúcar. Esas personas son después penalizadas en entrevistas de trabajo o con el encarecimiento de seguros médicos sin que sepan por qué. Otra fuente son las webs de citas y de pornografía.

Hasta 2017, la mayor parte de los datos de los usuarios estaban pobremente protegidos. En 2016, un estudiante de la Universidad de Aarhus, Dinamarca, publicó los perfiles de setenta mil usuarios de OkCupid en el portal Open Science Framework, con todos sus gloriosos detalles: edad, género, trabajo, localización, fetiches, drogas favoritas, número de parejas o inclinaciones políticas. Cuando le preguntaron por qué no había anonimizado los datos, Emil Kirkegaard explicó que ya eran públicos. «Todos los datos encontrados en este *dataset* están o estaban disponibles en el dominio público, así que publicar el *dataset* solo los presenta en un formato más útil.» En su proyecto Face to Facebook, Paolo Cirio y Alessandro Ludovico recogieron la información de un millón de perfiles en Facebook y usaron un algoritmo de reconocimiento facial para reclasificarlos por sus rasgos faciales y emparejarlos en una página de contactos falsa, Lovely-Faces. com. La página duró solo cinco días; durante ese tiempo, el proyecto recibió más de mil menciones en medios antes de que los abogados de Facebook les contactaran con una carta de «cease and desist».[4]

Hoy las páginas de citas se intercambian usuarios para rellenar huecos. Cuando una nueva web de citas que sale al mercado tiene contactos en su base de datos es porque se las ha comprado a otra web. Y cuando una veterana empieza a desinflarse, suele repoblar su catálogo comprando más perfiles. Cualquiera que, en una tarde de resaca solitaria, haya abierto un perfil en cualquiera de esas páginas «para ver cómo es», forma ya parte de sus bases de datos aunque hubiera borrado la cuenta al día siguiente. Naturalmente, cualquiera puede comprar esos perfiles, aunque no pertenezca al gremio, y casi todo el mundo lo hace porque son perfiles particularmente íntimos, acompañados de fotos. OkCupid es famoso por sus baterías de cientos de preguntas, teóricamente diseñada para ayudarte a encontrar a personas emocional e intelectualmente compatibles contigo. Los perfiles que más abundan son los coleccionistas de ligues y las mujeres que viven solas en grandes ciudades. También permite empaquetar a millones de personas con base en sus preferencias sexuales, un dato que el usuario no tiene por qué revelar con palabras. Un psicólogo de la Universidad de Cambridge llamado Michal Kosinski mostró un algoritmo de reconocimiento facial capaz de separar a los heterosexuales y los homosexuales. Aseguraba que es más fácil que distinguir a los demócratas de los republicanos, porque la moda de las barbas en ambos grupos dificulta mucho la labor. En 2018, la artista catalana Joana Moll compró un millón de perfiles de un *data broker* llamado USDate para un proyecto llamado *The Dating Brokers. An autopsy of online love*. Venían de bases de datos de las principales plataformas de contactos: Match, Tinder, Plenty of Fish y OkCupid. Pagó 153 dólares por ellos.

La integración de todos estos acumuladores de datos en el algoritmo de Facebook disparó los beneficios en un tiempo récord. En el momento de salir a bolsa, Facebook sabía todo lo que se podía saber de sus usuarios y de mucha más gente. Podía segmentar a un tercio de la población mundial por edad, raza, estado civil, barrio o estatus socioeconómico; pero también separarlos por sus valores, miedos, preferencias sexuales, su grado de satisfacción laboral. Y los habían estado estudiando con pequeños experimentos. Antes de las elecciones de mitad de mandato de 2010, pusieron un botón en el muro del usuario que decía «he votado», con información sobre su colegio electoral. Querían ver si podían estimular el voto convirtiéndolo en una medalla de honor. Descubrieron que la gente se colgaba la medalla para compartirla sin haber votado realmente. Ese mismo verano alteraron el algoritmo para que hubiera contenidos que no podían compartirse. Descubrieron que los usuarios eran mucho más propensos a compartir cosas que habían sido compartidas por otros, independientemente de su interés, y que los anuncios funcionan mejor cuando llevan *likes* de conocidos. El efecto tribal es intenso en las comunidades digitales. En 2012 empezaron a registrar las cosas que borraban los usuarios y descubrieron que se arrepentían del 71 por ciento de lo que escribían. Recordemos que Facebook no borra nada; todos esos mensajes borrados forman parte de nuestras carpetas bajo «cosas que quiso decir y no tuvo agallas». Cuentan para la evaluación final. Después manipularon el News Feed de seiscientas noventa mil personas durante una semana entera para ver cómo reaccionaban. Cuando publicaron el experimento en una prestigiosa revista académica,[5] los usuarios no se lo tomaron bien. Muchos descubrieron entonces que al hacerse la cuenta de usuario habían aceptado ser sujetos de «análisis de datos, pruebas e investigación». Los jefes de datos de la plataforma habían manipulado el algoritmo de cientos de miles de personas para que la mitad del grupo viera contenido positivo, noticias alegres y perritos; y la otra mitad leyera noticias negativas, fotos deprimentes y palabras tristes. Querían saber si alimentar al usuario con una dieta de malas noticias afectaría a las reacciones y relaciones del usuario dentro de la plataforma. Y la respuesta fue sí.

La gente que leyó cosas alegres escribió cosas más alegres, la que leyó cosas negativas manifestó expresiones más negativas. «Los estados emocionales pueden ser transmitidos a otras personas por medio de contagio, haciendo que la gente experimente las mismas emociones sin ser consciente», dice el informe, que señala que el contagio se puede producir sin que haya interacción directa entre las personas. Y un detalle final. Cuando el contenido bajando en el muro era emocionalmente neutro (ni especialmente positivo ni especialmente negativo), los usuarios escribían menos. La conclusión principal es que somos especialmente susceptibles al contenido emocional desplegado en las redes sociales, que ofrecen una visión de «lo que está pasando» diseñada para nosotros de manera única por un algoritmo optimizado para estimular la interacción. Pero la manipulación está tan incrustada en esa visión del mundo como el racismo lo estaba en los algoritmos de asistencia de decisiones judiciales. El algoritmo mezcla las noticias, los comentarios de los amigos, los vídeos y las fotos para conseguir cosas de nosotros, aunque solo sea más interacción. Parafraseando a la periodista turca Zeynep Tufekci, los mejores cerebros de nuestra generación han creado una distopía solo para hacer que la gente compre cosas. Y esa distopía está a punto de acelerarse todavía más.

Como se sabe, Zuckerberg compró Instagram y WhatsApp para expandir su red de vigilancia, pero hay una tercera adquisición que ha pasado extrañamente desapercibida: Oculus, la plataforma de realidad virtual que te permite desaparecer en un mundo sintético, artificial. La complejidad de la experiencia es tan profunda que todos los sentidos son engañados. El usuario sabe que no está subido a un tren que baja en picado a gran velocidad, pero su cerebro no. Por eso siente la velocidad y el vértigo. Y el mismo dispositivo que diseña la experiencia es capaz de medir en tiempo real todas las decisiones que tomamos en el mundo sintético y las reacciones que produce: pulso, presión sanguínea, dilatación de las pupilas, etcétera. La realidad virtual será el nuevo Netflix, una realidad alternativa en la que refugiarse de un mundo cada vez más aterrador. Cuando lo usemos para hablar con nuestros seres queridos como si estuviéramos juntos en la misma habitación, sabrá cosas que nosotros no sabemos. Por ejemplo, qué es exactamente lo que hace que tu madre te saque tanto de quicio o cómo te manipula un maltratador para que le perdones y vuelvas con él. Sin duda, es información valiosa que podría ayudarnos a mejorar nuestra vida. De hecho, la realidad virtual ya se usa para tratar estrés postraumático e incluso operar sin anestesia. Pero lo más probable es que sea utilizada por multinacionales y grupos políticos para explotar nuestras vulnerabilidades y manipularnos hasta someternos sin tener que sacarnos de casa. Probablemente porque ya lo hacen. En 2014, un investigador del DARPA llamado Rand Waltzman descubrió que las plataformas digitales ya eran una máquina de «hackeo cognitivo» a gran escala, una mutación de la propaganda psicológica de la Guerra Fría en la era de la superconexión, y que el pueblo estadounidense podía ser vulnerable a un ataque muy efectivo a través de las plataformas de la red social. Se obsesionó tanto con el asunto que él y su equipo publicaron más de doscientos informes acerca de aplicaciones maliciosas, intervenciones sutiles y campañas de manipulación de masas orquestadas por agentes antagonistas, antes de que el departamento fuera clausurado en 2015. Un año más tarde estaría declarando ante el Subcomité de Cyberseguridad de la Comisión de Servicios Armados de la Cámara del Senado acerca de la injerencia rusa en las elecciones para la presidencia de Estados Unidos de 2016, y de una compañía de San Petersburgo llamada Internet Research Agency.

7

Manipulación

Si no tienes cuidado, los periódicos te harán odiar a la
gente que está siendo oprimida y adorar a la gente que
ejerce la opresión.

MALCOLM X

Todo en el Estado. Nada fuera del Estado. Nada contra
el Estado.

BENITO MUSSOLINI

Estábamos preparados, pero era para otra cosa. El 20 de enero de 2017,
el día en que Donald Trump se convirtió en el 45.° presidente de
Estados Unidos de América, el libro más vendido en Amazon era
1984. En todas las categorías, en todos los formatos. La famosa novela de George Orwell había aumentado sus ventas en un 9.500 por
ciento. Y no había venido sola. Otros dos sesudos veteranos disfruta-
ban a cierta distancia de un inesperado *revival*. Por un lado, *Eso no
puede pasar aquí*, la novela de Sinclair Lewis sobre un senador demócrata que llega a las presidenciales con una campaña xenófoba y populista. Por el otro, *Los orígenes del totalitarismo*, el ensayo de Hannah
Arendt sobre las mecánicas que propulsaron el fascismo europeo,
publicado por primera vez en 1951. Nadie puede decir que no estábamos pensando en eso. Lo que pasa es que no lo estábamos pensando bien.

La naturaleza orwelliana de nuestro tiempo es una de esas cosas
que, cuando la ves, ya no puedes dejar de verla. A nuestra plataforma
mediática, ojos y oídos de la civilización occidental, parece ocurrirle
exactamente eso. En todos lados detectan lo que Margaret Atwood

ha llamado las «banderas rojas» de *1984*. «Orwell nos enseña que el peligro no está en las etiquetas (cristiandad, socialismo, islam, democracia, dos piernas bien, cuatro piernas mal) sino en los actos perpetrados en su nombre.»[1]

Los actos perpetrados por la Administración Trump son una fuente inagotable de banderas rojas. Ya en la ceremonia de inauguración, el secretario de Prensa de la Casa Blanca, Sean Spicer, declaró que había sido «la más atendida de la historia de las inauguraciones Y PUNTO», citando números inverosímiles y negando el enorme material fotográfico, vídeos y datos procedentes de prensa, instituciones y hasta del propio transporte público que mostraban una realidad muy distinta. Trump no había sido muy popular en Washington, donde obtuvo solo el 4,1 por ciento de votos. Hasta la marcha de mujeres que salió a protestar contra él al día siguiente tuvo más poder de convocatoria que su coronación. Pero, cuando preguntaron a la consejera del presidente en televisión por el desafortunado incidente, Kellyanne Conway dijo a cara de perro que los datos inventados de Spicer no eran falsos sino «hechos alternativos». Imposible no pensar en El Partido de *1984*, cuyo eslogan oficial es: La guerra es paz. La libertad es esclavitud. La ignorancia es la fuerza.

En *1984*, la estrategia de usar el lenguaje para describir los organismos ministeriales como el reverso exacto de lo que son es aplicada con triunfante descaro: el Ministerio de la Paz declara guerras, el Ministerio del Amor tortura prisioneros políticos. El Ministerio de la Verdad reescribe los libros de historia con los «hechos alternativos» del Partido, que exige abiertamente a todos sus miembros que rechacen la evidencia de sus ojos y oídos y acepten la verdad que ellos proponen. En el momento de escribir estas líneas, Donald Trump les dice a los veteranos de guerra: «Solo recordad que lo que estáis viendo y lo que estáis leyendo no es lo que está ocurriendo». «Quien controla el pasado, controla el futuro —dice otro eslogan de El Partido—. Quien controla el presente controla el pasado.»

Uno de los errores recurrentes de la izquierda es pensar que el populismo es la estrategia de los imbéciles, cuando la historia demuestra que no puede ser tan imbécil cuando consigue un éxito arrollador. Ya en *Los orígenes del totalitarismo*, Hannah Arendt explica que este tipo de estrategia está diseñada deliberadamente para desprender a la sociedad educada de sus recursos intelectuales y espirituales, convirtiendo a la población en cínicos o en niños, dependiendo del ego y el aguante de cada uno. Una doctrina del shock que precede a la escuela de Chicago y que ha sido característica de todos los totalitarismos contemporáneos, del nazismo alemán al estalinismo ruso, pasando por el fascismo italiano.

> En un mundo eternamente cambiante e incomprensible, las masas han llegado hasta el punto de que podrían, al mismo tiempo, creer todo o nada, pensar que todo era posible y que nada era verdad... Los líderes de masas totalitarios basaban su propaganda en la correcta premisa psicológica de que, en esas condiciones, uno podía hacer que la gente creyera la declaración más fantasiosa un día, y saber que si al día siguiente les dieran la prueba irrefutable de su falsedad, encontrarían refugio en el cinismo. En lugar de abandonar a los líderes que les habían mentido, clamarían que supieron en todo momento que la declaración era mentira y admirarían a los líderes por su agudeza táctica superior.

Las campañas por el referéndum del Brexit y la presidencia de Trump ya habían incitado al venerable diccionario de Oxford a declarar que la palabra del año en 2016 sería posverdad: «Relativo o referido a circunstancias en las que los hechos objetivos son menos influyentes en la opinión pública que las emociones y las creencias personales». Los que se han sorprendido de lo rápido que la veterana institución se ha puesto a tono con la actualidad, olvidan que George W. Bush ya había usado «hechos alternativos» para invadir Irak en 2003. La presencia de armas de destrucción masiva demostraba que Sadam Husein había vulnerado el acuerdo que cerró la Primera Guerra del Golfo en 1991. Y había pruebas: imágenes de satélite de instalaciones nucleares, compras de «aluminio de alta resistencia para centrifugadoras de gas y otros materiales necesarios para enriquecer uranio». Dijo que Sadam Husein podría producir armas nucleares en menos de un año. Tenían la evidencia delante. *It was fact.*

De los treinta y cuatro países que contribuyeron con material y personal a la guerra que empezó su padre, veintiuno se opusieron a la invasión, que también fue rechazada por el Consejo de Seguridad de la ONU. Cuando, después de la guerra, se supo que Irak no tenía instalaciones ni capacidad de construir esas famosas armas, y que la Administración Bush había mentido para justificar una guerra ilegal, esta fue su respuesta:

> El hombre, Sadam Husein, habría ganado mucho dinero como resultado de la subida del crudo. Y aunque es verdad que no había, ya sabes, mmm..., encontramos una bomba sucia,[2] por ejemplo; tenía la capacidad de construir armas químicas, biológicas y nucleares. Así que había... bueno, es todo muy hipotético. Pero sí, puedo decir que estamos mucho más seguros sin Sadam. Y yo diría que la gente de Irak tiene una mejor oportunidad de vivir en un Estado... un Estado pacífico.

Hay otra cosa que dijo y que también hemos olvidado: «Dios me dijo: "George, ve y lucha contra esos terroristas en Afganistán". Y lo hice. Y luego me dijo: "George, ve y acaba con la tiranía en Irak. Y lo hice"».

A la guerra en la que murieron más de doscientas mil personas, incluidos al menos doscientos de los periodistas que fueron a cubrirla, le acompañaron Inglaterra, Portugal y España. Lo hicieron contra el deseo expreso y manifiesto de la mayor parte de su población civil. Tony Blair llegó a pedir perdón en la CNN, por «haber aceptado información de inteligencia errónea» en lugar del Consejo de expertos de la ONU, y porque «el programa en la forma que pensábamos no existía de la manera que habíamos pensado». El ministro de Defensa español, Federico Trillo, dijo en Onda Cero que «España no estuvo en guerra. No envió combatientes a Irak. Deliberadamente y parlamentariamente, decidió lo contrario. Enviamos un paquete de ayuda humanitaria».

El informe Chilcot, elaborado a lo largo de siete años y en el que colaboraron más de ciento cincuenta testigos, los desmiente a todos. Este comité independiente estableció que los cuatro de las Azores defendieron la invasión a sabiendas de que no había armas de destrucción masiva y que pactaron una estrategia de comunicación para mostrar a la ciudadanía que «habían hecho todo lo posible para evitar la guerra». También mintieron sobre las personas detenidas sin cargos durante años en Guantánamo y otros centros de detención de la CIA en otras partes oscuras del mundo. Los expertos coinciden en que la Segunda Guerra del Golfo fue el combustible que alimentó la llegada del ISIS. Los «hechos alternativos» de la segunda Administración Bush han sido ensombrecidos por la exuberancia de su sucesor republicano en la Casa Blanca, pero este no habría sido posible sin aquel. Vivimos en el mundo de su consecuencia. Por su parte, José María Aznar escogió el programa *Mi casa es la tuya*, presentado por Bertín Osborne, para reivindicar su papel en las Azores. Dijo que «volvería a las Azores una y mil veces si el interés nacional de España está en juego». Después de un periodo en la sombra, hoy vuelve para aglutinar un nuevo frente de la derecha, con ayuda de la misma máquina de manipulación masiva que aupó a Donald Trump.

LA MÁQUINA DE PROPAGANDA INFINITA

Orwell no era pretencioso al defender que las palabras importan. Que el empobrecimiento y el enmarañamiento del lenguaje popular es consecuencia de un lenguaje político «diseñado para hacer que las mentiras suenen a verdad y el asesinato parezca respetable, y así dar apariencia de solidez a lo que es puro aire». En los treinta, la combinación de eufemismos y comunicación de masas tuvo consecuencias palpables. La telepantalla de *1984* que retransmite propaganda sin descanso y que está prohibido apagar no fue idea de Orwell sino de Goebbels. El astuto jefe de propaganda del Tercer Reich entendió rápidamente que la magia oratoria de Hitler no se traducía bien al espectro radiofónico. El campo de distorsión magnética del Führer requería su presencia física, pero en la radio era un tostón. Estudiando los anuncios de la época, entendió que la mejor manera de cautivar a las masas no era a través de largos y discursos sino con una programación de variedades, ligera y entretenida, interrumpida cada cierto tiempo por intervenciones de Hitler o del propio Goebbels, donde hablaban de la nobleza de la nación alemana, la naturaleza excepcional de su sangre y la despreciable naturaleza de los judíos, los negros o de los comunistas. Copiaba el formato con el que las radios comerciales interrumpían su programación con anuncios de detergentes, jabones o cigarrillos. Era marzo de 1933 y podían hacer lo que quisieran. Habían despejado todos los obstáculos de su camino con una campaña de desinformación.

En enero 1933, el Partido Nacional Socialista era la primera fuerza política en Alemania pero había perdido treinta y cuatro escaños en las últimas elecciones parlamentarias. Hitler era canciller por los pelos; un pacto entre socialistas y comunistas podría haber acabado con él. Cuando el Reichstag amanece oportunamente en llamas el 27 de febrero de 1933, Hitler acusa a los comunistas de conspiración y de querer empujar al país a una guerra civil. Con esta excusa, el Ministerio del Interior promulga el Decreto del Presidente del Reich para la Protección del Pueblo y del Estado, que suspende hasta nueva orden los derechos civiles de la sociedad alemana para preservar su estabilidad. Los derechos civiles son los que garantizan la participación de los ciudadanos en la vida pública de una democracia: el derecho a la libertad de expresión, de prensa, de asociación, de reunión y al secreto de las comunicaciones.

El canciller anula también el derecho del hábeas corpus, que es el de no ser detenido sin una orden judicial. Las autoridades empiezan a registrar domicilios y oficinas, confiscar bienes privados, cerrar periódicos y encarcelar a ciudadanos sin más ley que su voluntad o capricho. Así consigue mandar a todos los diputados del Partido Comunista a la cárcel a tiempo y ganar las nuevas elecciones al Reichstag que él mismo había convocado para el 5 de marzo. Acto seguido, pudo aprobar la Ley para Solucionar los Peligros que Acechan al Pueblo y al Estado, el 23 de marzo de 1933, mediante la cual se autoconcede el poder de aprobar leyes sin la ratificación del Parlamento. Como no había sitio para meter a tantos enemigos del Estado, hizo encargar los primeros campos de concentración. Tacatá.

Goebbels adoraba la radio. La consideraba el gran instrumento de la gran Revolución Nacional Socialista, «el más importante e influyente intermediario entre un movimiento espiritual y la nación». Y el *más rabiosamente contemporáneo.* Así lo expresaba el 18 de agosto de 1933 en su discurso de inauguración de la X Exposición de la Radio Alemana. *Las cursivas son mías.*

Ser contemporáneo tiene sus responsabilidades. Tiene que funcionar para las tareas y necesidades del día. Su trabajo es darle a los acontecimientos un significado profundo. Su actualidad es al mismo tiempo su mayor peligro y su mejor virtud. El pasado 21 de marzo y el 1 de mayo nos dio cuenta de su capacidad para llegar a la gente con los grandes momentos históricos. El primero puso en contacto a todo el país con un acontecimiento político importante, el segundo con un evento de importancia sociopolítica. Los dos llegaron a toda la nación, independientemente de su clase, posición o religión. Esto ha sido el resultado de *la estricta centralización, la fuerte cobertura y la actualizada naturaleza* de la radio alemana.

Si parece que está hablando de Twitter es porque, en ese momento, la radio produce la misma sensación de inmediatez, de hacerte sentir testigo de los hechos en tiempo real. Para asegurarse de que la nación alemana es susceptible a su programación, Goebbels hace dos cosas. Primero, encarga la producción en masa de unos aparatos de bajo coste que llaman Volksempfänger (literalmente, «receptor del pueblo»). Esto ya es un éxito: el número de hogares con radios pasó de los cuatro millones y medio en 1933 a los dieciséis millones en 1941, convirtiéndose en la mayor audiencia radiofónica del planeta. Después crea un pequeño ejército llamado Funkwarte («la guardia de la radio»), cuyo trabajo es hacer de «puente humano» entre la radio y sus oyentes. Había al menos un miembro en cada barrio y su trabajo era poner altavoces en plazas, oficinas, restaurantes, fábricas, colegios y otros espacios públicos, pero también vigilar que las radios de sus vecinos estaban encendidas las suficientes horas al día.

Los leopardos se comerán tu cara

Tecnológicamente, hoy el mundo se parece más a *1984* que nunca. A diferencia de la radio y la televisión, la telepantalla podía ver y escuchar lo que pasaba a su alrededor a través de un monitor de vídeo conectado a la Policía del Pensamiento. Pero cada época tiene su propio fascismo, y el nuestro difiere en muchos aspectos del que describe Orwell en los cuarenta, al menos en el mundo occidental.

A nosotros nadie nos obliga a tener la telepantalla encendida. Nosotros mismos nos esmeramos en llevarla a todas partes, cargarla a todas horas, renovarla cada dos años y tenerla encendida todo el tiempo y programada para no perdernos un segundo de propaganda. La distopía de Orwell está marcada por la violencia estatal y las privaciones, los sacrificios por el Estado y las cartillas de racionamiento. Es una distopía anticapitalista. La que vivimos hoy ha sido creada de manera casi accidental por un pequeño grupo de empresas para hacernos comprar productos y pinchar en anuncios. Su poder no está basado en la violencia sino en algo mucho más insidioso: nuestra infinita capacidad para la distracción. Nuestra hambre infinita de satisfacción inmediata. En resumen, nuestro profeta no es George Orwell sino Aldous Huxley. No *1984* sino *Un mundo feliz*.

Los habitantes de *1984* no tienen nada, los de *Un mundo feliz* lo tienen todo. No sienten la presión del Estado porque no viene de fuera de ellos sino que vive en su interior. Los niños son generados de manera artificial en el Centro de Incubación y Condicionamiento de la Central de Londres, donde son programados durante el sueño «escuchando inconscientemente las lecciones hipnopédicas de higiene y sociabilidad, de conciencia de clases y de vida erótica». Son programados para el consumo y la obediencia, el conformismo y la entrega, la falta de intimidad. La confusión, el miedo o la tristeza son estados no deseados que se desactivan voluntariamente con drogas. ¿Qué clase de persona *sana* quiere ser infeliz? El lema de ese mundo feliz es ordenado y sensato: comunidad, identidad, estabilidad. Parece el mantra de la era del algoritmo. El mundo en que vivimos no está exento de violencia, pero es de otra clase. Como decía Primo Levi, «hay muchas maneras de llegar hasta ese punto, y no siempre a través del terror del hostigamiento policial sino negando y distorsionando la información, ninguneando los sistemas de justicia, paralizando el sistema educativo y propagando de mil maneras sutiles la nostalgia por un mundo donde reinaba el orden». Nunca ha habido maneras más sutiles de distorsionar la realidad.

Orwell temía a aquellos que prohibían los libros. Huxley temía que no hubiera razones para prohibir libros porque no quedaba nadie que los quisiera leer. Orwell temía que nos ocultaran información. Huxley que nos dieran tanta información que nos viéramos reducidos a la pasividad y el egoísmo. Orwell temía que nos ocultaran la verdad. Huxley que la verdad sería ahogada en un mar de irrelevancia. Orwell temía que nos convirtiéramos en un público cautivo. Huxley que nos convirtiéramos en una cultura trivial, preocupados con alguna versión de «the feelies, the orgy porgy, and the centrifugal buble-puppy».

Nadie explica mejor la diferencia que Neil Postman en su libro de culto *Amusing Ourselves to Death*. Alumno de Marshall McLuhan y convencido de que estudiar una cultura es analizar sus herramientas de conversación, Postman habla de la televisión y no de internet. Como ocurre con McLuhan, su evaluación de aquel medio de masas nos parece aún más apropiado como predicción del nuestro. La televisión de Postman es «un espectáculo bellísimo, una delicia visual, que derrama miles de imágenes al día». Y por su naturaleza intrínseca, la némesis del proceso necesario para elaborar un pensamiento profundo, para comprender un argumento complejo. Todo en ella va demasiado rápido y está demasiado fragmentado. «La duración media de un plano televisivo es de 3,4 segundos, para que el ojo no descanse, para que tenga siempre algo nuevo que ver.» Las plataformas de contenidos que consumimos hoy están aún más aceleradas y todavía más fragmentadas, con dos agravantes. En un programa televisivo hay una cierta coherencia editorial, un concepto que se repite. El *feed* de noticias de Facebook, de Twitter o de YouTube ofrece contenidos inconexos, una catarata de información impredecible, un circo donde los animales conviven con la bomba atómica, los políticos con los gatitos, las recetas de cocina con los memes racistas, la actualidad con la memoria, la fantasía y la mentira. Y esa catarata es infinita. No se acaba jamás.

El problema de esa fragmentación acelerada e inconexa no es la frivolidad de su contenido. El contenido es irrelevante. De hecho, Postman advierte que la fórmula es más peligrosa que nunca precisamente cuando el contenido trata de ser serio, instructivo o responsable. Usa como ejemplo un programa que emitió en la cadena ABC el 20 de noviembre de 1983, a continuación de la película *The day after*, sobre el holocausto nuclear.

Se tomaron todas las medidas necesarias para indicar que se trataba de un programa serio: no tendría música, no sería interrumpido por anuncios y tendría invitados de experiencia política y/o altura intelectual. Concretamente: Henry A. Kissinger, William F. Buckley Jr., Robert S. McNamara, Gen Brent Scowcroft, Carl Sagan y Elie Wiesel, superviviente del Holocausto y premio Nobel de la Paz. Pero no sería un debate. Así lo describe Postman: Cada uno de los seis hombres tenía unos cinco minutos para decir algo sobre el tema. Aunque no había un consenso claro sobre cuál era el tema, ni la obligación de responder a nada que hubiera dicho alguno de los demás. De hecho, habría sido difícil hacerlo puesto que los participantes fueron llamados en *seriatim*, como los finalistas de un concurso de belleza, otorgando a cada uno de ellos su momento de cámara.

De hecho, los invitados ignoran completamente las intervenciones de los demás. Kissinger repasa sus grandes éxitos como secretario de Estado, McNamara informa de que ha comido en Alemania y de que tiene quince ideas para el desarme nuclear. Wiesel dice que tiene miedo a la locura y que cualquier día el ayatolá Jomeini, o algún otro infiel, tendrá una bomba atómica y no dudará en utilizarla. Y aunque el discurso de Carl Sagan —según Postman, el más articulado— contiene al menos dos premisas cuestionables, nadie le pide aclaraciones. La discusión anunciada no incluye argumentos ni contraargumentos, no hay explicaciones ni deliberación. Y no por restricciones de tiempo ni espacio sino porque, explica Postman, la naturaleza misma del medio lo impide. Según la reseña del *New York Times*, la cadena quería mostrar a los espectadores «cómo el Gobierno toma decisiones de vida o muerte».

El acto de pensar es transformador, pero no telegénico. Requiere pausa, paciencia. Una ralentización del tempo que sería tan desconcertante en un programa de televisión como en un espectáculo de Las Vegas. Y este programa fue muy en serio, sin dejar de ser entretenido. Todo el mundo cumplió su papel: Sagan llevó su cuello alto, Kissinger desplegó su diplomacia natural. Koppel, moderador del programa, pareció estar conduciendo un debate cuando en realidad estaba dirigiendo una secuencia de interpretaciones. «Al final, uno solo podía aplaudir las interpretaciones, que es lo que quiere todo buen programa de televisión. Esto es: aplauso, no reflexión.» Hace diez años nos preguntábamos si Google no nos estaría volviendo estúpidos porque ya no podíamos recordar el número de teléfono de nuestra suegra, o el título de una película de Buster Keaton. Hoy vemos los debates televisivos con un ordenador en las rodillas y el móvil en la mano, ignorando a nuestros seres queridos y despreciando otras actividades convencidos de que solo así podemos estar al día. En realidad estamos enganchados a los trocitos de «realidad» inconexos que se suceden delante de nuestras pupilas cuando tiramos de ellos con el índice o el pulgar. Cuantos más pedacitos hay y más inconexos llegan, más enganchados estamos (un factor que la industria del juego llama *event frecuency*, frecuencia de acontecimiento). Pero el adicto a las tragaperras sabe que es adicto al estado de ensoñación nerviosa que le produce el ritmo de la máquina. No juega para ganar dinero sino para flotar en La Zona, un mundo perfecto, ordenado y predecible, completamente ajeno a la realidad. Mientras que el adicto a la secuencia rítmica y fragmentada de las plataformas digitales cree que es adicto a la política, a la actualidad, a las noticias. Cree que está más despierto que nunca. La combinación de adicción e hipnosis con el convencimiento de saber exactamente lo que ocurre «en realidad» produce tristes paradojas.

Hay un chiste recurrente en Reddit: «"¡Jamás pensé que los leopardos se comerían *mi* cara!", llora la mujer que votó por el Partido de los Leopardos que Devoran Caras». Los veteranos del foro la sueltan para revolcarse en el heno del *schadenfreude* cada vez que alguien sufre las consecuencias de algo por lo que han votado o que han apoyado y han querido imponer sobre los demás. En los últimos dos años la usan todo el tiempo. El primer ejemplo que aparece en mi *timeline* según escribo estas líneas es el siguiente titular: «Una mujer de Indiana que votó por el presidente Donald Trump se queda helada al descubrir que su marido será deportado hoy mismo». Pero hay tantos que el *Nation* publica un editorial pidiendo al *New York Times* y los otros grandes medios que dejen de publicar noticias sentimentales sobre votantes de Trump que han sido perjudicados por las políticas de Trump. «Todos esos perjudicados hicieron el mismo acuerdo inmoral —argumenta—. Calcularon que dejando que Trump acosara y aterrorizara a otras personas (negros, mujeres, gais, niños) se embolsarían más dinero.»[3] Probablemente sea cierto, pero incluso las personas que se han dejado manipular con argumentos racistas, clasistas, machistas o directamente fascistas necesitan saber que fueron manipuladas para votar en contra de sus propios intereses. Sobre todo cuando el fenómeno se sigue repitiendo cada vez que se convocan elecciones en cualquier lugar del mundo. La industria de la manipulación política ha invadido el proceso democrático, creando campañas clandestinas en canales de comunicación cifrados para susurrar al oído de millones de personas. A cada uno le cuenta una cosa distinta, dependiendo de lo que cada quien quiere oír.

Operación INFEKTION

Si tienes más de cuarenta años, probablemente has oído alguna vez que el virus del VIH se escapó de un laboratorio experimental del ejército estadounidense donde testaban armas bioquímicas para acabar con la población afroamericana y la comunidad gay. Así lo contó Dan Rather, el presentador de noticias de la CBS, la tercera cadena de radiodifusión más grande en el mundo, en marzo de 1987.

El origen era una carta al director publicada en el *Patriot*, un periódico de Delhi. La firmaba un «conocido científico y antropólogo estadounidense» que aseguraba que el sida había sido manufacturado por ingenieros genéticos por orden del Pentágono, a partir de virus interceptados en África y Latinoamérica por la unidad de control de enfermedades infecciosas. El laboratorio estaba en Fort Detrick, Maryland. Fue uno de los éxitos más sonados del Departamento A de Dezinformatsiya del KGB. Los servicios de inteligencia de Alemania del Este lo bautizaron Operation INFEKTION.

Según explicó años más tarde el exagente del KGB Ilya Dzerkvelov, el *Patriot* había sido creado por la Agencia rusa en 1962 como vehículo para sus campañas de desinformación. Era habitual en la agencia plantar estas historias en países tercermundistas donde no había recursos para investigación y los periodistas eran vulnerables al soborno. La primera regla de la desinformación es tirar la piedra lo más lejos posible para después recogerla como un objeto encontrado, en este caso por una agencia de noticias local. Dicen que el propio Stalin acuñó el término «Dezinformatsiya» como si viniera del francés, para que pareciera una práctica occidental. La noticia fue avanzando despacio por el continente asiático hasta que fue convenientemente «encontrada» por la revista *Literaturnaya* de Moscú. Su versión citaba amablemente la exclusiva del *Patriot*, pero apoyándose en el informe de un profesor de bioquímica retirado de la Universidad Humboldt en Berlín, llamado Jakob Segal. El informe estaba firmado a medias con su mujer, Lili Segal, y no tenía un solo dato científico real. «Todo el mundo sabe que los presos son usados para experimentos en Estados Unidos —era el tono del documento—. Les prometen la libertad si salen vivos del experimento.» La golosa «noticia» dio la vuelta al mundo varias veces, antes de llegar al noticiero de la CBS y convertirse en cultura popular. En 1992, cuando cayó la Unión Soviética, el director del KGB Yevgeny Primakov admitió públicamente que su agencia estaba detrás de la campaña y que los Segal habían sido agentes del Departamento A.

La principal diferencia entre la propaganda y la desinformación es que la primera usa los medios de comunicación de maneras éticamente dudosas para convencer de un mensaje, mientras que la segunda se inventa el propio mensaje, que está diseñado para engañar, asustar, confundir y manipular a su objetivo, que termina por abrazar sus dogmas para liberarse del miedo y acabar con la confusión. Casi siempre proviene de una persona de confianza o prestigio. Se basa en fotos y documentos alterados, datos fabricados y material sacado de contexto para crear una visión distorsionada o alternativa de la realidad. Sus temas recurrentes son extraídos de la misma sociedad a la que quieren intervenir. La campaña de desinformación empieza por identificar las grietas preexistentes para alimentarlas y llevarlas al extremo. En este caso, la crisis de pánico que estaba causando el virus del sida en un contexto de poca información y el hecho de que parecía afectar casi exclusivamente a dos sectores específicos de la población: negros y homosexuales. El complot tampoco había surgido de la nada. El ejército estadounidense había realizado al menos doscientos treinta y nueve experimentos con gérmenes letales entre 1949 y 1969, incluida la liberación de esporas en dos túneles de una autopista de peaje de Pensilvania. La información había sido desclasificada por el propio Departamento de Defensa pocos años antes, en 1977, causando una gran indignación. Sus explicaciones fueron lamentables: cualquier investigación que ayudara a los aliados a ganar la guerra estaba justificada, y eso incluía intoxicar a su propia población local. La Operación INFEKTION no había sido diseñada para convencer a la gente de que el virus tenía un origen distinto que el chimpancé que lo contagió al primer humano en el oeste del África ecuatorial. Estaba pensada para generar dudas acerca de la categoría moral del Gobierno estadounidense, capaz de producir armas bioquímicas para acabar con dos grupos vulnerables en su propia casa. ¡Había precedentes históricos! ¿Qué otras cosas les ocultaba el Gobierno?

Al parecer, muchas. Entre las más conocidas, que el asesinato de JFK y del doctor King habían sido obra de la CIA y que el Gobierno pone flúor en el agua para mantener aletargada a la población. Naturalmente que los rusos no tenían la exclusiva de la desinformación. Los estadounidenses utilizaban tácticas de desinformación para desestabilizar gobiernos en otros países, por intereses geoestratégicos y comerciales y contra su propia población. Richard Nixon tuvo que renunciar a la presidencia por haber usado al FBI, la CIA y hasta el Servicio de Rentas Internas (IRS) para espiar a la oposición, pero el Watergate también destapó campañas de desinformación contra los movimientos por los derechos civiles y contra la guerra de Vietnam.

La Unión Soviética fue pionera en el desarrollo de estas tácticas desde que el GPU, padre del KGB, abrió el primer Departamento A en 1923. Andrus Ansip, actual vicepresidente de la Comisión Europea y exprimer ministro de Estonia, asegura que el 85 por ciento del presupuesto del KGB se gastaba «no en desvelar secretos sino en distribuir mentiras». Con la caída de la Unión Soviética, se dio por hecho que su máquina de la discordia había sido desmantelada. En retrospectiva, un exceso de confianza, si tenemos en cuenta que en 1999 sube al poder un director del KGB que había sido agente del Departamento A durante quince años.

Al principio Putin era muy popular. Su figura de militar disciplinado, astuto y autoritario contrastaba positivamente contra la de un

Yeltsin alcoholizado y pusilánime. Durante su primer mandato, su índice de popularidad era del 40 por ciento. En Ucrania era aún mayor. El Gobierno postsoviético había reconocido oficialmente que la hambruna que mató a diez millones de ucranianos entre 1932 y 1933 había sido un acto deliberado de exterminio perpetrado por Stalin. Los primeros agujeros en su campo de influencia magnética fueron la crisis de rehenes del teatro Dubrovka y la masacre de la escuela de Beslán, donde murieron casi doscientos niños. «Después de aquello [Putin] se volvió mucho más autoritario», contaba más adelante Gleb Pavlovsky, su jefe de campaña de 1996 a 2011. A partir de ese momento empezaron a hacer otro tipo de campaña.

Pavlovsky era el *spin doctor* del Kremlin, aunque él prefiere presentarse como su especialista en tecnología política. No solo estaba allí antes de Putin, sino que asistió a su proceso de selección como sustituto de Yeltsin. Aquel aire de militar misterioso no era producto del azar. «Aquella primavera hicimos una encuesta para descubrir de qué tenía miedo la gente. También queríamos saber quiénes eran sus héroes —explicaba en una entrevista—.[4] Preguntamos a los encuestados quiénes eran sus estrellas, sus actores favoritos. Preguntamos por los actores que hicieron de Lenin, Stalin, Pedro el Grande. De manera inesperada, salió este actor que hacía de Stirlitz,[5] un oficial de los servicios secretos soviéticos que trabajaba en organizaciones de alto rango en Alemania. Hacía de perfecto oficial alemán, muy bien vestido y educado. Era un agente secreto soviético y resultó que gustaba a todo el mundo.» Cuando Yeltsin anunció a su sucesor, Putin era un hombre educado de San Petersburgo, y fue entrenado para parecerse más a Stirlitz, una mezcla entre elegante y brutal. Más adelante, durante las presidenciales de 1999 y 2000, se familiarizó con las nuevas tácticas de marketing político. «Putin vio cómo jugábamos con los medios. Vio lo que pasaba en los periódicos, las cadenas de radio y de televisión, incluso internet. Era todo un gran teclado —cuenta Pavlovsky— y yo lo estaba tocando. Para mí era algo natural, llevaba años haciéndolo. Pero creo que entonces empezó a pensar que todo podía ser manipulado. Que toda la prensa, todo programa de televisión estaba manipulado. Que todo estaba financiado por alguien. Ese fue el terrible legado que le dejamos.»

Cuando empieza su segundo mandato como presidente de la Federación Rusa, Putin tiene ya un problema serio con Ucrania. La Revolución Naranja ha derrotado a su candidato, Víktor Yanukóvich, y ha elegido al proeuropeo Víktor Yúshchenko. En 2005 financia el lanzamiento de una cadena de noticias internacional, llamada Rusia Today. Un vehículo de propaganda que capitalizará el rechazo popular a los medios tradicionales, imitando el periodismo ciudadano de Occupy y OffTheBus del *Huffington Post*, aderezado con la salsa picante de la desinformación. Al principio nunca pretendieron ser otra cosa. En una entrevista para el diario *Kommersant*, su directora Margarita Simonyan justificaba la adjudicación de dinero público argumentando que «[en 2008] el Ministerio de Defensa estaba luchando contra Georgia, pero nosotros hicimos la guerra de información, y lo que es más, contra todo el mundo occidental». En 2009 lanzan su división estadounidense, y cambian su nombre a RT. Ahora su objetivo manifiesto es «ofrecer una versión alternativa a los medios tradicionales» pero también alternativa a la visión occidental y anglosajona del mundo. El mensaje de fondo es que la verdad no existe, solo versiones o interpretaciones de la realidad, y que la de RT es tan buena como la de cualquier otro. «En 2008 [nuestra audiencia] no era mucha. Ahora sería muchísimo mejor, porque le enseñamos a los estadounidenses noticias alternativas acerca de sí mismos —reflexionaba Simonyan en una entrevista posterior al mismo diario—. No lo hacemos para empezar una revolución en Estados Unidos, porque eso sería ridículo, sino para conquistar una audiencia [...]. Cuando llegue el momento, habremos construido esa audiencia que estará acostumbrada a venir a buscarnos para ver la otra cara de la verdad, y entonces claro que haremos un buen uso de eso.» A finales de 2013, el Gobierno presenta la agencia de noticias internacional Rossiya Segodnya y el canal Sputnik, donde Margarita Simonyan asume el cargo de redactora jefe, sin dejar de dirigir RT. Ese mismo año, un empresario íntimo de Putin funda la Internet Research Agency (IRA), una pequeña agencia de desinformación que pronto se muda al 55 de la calle Savushkina en San Petersburgo, un edificio de cuatro plantas con cuarenta habitaciones y mil empleados que trabajan todos los días en turnos rotativos manejando cientos de miles de cuentas falsas.

Tienen un departamento para cada red social: LiveJournal, Vkontakte (el Facebook ruso), Facebook, Twitter e Instagram. Los bloggers publican diez post diarios en tres blogs diferentes. Hay equipos especiales publicando un mínimo de ciento veintiséis comentarios en los grandes medios. Hay ilustradores haciendo dibujos satíricos y cineastas haciendo vídeos que parecen noticias con actores pagados. Un año después de la ocupación rusa de Crimea, el IRA inunda las redes con toneladas de noticias falsas sobre las atrocidades del Gobierno ucraniano, incluidas leyendas urbanas sobre ejecuciones en masa, violaciones, torturas, «historias alternativas» sobre la Segunda Guerra Mundial y un relato insoportable acerca de la crucifixión de un bebé. Además de sus siniestras invenciones, el personal del IRA recibe material de la Agencia rusa de espionaje y de sus hackers.[6] Hay llamadas intervenidas, emails hackeados y documentos secretos que son convenientemente «filtrados» a los medios internacionales para justificar las acciones del Kremlin. El material surca las redes sociales como un virus de la gripe en una guardería antes de ser «recogido» por RT y Rossiya Segodnya, que legitiman la información y la traducen como el tono exaltado de unos activistas espontáneos. En ese momento, RT es el canal de YouTube más popular del planeta. Los especialistas llaman a su táctica «la doctrina Gerasimov».

Este término fue acuñado por el director del Centro para la Seguridad Europea Mark Galeotti, y está inspirado en un artículo del jefe de Estado Mayor de Rusia, el general Valeri Gerasimov, sobre «las lecciones de la Primavera Árabe».[7] Observa el general que «las estrategias no militares para conseguir objetivos políticos están ganando terreno», especialmente gracias a las tecnologías de información «para crear oposición interna» y con ella «un frente permanente de operaciones en todo el territorio enemigo, así como acciones informativas, dispositivos y objetivos en continuo perfeccionamiento». El general Gerasimov no lo llama «mi doctrina», sino que se refiere a ella como Guerra Híbrida o Guerra de 5.ª Generación.

Durante los años siguientes, tanto RT como Sputnik y la Agencia despliegan su guerra híbrida sobre Ucrania y sobre el resto del mundo, amplificando las manifestaciones y enfrentamientos civiles que se desarrollan en Estados Unidos. Su canal de YouTube gana popularidad en las ediciones europeas apoyando todo lo que parezca antiestadounidense, de Julian Assange a los partidos «disruptivos» como Podemos y Syriza. Su apoyo les da visitas, legitima su perfil activista y les prepara para la siguiente campaña: las elecciones a la presidencia de Estados Unidos de 2016.

La máquina de propaganda rusa

El disparatado nudo original del melodrama televisivo *Scandal*, estrenado en abril de 2012, era el siguiente: el equipo de campaña republicano en la carrera presidencial ha hecho trampa para ganar las elecciones y todo el equipo está en el ajo menos el propio presidente, Fitzgerald Grant III. Su jefa de campaña lo sabe; su jefe de gabinete lo sabe. Hasta su mujer lo sabe y tienen que conspirar constantemente para que no se entere. El presidente Grant no puede saber que no ha sido el amor del pueblo lo que le ha puesto en la Casa Blanca porque le partiría el corazón. Cuando aún era candidato, durante un acto de campaña en la ciudad de Sioux Center, Iowa, Donald Trump aseguró que el amor del pueblo estadounidense por él era tan grande que «podría pararme en mitad de la Quinta Avenida y disparar a gente, y no perdería votantes». En el momento de terminar este libro, el FBI ya ha detenido a su jefe de campaña Paul Manafort, su abogado Michael Cohen y a todos sus asesores de campaña incluido el famoso Roger Stone, por cargos relacionados con la llamada «trama rusa» y destapados por la investigación del fiscal especial Robert Mueller. No sabemos si Trump conspiró con Vladímir Putin o si su equipo lo hizo sin molestarle, como en la ficción televisiva, para no destruir su frágil ego. Toda operación de desinformación lo suficientemente ambiciosa necesita un tonto útil, que puede ser un iluminado, un avaricioso, un narcisista sin entrañas. Tampoco sabremos si habría llegado sin ella a la Casa Blanca. Lo que sabemos a ciencia cierta es que la intervención existió, afectó a millones de personas y que la antipática, ambiciosa, elitista, racista y empollona Hillary Rodham Clinton era la víctima perfecta para una campaña de desprestigio. Era un miembro de la misma élite que había favorecido la recesión y empobrecido a los estadounidenses. Y encima también había hecho trampas para llegar hasta allí.

Todo el mundo coincide en que el golpe de gracia fue la publicación de los correos del Comité Nacional Demócrata, un drama por entregas que empezó el 16 de mayo de 2016. Desde ese día y hasta el día antes de las elecciones, todas las comunicaciones del partido y su jefe de campaña, John Podesta, fueron filtradas a través de Wikileaks y una nueva página de filtraciones llamada DCLeaks. Los correos sugerían que había habido un complot interno para impedir que Bernie Sanders ganara las primarias. Había un archivo de audio en el que Hillary Clinton llamaba a los seguidores de Bernie «hijos de la gran recesión» que aún «viven en el sótano de sus padres». Se supo que la CNN le había cantado las preguntas antes de entrevistarla; se leyeron sus promesas a los gigantes de Wall Street. Cada mezquino detalle fue masticado y digerido por la prensa y celebrado por su contrario. La presidenta del Comité pasó tanta vergüenza que dimitió y dejó la política. La investigación Mueller descubrió dos años más tarde que había sido Roger Stone quien organizó la entrega de los documentos a la «Organización 1», que parece ser Wikileaks. El papel de Wikileaks en esta cadena de acontecimientos marcaría un antes y después en la historia de la organización de Julian Assange. Trump estaba en Pensilvania cuando salieron los primeros documentos y declaró públicamente: «Amo a Wikileaks».

Assange asegura que publicaron los documentos solo después de comprobar su veracidad y sin saber de dónde venían. Esta es la metodología estándar de Wikileaks, que ofrece un «buzón» diseñado específicamente para borrar el rastro de los remitentes, y así proteger a sus fuentes de una probable persecución policial. Y el ataque a los servidores había sido reivindicado por un presunto hacker rumano llamado Guccifer 2.0. Pero un grupo espontáneo de especialistas, «entre ellos hackers de vieja escuela, exespías, consultores de seguridad y periodistas», se movilizó para investigar los documentos a fondo y desentrañar su origen.[8] Matt Tait, jovencísimo exasesor de seguridad del Gobierno británico, encontró el nombre del fundador de la policía secreta rusa en los metadatos de uno de los documentos, que además habían sido editados en un ordenador con el sistema operativo en ruso. También descubrió que el descuidado Guccifer 2.0 había enviado a DCLeaks una versión de un documento y a Gawker una versión distinta. Una había sido manipulada con datos falsos y la otra no. «Este "hacker solitario" usa VM (máquinas virtuales), habla ruso, su nombre de usuario es el fundador de la policía secreta de la Unión Soviética y le gusta lavar sus documentos a través de Wikileaks», publicó Tait en su cuenta de Twitter. La firma de seguridad CrowdStrike dijo que el servidor del DNC había sido hackeado por dos grupos de hackers rusos, aparentemente no coordinados: Fancy Bear, afiliado al Departamento Central de Inteligencia ruso (GRU), y Cozy Bear, vinculado al Servicio Federal de Seguridad (FSB). También dijo que habían encontrado muy pocas dificultades en su camino. Les bastó con una campaña de *phishing* completamente ordinaria. Con un correo estándar que terminaba con la firma «Best, the Gmail Team».

Una operación de *phishing* consiste en hacerse pasar por una persona o entidad legítima (tu banco, tu jefe, tu administrador de sistemas) a través de una llamada o correo para conseguir los datos que facilitan la entrada en el sistema protegido. Típicamente, es un correo que solicita que vuelvas a introducir tu usuario y contraseña para consultar una transacción, confirmar un gasto o aprobar un cambio urgente en los términos de usuario. En una buena campaña de *phishing*, todo en el correo es idéntico a un correo legítimo, salvo que te dirige a una página controlada por los estafadores y que solo se aprecia leyendo atentamente la URL. En defensa del Partido Demócrata, hay que recordar que la táctica había sido usada con éxito contra miembros del Parlamento alemán, el ejército italiano, el Ministerio de Asuntos Exteriores de Arabia Saudí y hasta el mismísimo Colin Powell. En posteriores declaraciones a la prensa, Podesta tuvo la presencia de ánimo de culpar a su secretaria, quien «consultó con nuestra persona de ciberseguridad. Y, como en una comedia de enredo, supongo que le dio instrucciones de abrirlo y pinchar el enlace». Según *Wired*, la «persona de seguridad» le mandó un correo diciendo que el correo era «legítimo» cuando quería poner «ilegítimo». Maldito autocorrector.

Mientras tanto, el círculo se cerraba sobre Guccifer. La investigación coral que se desarrollaba en las redes reveló que se logueaba desde una red privada virtual rusa. Durante una entrevista que le concedió a la web de tecnología Motherboard, quedó patéticamente claro que no hablaba ni entendía rumano. La investigación del fiscal especial de Estados Unidos y exdirector del FBI Robert Mueller concluyó que Guccifer 2.0 era un oficial del GRU operando desde la sede misma de la agencia, en la calle Grizodubovoy de Moscú. También que DCLeaks había sido creada y gestionada por dos agentes de inteligencia rusos. Pero ¿qué hacían los papeles en manos del asesor de campaña antes de llegar a Wikileaks? Entre los treinta y tres acusados de la investigación Mueller hay una docena de ciudadanos rusos, tres compañías rusas, un residente en California, un abogado londinense y cinco consejeros de Trump. De las siete personas que se han declarado culpables, cinco son los consejeros de Trump.

Los ciudadanos rusos están acusados con cargos que incluyen fraude, robo de identidad, creación de identidades falsas y otras actividades relacionadas con el uso de cuentas bancarias y de PayPal con identidades robadas a personas reales para financiar las operaciones de la Internet Research Agency. Esas operaciones incluyeron la creación cientos de miles de correos falsos y de cuentas en Facebook, Twitter e Instagram con identidades falsas que se usaron para apoyar de manera masiva las campañas de Donald Trump, Bernie Sanders y Jill Stein, y para trolear las de Hillary Clinton, Marco Rubio y Ted Cruz. También se usaron para convencer a determinados grupos que se abstuvieran de votar y para la creación de asociaciones y grupos políticos en Facebook. La historia de esos grupos es uno de los puntos más fascinantes de la investigación. El complot tenía un nombre: Proyecto Lakhta.

Todos contra todos

El 26 de mayo de 2016, en la puerta de una mezquita de Houston, Texas, se encontraron frente a frente dos manifestaciones antagonistas: una contra la «islamización de Texas» y otra para «salvar el conocimiento islámico». Los primeros habían sido convocados por una página secesionista de Facebook llamada Heart of Texas. El movimiento secesionista había resucitado en los estados sureños con el rechazo a la ley de matrimonio homosexual, el control de armas y las políticas sobre renovables del Gobierno de Obama. En aquel momento, la página tenía más de un cuarto de millón de *followers*. El centenar que apareció en la mezquita llevaba banderas con estrella, carteles de #whitelivesmatter y armas. Los segundos habían venido por otra página de Facebook, United Muslims of America. Llevaban carteles contra el racismo y una máquina de hacer pompas de jabón. La presencia policial —y probablemente las pompas— impidieron que aquel día se intercambiaran algo más que reproches e insultos. Por suerte, nadie murió. Si el día merece un lugar especial en la historia es porque más tarde se descubrió que las dos páginas habían sido creadas por la misma persona, y no era un ciudadano de Texas, ni secesionista, ni musulmán. Los dos grupos habían sido creados por cuentas falsas gestionadas desde un ordenador de la Internet Research Agency. También había creado y promocionado las dos manifestaciones a la vez. Una sola persona con una conexión a la red desde otro continente había conseguido enfrentar a dos centenares de personas con un puñado de cuentas falsas, un ejército de bots y doscientos dólares en publicidad segmentada. Y no era un caso aislado. Otros cuatrocientos setenta grupos en manos de docenas de cuentas falsas habían convocado otras ciento veintinueve manifestaciones desde San Petersburgo a favor y en contra del derecho a llevar armas, a favor y en contra del matrimonio homosexual, a favor y en contra de los derechos para los inmigrantes, de la escolarización en casa o de las becas para afroamericanos. Había seis grandes grupos: United Muslims of America, Heart of Texas, Blacktivists, Being Patriotic, Secured Borders y LGBT United.

Eran grupos muy grandes. El grupo de «blacktivistas» tenían más *followers* que Black Lives Matter. Y verdaderamente activos. Jonathan Albright, jefe de investigación en el Tow Center for Digital Journalism de la Universidad de Columbia, calculó que solo entre los seis grupos habían generado más de trescientos cuarenta millones de interacciones, sobre todo *likes* y recomendaciones. Y ya sabemos que una recomendación es mejor que la publicidad. «La mayor influencia no ha llegado necesariamente a través de los anuncios pagados —explicó en el *Washington Post*—. La mejor manera de entender la estrategia es una aproximación orgánica.» Usar la publicidad para encontrar a las personas adecuadas en los lugares adecuados y en el momento adecuado. Un estudio de la universidad de Oxford investigó cómo habían invertido el dinero. La mayor parte de los anuncios fueron implementados en los llamados «swing states».[9]

En la primera comparecencia ante el Congreso, Facebook intentó minimizar el impacto de la campaña, asegurando que los rusos no habían comprado más de tres mil anuncios, una proporción pequeña que no habían llegado a más de diez millones de usuarios. Estaba siendo deliberadamente engañoso: la IRA no había usado los anuncios para promocionar contenido sino para reclutar. La herramienta permite al anunciante elegir grupos específicos para que vean sus anuncios, pero Facebook no les dice quiénes son. La estrategia consiste en lanzar una campaña para grupos que pueden ser receptivos a ciertos mensajes (por ejemplo: supremacistas de Texas) y esperar a que se manifiesten, compartiendo el contenido con sus círculos o dejando un *like*. Una vez identificados, la agencia pudo empezar a seguirlos, a mandarles memes, noticias falsas, calorcito. Les invitaban a unirse a los grupos, donde fomentaban su interés y su participación con preguntas y halagos, siempre haciéndose pasar por ciudadanos estadounidenses con un perfil similar. Compañeros en la lucha. Afectados por las mismas cosas. Cuando llegaron las elecciones; la máquina del IRA llevaba años tejiendo un ecosistema de grupos, páginas web asociadas, tiendas online, podcasts. Incluso ofrecían clases de autodefensa y apoyo psicológico para veteranos adictos a la pornografía. Se ha repetido muchas veces que la Agencia no creaba grietas en la sociedad sino que las explotaba y las amplificaba. Los últimos informes aseguran que su función era usar esas grietas para crear tribus, grupos ideológicos que funcionaran en bloque y en oposición a todo lo que estuviese fuera, reforzando las conocidas dinámicas de identificación y de favoritismo con los miembros del grupo y de distorsiones en la percepción del resto con historias falsas o manipuladas. Una estructura que explota la necesidad de pertenencia de millones de personas que carecen de una verdadera comunidad.

Históricamente, la vida social de las personas estaba condicionada por su entorno más directo —la familia, el vecindario, el trabajo, el colegio— que propiciaban políticas y comunidades de proximidad. Hasta hace relativamente poco, la comunidad de vecinos estaba compuesta de vecinos (y no de inquilinos) que se vinculaban —a menudo de por vida— en la responsabilidad compartida del mantenimiento y protección de sus hogares, jardines y zonas de recreo. Sus hijos iban juntos al colegio y jugaban juntos al balón. La vida política del barrio se desarrollaba en el mercado, en los parques, las asambleas escolares de los colegios públicos y en la cola del mercado y los negocios de proximidad. Hasta la iglesia reunía a personas de género, edad, clase, profesión y aficiones diferentes bajo un proyecto comunitario. Esas instituciones, que estaban basadas en la negociación permanente de la diferencia y se enriquecían con ella habían sido degradadas por la burbuja inmobiliaria, los colegios concertados, el desembarco de franquicias y multinacionales y la privatización de los servicios sociales antes de que llegara la red social. La tribalización algorítmica no es su sustituta. Es la infección oportunista que se ha hecho fuerte en su ausencia.

El sentido de pertenencia es un mecanismo .de supervivencia fundamental. Como dice el filósofo David Whyte, «nuestra sensación como de estar heridos cuando hay falta de pertenencia es de hecho una de nuestras competencias más básicas». Pero se puede estar solo a solas y estar solo en la multitud. Durante la mayor parte de nuestra historia hemos sobrevivido en grupos relativamente pequeños. Cuando la sociedad empieza a crecer por encima de nuestra capacidad de control buscamos maneras de segregarnos y grupos a los que «pertenecer»: raza, religión, edad, preferencias musicales, literarias, estéticas. El capitalismo crea identidades de consumo que se manifiestan en las «sectas de posguerra» que describe John Savage en *La invención de la juventud*: teddy boys, beats, mods, rockers, hippies, skinheads y punks que se zurran en los callejones, incapaces de gestionar diferencias musicales irreconciliables. Hoy las tribus urbanas viven en barrios distintos, comen cosas distintas, leen medios distintos y llevan a sus hijos a colegios con cuyo programa se identifican, no a los centros escolares que les corresponden por proximidad. Los cumpleaños infantiles ya no son espacios donde los periodistas conocerían higienistas dentales, funcionarios de prisiones, mecánicos de coches y corredores de bolsa, porque las clases creativas los llevan al Montessori; las ricas al British, las tradicionales a los privados católicos y la clase media laica, al Colegio Alemán o al Liceo Francés. Los bares ya no permiten que un golfillo de provincias conquiste con su ingenio a una dama de ciudad. La burguesía de los suburbios no se relaciona con los del centro; la gente del campo no se trata con la de ciudad. Los militares no salen con hipsters, las pijas no salen con tenderos, los nacionales no se relacionan con chinos, pakis o moros. La confirmación de nuestro entorno refuerza los sesgos que nos han unido en primer lugar y los radicalizan. Ya no somos vegetarianos sino veganos, no somos progresistas sino radicales de izquierda, no somos personas sino activistas de nuestra propia visión del mundo. Los de la bici no entienden a los del coche, los vegetarianos no se hablan con los taurinos. Los de izquierdas ya no pueden compartir ni un taxi con los de derechas sin empezar una furiosa discusión. Ya no tenemos que negociar nuestra visión del mundo con personas que no la comparten porque somos perfectos. La prueba es que hay personas perfectas que comen lo que nosotros comemos y piensan lo que pensamos y que tienen la misma edad que nosotros y ven las mismas series y escuchan la misma música y visitan las mismas ciudades. Las tribus identitarias son un monocultivo; la falta de diversidad atrae plagas y enfermedades.

Los seres humanos tenemos sesgos cognitivos, puntos ciegos en nuestro razonamiento que crean una distorsión. Aquí hay dos sesgos cognitivos tipificados como «sesgo de confirmación» y «efecto del falso consenso». El primero es la tendencia que tenemos todos a favorecer la información que confirma lo que ya creemos y despreciar la que nos contradice, independientemente de la evidencia presentada. El segundo es que tendemos a sobreestimar la popularidad de nuestro punto de vista, porque nuestras opiniones, creencias, favoritismos, valores y hábitos nos parecen de puro sentido común. El efecto que tiene la reagrupación algorítmica que explota esos puntos ciegos es patente en las recomendaciones de grupos en guerra con la realidad. Si te unes al que defiende que la Tierra es plana, en seguida recibirás invitaciones a los de las estelas de los aviones que propagan enfermedades, el hombre nunca pisó la luna y las vacunas son malas pero la homeopatía cura. Los grupos generan un entorno de consenso permanente, aislado del mundo real, donde la credulidad dentro del círculo es

máxima, y fuera del círculo es nula. El rasgo de pertenencia se arre-
molina en torno al rechazo a «el otro» y su deriva es racismo, genocidio, exterminio y deshumanización.

En el momento de la campaña, la herramienta de Facebook para
encontrar audiencias era increíblemente precisa y al mismo tiempo
extraordinariamente laxa en sus principios fundamentales. Permitía
hacer búsquedas que ningún partido se hubiera atrevido a pedirle a
una agencia de marketing en una reunión. ProPublica comprobó que
se podían encontrar antisemitas buscando usuarios que hubieran escrito, dicho o leído «cómo quemar judíos» o la «historia de cómo los
judíos arruinaron el mundo». Recordemos que el algoritmo sabe
todo lo que un usuario ha escrito, incluso lo que solo manda por
mensaje privado y lo que borra y no envía jamás. Además, la herramienta es barata. Una campaña de tres anuncios para dos mil trescientos neonazis les costó treinta dólares. BuzzFeed hizo una prueba similar con la plataforma publicitaria de Google, descubriendo que se
podían generar campañas para personas racistas. ¿Cómo los encontraba Google? Porque habían buscado cosas como «parásito judío» o «los
negros lo estropean todo». El buscador del sistema incluso sugería
nuevos términos racistas de su propia cosecha como «los negros
arruinan los barrios» o «el control judío de los bancos». En ambos
casos, las campañas fueron aceptadas por la plataforma.

La segmentación no solo sirve para encontrar a tu objetivo, también para hacer que veas cosas que quedan ocultas a los demás. En una
investigación anterior, ProPublica publicó el anuncio de una casa que
dejaba deliberadamente fuera a afroamericanos, hispanos y asiáticos.
Estos se llaman «anuncios oscuros», una herramienta muy útil tanto
para caseros racistas como para campañas paralelas destinadas a enfrentar a unos vecinos contra otros. Las plataformas de publicidad
segmentada ofrecen distintas versiones de la realidad a diferentes
grupos políticos, socioeconómicos, étnicos, geográficos, culturales o
religiosos, pero los usuarios no se dan cuenta de que son diferentes. El
afroamericano que desayuna cada día con titulares sobre brutalidad
policial, esclavitud, agravios culturales y racismo institucional no sabe
que su odiado vecino blanco amanece con titulares de bandas criminales hondureñas de caras tatuadas, negros detenidos por violar y

matar misionarias o vender crack a adolescentes. O que, si buscan en Google la palabra Texas, uno se encuentra con épicas historias fundacionales y bellos ejemplos de hospitalidad sureña y el otro linchamientos del Ku Klux Klan. No existe la posibilidad de diálogo porque están viviendo realidades paralelas cuya «verdad» es mutuamente excluyente, y los dos piensan genuinamente que el otro miente o manipula la realidad. El famoso filtro burbuja no es el atrincheramiento voluntario del usuario contra fuentes de información que contradicen su visión del mundo, es parte de un modelo publicitario que genera una visión del mundo diseñada específica y deliberadamente para cada persona, pero le hace creer que es la realidad. Los dos mil trescientos millones de personas que leen Twitter y Facebook a diario lo hacen como si ambas redes fueran la portada de un periódico en el que salen «todas las noticias que es apropiado imprimir», con un enfoque en los temas que a ellas les interesan y recomendaciones de un círculo de elegidos. No lo leen como si fuera un contenido diseñado a su medida por empresas de marketing y campañas políticas. La mayoría ni siquiera sabe que Facebook puede publicar noticias falsas como si fueran reales sin temer una demanda, cosa que un periódico no puede hacer. La pérdida de prestigio de las cabeceras tradicionales ha sido clave para el advenimiento de este ecosistema mediático fraudulento. El eslogan de Black Lives Matter era «No confiábamos en los medios, así que nos convertimos en medios». Los mecanismos de supervivencia que surgieron para competir en un entorno mediático que favorece las noticias falsas hizo que los medios se fueran pareciendo cada vez más a las noticias falsas, haciéndose virtualmente indistinguibles unos de otras en la cascada infinita del News Feed.

La desinformación afecta más a las clases trabajadoras, pero no siempre —o no solo— por culpa de la educación. En esta nueva esfera de realidades alternativas, las llamadas élites intelectuales urbanas han demostrado ser tan susceptibles de ser manipuladas como la clase obrera de provincias. Pero hay un aspecto fundamental que los estudios sociológicos olvidan: los millones de personas acceden a internet a través de las redes sociales porque no pueden pagar una tarifa de datos. Se conectan con tarifas especiales como Vodafone Pass, que por tres euros al mes vende acceso ilimitado a Facebook, Twitter, Instagram, Snapchat, LinkedIn, Flickr, Tumblr, Periscope y varias plataformas de citas. O a través de Free Basics, el servicio que Facebook ha creado para llevar internet al tercer mundo. Para estos usuarios, Facebook es internet. Todo lo que leen ha sido preseleccionado por su algoritmo.

Los grupos creados por la Internet Research Agency no se manifestaban como redes de apoyo a una opción política o un grupo étnico, religioso o social. Son tribus que se aglutinan en contra de otros grupos políticos, étnicos, religiosos y sociales. Para Army of Jesus eran los musulmanes, para los secesionistas de Texas era el resto de la nación. Una imagen recurrente del grupo mostraba el mapa de Estados Unidos con Texas y su estrella solitaria separado del resto del continente. California es «odiosa», Nueva York «yankee» y el resto de zonas se considera «aburrida», «plana» o «basura». Todos repiten el eslogan del orgullo: Negro y orgulloso, Blanco y orgulloso, Trans y orgulloso, Armado y orgulloso. También se refuerza el sentimiento de pueblo oprimido con conspiraciones históricas: William Shakespeare era en realidad una mujer negra, Mozart había sido un compositor negro y la Estatua de la Libertad iba a ser demasiado negra pero la cambiaron por una más blanca que venía de París. Todas estas conspiraciones son cocinadas en la oscuridad de los grupos de Facebook y alimentadas con material de las otras plataformas. Cuando un exaltado —preferiblemente humano— las recoge, su indignación es premiada y amplificada por un ejército de bots. Su orgullo identitario se propaga como un idealismo nacionalista que les une contra los demás. Nathan Smith, un estadounidense real que se autoproclamaba ministro de Asuntos Exteriores del Movimiento Nacionalista de Texas, decía que Estados Unidos «no es una democracia sino una dictadura» por no convocar un referéndum como el del Brexit. Esta clase de declaraciones reciben cataratas de alabanzas, citas, *likes* y retuits de los alegres bots de San Petersburgo. Incluso son utilizados para reforzar las maniobras de Putin. «Si tenemos que aceptar el estado actual de Texas pese a su polémico origen, entonces tendrán que reconocer el futuro estado de Crimea», publicaba Sputnik, aprovechando la ocasión. Irónicamente, el IRA ha promocionado o alentado los movimientos independentistas de California, Texas, Escocia, Cataluña y Puerto Rico, mientras los independentistas del Cáucaso, tibetanos, tártaros, kurdos o pueblos de la antigua Yugoslavia son silenciados y reprimidos con mano de hierro.

Según Jonathan Albright, uno de los académicos que investigó el ataque de manera sistemática mientras se llevaba a cabo, las páginas (abiertas a todos) son perfectas para captar usuarios pero los grupos (cerrados) son el entorno perfecto para coordinar campañas de influencia. Primero, no hace falta ser el administrador para hacerte dueño de un grupo. No tienes que atraer a la audiencia, la puedes colonizar. Segundo, porque las maniobras del instigador quedan ocultas, con las opciones adecuadas de privacidad. «Una vez dejan el grupo, los mensajes pueden coger carrerilla y comenzar una operación de distribución a gran escala e influencia política sin que sea fácil rastrear su origen.» Tercero, los instigadores suelen pedir al grupo que no comparta directamente sus publicaciones sino que saque un pantallazo y las recorte para publicarlas en su propio *timeline* o muro como si fueran nuevas, «para evitar la censura». Así consiguen que el material parezca venir de muchas fuentes, y no un contenido generado y propagado en una campaña coordinada por una docena de cuentas. Esquivan el sistema de rastreo y detección automática de Facebook descentralizando el origen de su propaganda. Es relativamente sencillo encontrar la primera vez que se publica una noticia o una foto en Twitter; pero en Facebook el rastro desaparece en la oscuridad de los grupos. Imposible saber si el meme viene de un operador de una agencia de desinformación rusa o lo que ha pasado antes de que saliera de allí.

En un grupo muy grande se puede cocinar una conspiración durante mucho tiempo, antes de que salga a la luz. Hasta se pueden crear códigos secretos, como el «lenguaje encriptado» de los neonazis 1488.[10] «[Los grupos] permiten a los malos aprovechar todas las ventajas de Facebook —dice Albright—; su servidor gratuito de fotos y memes, su sistema grupal para compartir contenido y documentos; su servicio de mensajería de texto, audio y vídeo; su sistema de notificaciones en el móvil y la aplicación; y todas las demás herramientas gratuitas de organización y promoción, con apenas ninguna de las consecuencias que suelen venir de hacer este tipo de cosas en una página web o compartir documentos en abierto.» No se puede gestionar algo que no se sabe que está ocurriendo.

Twitter fue la primera plataforma en presentar claros síntomas de intervención. En 2016 había al menos 3.841 cuentas falsas que habían producido más de 10,4 millones de tuits, que habían sido retuiteados o recomendados unas setenta y tres millones de veces. El primer informe de Inteligencia se centró en Google y Facebook, y estudió el uso de sus plataformas publicitarias y la clase de campaña sutil y efectiva que procuraron. Los dos informes más extensos y recientes de la firma de ciberseguridad New Knowledge y del Laboratorio de Propaganda Computacional de la Universidad de Oxford, indican que la Agencia rusa había tejido una red mucho más compleja; un ecosistema autorreferencial y expandido que incluía grupos de Google+, Reddit, Tumblr, Pinterest, Vine, y sobre todo Instagram y YouTube. Todas las cuentas se retroalimentaban unas a otras a lo largo de distintas plataformas de manera consistente. Los dos informes aseguran que las plataformas ocultaron al Congreso la gravedad y el alcance de la infección.

Como en el ecosistema mediático legítimo, cada plataforma cumplía una función específica. Los diecisiete canales de YouTube habían producido y promocionado al menos mil cien vídeos, incluidos memes, trozos de películas con los subtítulos cambiados y recortes y remaquetados maliciosos de noticias que habían salido en televisión. Todos habían aparecido en el resto de las plataformas, incrustados en otras noticias y tuits. El 96 por ciento de los vídeos promocionados eran sobre brutalidad policial o procedentes de Black Lives Matter, aunque Google había asegurado que «esos canales» no habían sido objeto de ninguna campaña específica. En Instagram había ciento treinta y tres cuentas falsas gestionando y promocionando grupos de «activistas» antiinmigración, proarmas y antiislam. Había seis con más de doscientos mil *followers*. El histórico muestra que la Agencia estuvo experimentando con distintos mensajes hasta dar con los más potentes. La cuenta Army of Jesus empezó en 2015 como un temático de El show de los Muppets y después pasó a Los Simpson, sin demasiado éxito, antes de dar la campanada con memes de Jesús y los santos apoyando a Donald y Hillary Clinton caracterizada de Satán. La más popular fue @blackstagram, con más de trescientos mil *followers*. «Los mayores esfuerzos del IRA en Facebook e Instagram estaban dirigidos a las comunidades afroamericanas y parecen haberse centrado en el desarrollo de audiencias de color y el reclutamiento de afroamericanos como activos», dice el informe. El grupo BlackMattersUs, una «ONG de noticias que proporciona información cruda y original sobre los aspectos más importantes y urgentes para la comunidad afroamericana en Estados Unidos» tenía cuentas en Twitter, Instagram, Tumblr, Google+, Facebook y Gmail. Hasta tenía una cuenta de PayPal donde pedía donaciones para sustentar la lucha por la justicia racial.

La comunidad afroamericana era clave para las elecciones, porque constituye un porcentaje muy amplio de la población y había sido activada de manera efectiva por las campañas de Obama en 2008 y 2012. La campaña rusa trabajó de tres maneras. Primero, tratando de evitar el voto con información falsa sobre el proceso electoral (colegios, documentación, proceso) y creando dudas sobre el proceso mismo, con historias de fraude y manipulación de las máquinas. Segundo, desviando el voto a Hillary hacia candidatos minoritarios como Jill Stein. Tercero, convenciendo a grandes grupos de afroamericanos de que votar a Hillary era casi peor que votar a Trump. No fue muy difícil. La acusaban de inventarse un acento sureño para apelar a los supremacistas blancos y de aceptar dinero del Ku Klux Klan. Entre los vídeos más compartidos hay una grabación televisiva de Hillary en 1996 describiendo a los jóvenes afroamericanos de las bandas callejeras como superdepredadores. «Podemos hablar de cómo acabaron así, pero antes hay que ponerlos de rodillas.» En aquel momento estaba defendiendo la Ley de Control de Violencia Callejera y Fuerza Policial que firmó su marido en 1994. A la comunidad más castigada por la discriminación y los abusos de la policía, el vídeo no sentó muy bien.

Los bots tienen más de un papel en campaña. Uno de los más importantes es ocupar todos los espacios de debate sobre un tema determinado para favorecer la narrativa que les interesa y destruir la que no. Primero fabrican embajadores, amplificando a todo aquel que afianza su posición con halagos, referencias, *likes* y retuits. Estas personas se crecen y otros las siguen, impresionados con su repentina popularidad. Después amedrantan a aquellos que ofrecen visiones críticas o antagonistas con burlas, insultos, acusaciones absurdas y ataques coordinados. Una parte del operativo ruso se dedicaba específicamente a atacar la investigación del fiscal Mueller en distintas plataformas, pretendiendo ser estadounidenses hartos de la «teoría de la conspiración» de «lloricas liberales». También acusaron a Mueller de «trabajar con grupos radicales islamistas» y llamaron «poli corrupto» a James B. Comey, entonces director del FBI. Estos enjambres coordinados se refuerzan dándose la razón unos a otros como si no se conocieran. Si consiguen su objetivo, en el espacio conquistado solo quedan los bots y sus aliados humanos, que quedan recalcitrados en su postura pensando que están en mayoría, sin sospechar que han sido objeto de una deliberada campaña de intoxicación.

En los grupos privados, la pantomima se aprovecha del narcisismo de unos y el sentimiento tribal de otros, que se sienten unidos y protegidos en el complot. Pero la principal función de los bots es fabricar la ilusión de consenso. Pretender que existe un amplio sector de la ciudadanía apoyando o rechazando rabiosamente una idea, una propuesta, una ideología o a una persona. En otras palabras, recrear el ambiente de una manifestación. Consideremos en retrospectiva las palabras de Jared Taylor, el «padrino de la *Alt-Right*», sobre la «incipiente conciencia racial» de los estadounidenses.[11]

> Donald Trump apeló a una cierta conciencia racial incipiente en el electorado. Quería construir un muro, quería echar a todos los ilegales y quería tomar una fuerte determinación con respecto a los inmigrantes musulmanes. Está despertando incipientes conciencias raciales porque, con todas esas políticas, van a ralentizar la desposesión de los blancos; van a ralentizar la reducción de los blancos a una minoría. Es una llamada importante a un cierto número de estadounidenses. No sabemos cuántos.

Taylor viene a decir que todos los estadounidenses eran racistas en su fuero interno, y que la campaña los despertó. Es probable que lo crea, pero no es cierto. La campaña amplificó artificialmente esos mensajes para producir una ilusión de que eran muchos, y naturalizar posturas minoritarias y antisociales, pretendiendo que gozan de mucha popularidad. Que las posiciones más extremas contra colectivos específicos —minorías religiosas, inmigrantes, negros, feministas— son más dominantes o representativas de lo que parecía, porque habían sido reprimidas por la «dictadura de lo políticamente correcto» y liberadas por el poder de la red. Esa apariencia de consenso se consigue repitiendo el mensaje a lo largo de todas las plataformas, con cientos de compartidos en Facebook, de memes en Instagram, vídeos en YouTube, miles de retuits. Sacando el tema en el sistema de comentarios de los principales diarios. Esa apariencia de consenso, además, se puede comprar por muy poco dinero.

Crear la ilusión de consenso no es solo barato, también es rentable, porque la función última de la propaganda es colarse en la prensa generalista, y la prensa no ha hecho más que colaborar. El panorama se presta: redacciones llenas de becarios que salen a «pescar» noticias a Twitter y miden la importancia de una noticia por el número de interacciones que produce. Pero sobre todo los periódicos, radios y televisiones que han hecho espectáculo con esas polémicas, bien como arma para atacar a determinados partidos, bien como estrategia para ganar espectadores sedientos de drama, igual que hacen los algoritmos de recomendación. Como decía Marshall McLuhan, «nosotros creamos las herramientas y luego las herramientas nos crean a nosotros». Hay medios cuyo criterio es tan indistinguible del algoritmo de Facebook como los grupos fanatizados de los bots.

La concentración de usuarios en torno a tres empresas —Facebook es dueña de Instagram, Google de YouTube— facilita la creación de un ecosistema constante, una meteorología que persigue al usuario por donde quiera que va, generando un mundo sin contradicciones a su alrededor. La Agencia rusa diseñaba un mundo a la medida de sus miedos y reclamaciones, polarizando a los grupos que había creado. Pero los algoritmos favorecían el proceso, no solo para ellos. La Agencia rusa se encontró con muchos e inesperados aliados: un centenar de emprendedores de un pueblo de Macedonia, un puñado de bloggers oportunistas en busca de dinero fácil y una oscura empresa británica que también hacía desinformación en las redes, pero contratada por el propio Donald Trump.

No es política, es capitalismo

Veles, Macedonia, era la segunda ciudad más contaminada de Yugoslavia. Así describen sus cincuenta y cinco mil habitantes su pasada gloria industrial. Entonces elaboraba la porcelana más fina de Yugoslavia. Hoy, la gente hace trabajos sin futuro en las pocas fábricas que sobrevivieron a la desintegración de los Balcanes, hay un paro superior al 20 por ciento y el salario medio es de trescientos veinte euros. Pero, en 2016, Veles experimentó un pico de buenaventura, cuando un centenar de personas empezó a sacarse cinco mil euros al mes promocionando contenidos virales usando las redes sociales y Adsense.

A diferencia de los operadores rusos, a los macedonios les daba igual el contenido. Su misión era ganar dinero, no destruir la estabilidad de Estados Unidos. Se guiaban estrictamente por las métricas de Google para maximizar cada click. Lanzaban todo tipo de titulares hasta que uno despuntaba, y entonces apostaban a ese caballo. Al principio eran remedios caseros para la psoriasis, dietas milagro, «Diez desayunos veganos con mucha proteína» y «Cuatro sentadillas que te harán adelgazar». Antivacunas y cotilleos de famosas con sus trucos para perder años y peso que cortipegaban con un titular llamativo y movían por las redes. El mundo del *fitness* y de las alternativas naturistas a la medicina occidental eran su fuente regular de ingresos. Pronto descubrieron que inventarse las noticias era más fácil que encontrarlas y que, cuanto más locas eran, más clicks. Después descubrieron el contenido más disparatado y viral de todos: Donald Trump. Google solo eliminaba contenidos por violencia extrema, odio o pornografía, no por mentir.

La revelación trajo fortuna. La investigación encontró más de un centenar de webs fabricando noticias proTrump en Macedonia, con nombres como *usaelectionnews.com, everydaynews.us, trumpvision365. com*. A diferencia de los rusos, los chicos de Veles no trataban de explotar la buena fe de los ciudadanos estadounidenses sino la naturaleza oportunista de los algoritmos de recomendación. «No me importaba de qué fueran mientras la gente las leyera —explicaba uno de los pioneros a la CNN—. Tenía veintidós años y estaba ganando más de lo que el resto de Macedonia puede ganar en toda su vida.» Durante la campaña había podido pagar a quince empleados, dos de ellos esta-dounidenses. Cuando dio la entrevista, dos años más tarde, se había comprado una casa, le estaba financiando a su hermana la carrera de Derecho y se estaba preparando para las elecciones de 2020. Cuando lleguen, no estarán solos. Su ejemplo ha animado a «emprendedores» de todo el mundo que se enriquecen repitiendo la misma fórmula: contenido ajeno, titular escandaloso y redes sociales. En España, los abanderados del negocio son *digitalsevilla.com*.

Los muchachos eran buenos produciendo contenidos virales. «El Papa respalda a Trump» batió todos los récords de visitas, no solo en aquel momento sino en toda la historia de internet. Pero también se daba un contexto abonado para su propósito. Estados Unidos estaba lleno de agentes dispuestos a amplificar sus noticias: los rusos, los ase-sores de la campaña de Trump y los *enfants terribles* de la nueva dere-cha, una mezcla de narcisistas xenófobos y capitalistas de la atención. Milo Yiannopoulos en *Breitbart News*, Jason Kessler en *The Daily Caller* o el supremacista Richard Spencer y sus llamadas a un «orde-nado genocidio negro». Cada titular que lanzaban los macedonios era recogido por los medios de la ultraderecha, promocionados sin des-canso por los operativos rusos y, finalmente, favorecidos por los algo-ritmos de recomendación de las plataformas como premio por su increíble viralidad. Por eso las noticias pro-Trump y anti-Hillary funcionaban mejor en Macedonia y, por consecuencia, los de Veles producían más. La red social era polvo de hadas radiactivo: los rusos la usaban para dividir Estados Unidos, los macedonios para salir de la pobreza. En Myanmar se estaba utilizando para implicar a la población civil en un genocidio.

Myanmar: deshumanizar con memes y mentiras

Los rohinyás son una minoría musulmana en un país budista que les retiró la ciudadanía en 1992. También son un grupo étnico no reco-nocido. Llevan siglos viviendo en Arakán, al oeste de Myanmar, pero ahora son inmigrantes ilegales en su propia tierra. No tienen acceso a ningún servicio público, incluidos sanidad y educación. Tampoco tienen libertad religiosa o de circulación, no pueden casarse sin permiso y no tienen derecho a votar. En 2015, el ejército birmano inició una campaña de limpieza étnica, denunciada por las Naciones Unidas y celebrada por la red social. En 2018 se descubrió que la campaña de odio había sido coordinada y ejecutada por los mismos militares birmanos, cuyos soldados crearon cientos de cuentas, páginas y grupos falsos en Facebook para llenarlas de contenido incendiario y genocida. La campaña ha sido comparada a la de la Radiotelevisión Libre de las Mil Colinas que propició el genocidio de los tutsis en Ruanda. La enviada especial de las Naciones Unidas Yanghee Lee declaró en Ginebra que la red social se había convertido en «una bestia».

A diferencia de la campaña rusa, las páginas y grupos no se hacían pasar por movimientos sociales sino por fans de cantantes populares y héroes nacionalistas. Dentro, la conversación estaba destinada a inflamar de odio y violencia a los usuarios contra la minoría bengalí. «Hay que ocuparse de ellos como Hitler hizo con los judíos, malditos kalars», dice un usuario. «Estos perros kalar no-humanos, los bengalís, están matando y destruyendo nuestra tierra, nuestra agua y nuestra etnia. Tenemos que destruir su raza», dice otro. Un tercero comparte una entrada de un blog con fotos de barcas de refugiados rohinyás llegando a Indonesia. «Échale gasolina y préndele fuego para que conozcan antes a Alá.» Más de un tercio de los mensajes llaman al boicot de negocios regentados por musulmanes y al asesinato de sus familias. Hay un vídeo que muestra imágenes de un altercado de 2013 como si fuera un asalto reciente. Dicen que había mezquitas en Rangún «almacenando armas con la intención de hacer estallar varios templos budistas, entre ellos la pagoda Shwedagon». La pagoda es el templo budista más sagrado de la zona. Todos fueron escritos por soldados del ejército birmano que salían después a matar, y por monjes budistas. Kalar es un término despectivo que significa «musulmanes». Estos son algunos de los más de mil ejemplos recogidos por la agencia Reuters en post, comentarios y otros contenidos de la plataforma. Dos de sus periodistas han sido encarcelados por cubrir la masacre de Inn Din, el 2 de septiembre de 2017, la única que ha sido reconocida por el Gobierno.

La violencia institucional de los budistas contra los musulmanes es histórica y ha producido éxodos durante los años setenta y noventa. La última empieza en la primavera de 2012, cuando tres hombres musulmanes violan a una mujer budista. El Movimiento 969, liderado por el monje budista Ashin Wirathu, asesina a cientos de musulmanes, que responden formando el Ejército de Salvación Rohinyá de Arakán. En noviembre de 2016, Human Rights Watch denuncia la destrucción de cuatrocientas treinta casas en varios poblados. No tienen que presentarse a buscar pruebas; la cadena de incendios se ve perfectamente en las imágenes de satélite. El 25 de agosto de 2017, el Ejército de Salvación ataca varias docenas de puestos militares, desencadenando la operación oficial de limpieza étnica del ejército birmano. Médicos sin Fronteras denunció que solo el primer mes mataron al menos a trece mil personas, a las que dispararon, golpearon o quemaron vivas dentro de sus casas. Los supervivientes describen filas de personas degolladas y quemadas con ácido. El informe dice que había al menos mil niños menores de cinco años.

En su informe al Instituto para la Cobertura de la Guerra y la Paz, el analista Alan Davis dijo que la campaña en Facebook se volvió «más organizada y ofensiva, y más militarizada» inmediatamente antes de la operación de limpieza. Bangladesh abrió su frontera a los refugiados en el verano de 2017. Hoy hay un millón de refugiados que sobreviven en condiciones precarias, esperando resolución.

Nosotros contra ellos: la campaña del odio

¿Cómo puede una sociedad moderna enfermar hasta el genocidio? Todo el mundo se lo preguntaba después de la Segunda Guerra Mundial, un episodio tan espeluznante que el mundo occidental juró que nunca se repetiría. Se establecieron instituciones, se negociaron consensos y se promulgaron leyes que impidieran otro Holocausto. Se emprendieron estudios sociológicos para identificar las señales, una investigación necesaria para la prevención temprana del odio colectivo que acabó con al menos once millones de personas de la manera más metódica. Era la pregunta que se hacía Hannah Arendt mientras cubría el juicio a Adolf Eichmann por genocidio contra el pueblo judío en 1961 para la revista *New Yorker*. La misma que se hacían los millones de personas que siguieron los cincuenta y seis días de juicio por televisión.

También era la pregunta que se hacía Stanley Milgram en la Universidad de Yale. Hijo de familia hebrea, padre húngaro y madre rumana, Milgram quería saber qué tenía de especial la nación alemana para haber sido capaz de conducir su odio hacia el exterminio sistemático de seis millones de judíos. Qué les había hecho más propensos o vulnerables a esa clase de odio. Y lo que se encontró Stanley Milgram cuando terminó su investigación fue: nada. No había nada especial en los alemanes que les convirtiera en monstruos genocidas. Todo el mundo es susceptible de convertirse en un monstruo, dadas las circunstancias adecuadas. O alimentados con la narrativa perfecta.

El famoso experimento Milgram de obediencia a la autoridad iba a realizarse en Alemania, pero necesitaban un grupo de control con el que comparar a los nefarios teutones. Fue precisamente su grupo de control, lleno de estudiantes estadounidenses sanos, hijos de la tierra de las oportunidades y de la libertad, el que le dio la respuesta: todos fueron capaces de torturar a alguien en la habitación de al lado sin hacerse demasiadas preguntas, siempre y cuando hubieran sido aislados del otro grupo, unidos bajo una figura de autoridad y alimentados con una narrativa que los ayudara a distanciarse del otro. Por ejemplo, que el sujeto había hecho trampa en un examen o que había robado. «El odio no es la expresión de un sentimiento individual, no es espontáneo —escribe la corresponsal de guerra alemana Carolin Emcke en su famoso ensayo *Contra el odio*—, es fabricado y requiere cierto marco ideológico.» Las razones de ese odio deben ser presentadas de todas las formas posibles y repetidas sin descanso hasta que echan raíces en el grupo al que se quiere activar.

La deshumanización es una ideología que establece jerarquías entre las personas y determina que algunas tienen rasgos menos humanos que otras. Para que un grupo deshumanice al otro tiene que haber poco contacto entre ellos. El contacto directo humaniza; nos hace ver a las personas y no a la idea de esas personas. El éxito de esa ideología se manifiesta claramente en los insultos: los supremacistas blancos llaman «monos» y «animales» a los negros, los nazis llamaban «alimañas» a los judíos. Los hutus llamaban «cucarachas» a los tutsis en el genocidio de Ruanda. Los budistas llaman «perros» a los rohinyás en Myanmar. Su principal característica es el asco. Es una emoción completamente distinta del miedo o del odio, porque no está basada en algo que hacen sino en algo que son: brutos, feos, estúpidos, lentos, malolientes, deshonestos. Son menos que humanos y, por lo tanto, no hay margen de reforma o negociación. Hay que acabar con ellos antes que contaminen todo con su repugnante semilla. El genocidio se enmarca así como una operación estrictamente higiénica, gestionada de la manera más efectiva y metódica en los campos de exterminio. Las cámaras de gas se entendieron, desde el principio, como una forma compasiva de hacer lo que había que hacer. Sus métodos fueron heredados por la industria de producción ganadera, que también se inventa una palabra para describir la «bondad» en sus métodos de exterminio masivo: «humane».

La deshumanización era habitual en las colonias. Las cartas que recibe la reina Victoria de sus gobernadores en Australia y Nueva Zelanda incluyen dibujos de aborígenes colgando de los árboles y de niños cuya cabeza surge de flores carnosas y desconocidas. También domina la relación de las clases favorecidas con las personas drogodependientes y sin hogar. «Cuando vine a vivir a Nueva York y caminaba por las calles pensaba: ¡Oh! Diane Arbus lo tenía fácil, ¡hay una foto de Arbus en cada esquina de Nueva York!», contaba la fotógrafa Annie Leibovitz en una entrevista. Después se dio cuenta de que lo que hacía Arbus no era tan fácil: fotografiar a la gente a la que nadie quería mirar. «No que no quisiéramos mirarlos, sino que ni siquiera los veíamos.» Los estudios de neurociencia social de Lasana Harris y Susan Fiske en las universidades de Duke y Princeton demostraron que la falta de contacto con el grupo hace que ya no se activen las áreas específicas del cerebro que vinculamos con la empatía, la comprensión y la identificación con el otro. El roce hace el cariño, la falta de roce hace lo contrario. Las personas de ese grupo se convierten en objetos desprovistos de vida, de experiencia o sentimiento. Quizá por eso, las mismas personas que ignoran la existencia de personas sin techo delante de su garaje pueden admirar y hasta comprar las fotos de Arbus para colgarlas en su salón.

Cuando se crea una estructura para fabricar la deshumanización, el flujo de información debe estar controlado y ser deliberado. El exterminio nazi tuvo tres ejes: el proceso de segregación en el que los alemanes dejaron de ver a las personas con las que habían compartido sus calles y su vida; una narrativa diseñada para retratar al grupo expulsado como menos que humano y, finalmente, un poder central que recompensara la participación y castigara la resistencia. Ser alemán significaba ser limpio, ordenado, patriótico y odiar al judío. No odiar al judío significaba ser sucio, inmoral, antipatriótico, no alemán. La red social ha demostrado ser perfecta para recrear esta clase de estructura. No solo en el tercer mundo. Dos investigadores de la Universidad de Warwick estudiaron 3.335 ataques contra refugiados en Alemania, analizando todas las variables acerca de las distintas comunidades donde ocurrieron: factores socioeconómicos, políticos, tamaño, demografía, distribución de periódicos, historial de manifestaciones, historial criminal. Encontraron que la única variable significativa era Facebook. Los inmigrantes sufren más ataques violentos en las ciudades donde hay más usuarios de Facebook. Otras universidades han aplicado el estudio en sus respectivos países, y han llegado a la misma conclusión. Pero el impacto se nota especialmente en los países como Myanmar, donde la mayoría de la población depende de Free Basics, un servicio de Facebook en colaboración con operadores móviles para «conectar a los desconectados globales», antes conocido como Internet.org. Se anuncia como internet gratuito, pero es una «tarifa cero» que da acceso a Facebook y a un puñado de aplicaciones como AccuWeather, BabyCenter (propiedad de Johnson & Johnson) y Bing, el buscador de Microsoft. Tanto Bing como Facebook permiten leer titulares de vídeos y noticias pero no los contenidos. Pinchar consume datos. Según un informe de Global Voices sobre la implantación de Free Basics en países en vías de desarrollo, «esto significa que la gente está reaccionando a titulares amarillistas porque no puede leer los artículos». Los usuarios de Free Basics son extremadamente vulnerables a las noticias falsas. En muchos países, incluso el acceso a los titulares está definido por la operadora con la que Facebook tiene el acuerdo. En Ghana, «el contenido no incluye algunas de las páginas más importantes que los ciudadanos quieren leer», como las populares páginas de noticias MyJoyOnline y CityFM. En México, donde Facebook tiene acuerdo con Telcel, la página de inicio es la fundación del dueño, el multimillonario Carlos Slim.

El programa Free Basics llegó a Myanmar en 2016, un año después de sus primeras elecciones democráticas y en colaboración con la operadora pública MPT. Entre su apertura y su cierre, Facebook pasó de tener dos millones de usuarios a más de treinta, en una población total de cincuenta millones. El programa fue cerrado silenciosamente en septiembre de 2017, junto al de Bolivia, Nueva Guinea, Trinidad, Tobago, República del Congo, Anguila, Santa Lucía y El Salvador. Un oficial de la UNESCO confesó en el *Myanmar Times* que los países que habían entrado en internet con una alfabetización mediática muy pobre y sin un programa previo de adaptación, eran particularmente susceptibles a las campañas de desinformación y odio. En el este de India, un falso rumor en WhatsApp sobre unos hombres extranjeros que secuestraban niños para vender sus órganos se saldó con al menos siete linchamientos. El mismo rumor llegó hasta México, donde un muchacho y su tío que había ido a comprar material de construcción para terminar un pozo de cemento fueron golpeados y quemados vivos por una turba enfurecida en la localidad de Acatlán. Su agonía fue grabada en vídeo por la multitud. La escena se repitió la misma semana en otras localidades mexicanas; en Oaxaca lincharon a siete hombres, en Tula golpearon y quemaron a dos. El mismo fenómeno se ha repetido en Bogotá y en Ecuador. En el sur de India, otro rumor sobre la campaña de vacunas amenaza con echar por tierra los esfuerzos del Gobierno por contener el sarampión. El movimiento antivacuna es muy anterior a internet, pero ha encontrado su aliado natural en Facebook, Twitter e Instagram, donde las teorías de la conspiración crecen como hongos después de la lluvia de otoño. Su reciente bonanza está bloqueando la erradicación de enfermedades como la polio. Según la OMS, al menos un 13 por ciento de padres en todo el mundo rechazan las campañas de vacunación, también en los países más desarrollados. Pero es particularmente peligroso en zonas con alta densidad de población y un sistema inmunitario comprometido por la malnutrición y la falta de higiene y servicios médicos. En India, el sarampión mata a cuarenta y ocho mil niños cada año, la mayoría antes de cumplir los cinco años. La amenaza de epidemia es cada vez mayor. En Sudán del Sur, los políticos usan abiertamente la red social para distribuir mentiras e instigar a unas facciones contra otras, lo que ha generado más de medio millón de refugiados. En Filipinas sirvió para pergeñar una campaña electoral en la que el candidato prometió asesinar a miles de personas en cuanto llegara al poder. Y ganó.

Free Basics llegó a Filipinas en 2013, cuando aún se llamaba Internet.org. Entonces había solo veintinueve millones de personas conectadas. «Esta es una foto de Jaime, un conductor de Manila que usa Facebook para estar conectado —posteó Zuckerberg junto a una foto de un joven filipino mirando el móvil en un bicitaxi—. [...] Ahora todo el mundo en este país puede acceder gratis a servicios de internet.» Hoy, el 97 por ciento de los filipinos se conecta a la red a través de Facebook. Nic Gabunada, jefe de campaña de Rodrigo Duterte en las elecciones de 2016, asegura que el momento eureka fue darse cuenta de que los fans de Duterte podían distribuir mensajes de manera coordinada y gratuita a través de la aplicación. Y ganaron con una red de noticias falsas, montajes fotográficos y acoso coordinado a la oposición.

Los fans del presidente son conocidos como «los matones de Duterte», cuya sigla DDH (Duterte Die-Hards) coincide —no accidentalmente— con las del Escuadrón de la Muerte de Davao, un centenar de policías acusados de cometer miles de asesinatos en redadas contra las drogas entre 1998 y 2016, cuando Duterte era alcalde. Una gran parte de los asesinados fueron niños. Cuando se convirtió en presidente, Duterte nombró al cabecilla Ronald de la Rosa jefe de la policía nacional y le ordenó implementar el modelo de limpieza contra el crimen de Davao en todo Filipinas. «Si no tienen una pistola, les dais una pistola», ha dicho públicamente sobre qué hacer cuando abaten a sospechosos desarmados. También ha amenazado repetidas veces con aplicar la ley marcial.

La campaña de Duterte creó cuatro grupos de operativos: tres en Filipinas y un cuarto de expatriados. Cada grupo tenía cientos de personas; muchas pagadas, otras no. Cada una de esas personas manejaba docenas de cuentas falsas con las que atacaban a periodistas, activistas y seguidores de la oposición con amenazas y mensajes extremadamente violentos. Cada mañana, el escuadrón recibía material que era distribuido por las redes, principalmente memes, noticias falsas y teorías de la conspiración. Había montajes heroicos de Duterte luchando contra la droga hechos con carteles reciclados de películas de acción. También copias de otros materiales virales. El titular «Hasta el papa Francisco admira a Duterte» hizo que la Conferencia de Obispos Católicos de Filipinas desmintiera la noticia. Pero para leer el comunicado, no bastaba con Free Basics, había que tener tarifa de datos. Cuando Duterte ganó las elecciones, en junio de 2016, convirtió a su equipo de campaña en su nueva máquina de propaganda del Estado. No solo para promocionar su propia figura como padre de la patria y las brutales medidas de gobierno, sino sobre todo para silenciar las críticas. Leila de Lima, la senadora que investigó los asesinatos de su escuadrón en Davao, fue acosada y azuzada por los escuadrones digitales con el hashtag #ArrestLeiladeLima, antes de ser arrestada y encarcelada sin pruebas por liderar un cártel de narcotráfico. Maria Ressa, fundadora del medio más popular de Filipinas, recibió más de noventa amenazas por hora después de publicar un reportaje sobre la campaña de desinformación.[12] Estas escuadras de «vigilantes patrióticos» que patrullan la red social se han vuelto lugares comunes de los gobiernos autoritarios: Rusia, Filipinas y también Singapur. La más grande es la del Gobierno chino, conocida popularmente como «wumao» o «50 cents».

Todos esos países tienen un aparato de propaganda estatal vinculado a las redes sociales. Se podría argumentar que son las viejas tácticas con un traje nuevo, pero las democracias liberales también se lo ponen, y con el mismo propósito. «Los regímenes autoritarios no son los únicos que usan la manipulación organizada de las redes sociales —concluía el primer informe del Proyecto de Propaganda Computacional de la Universidad de Oxford en 2017—. Los primeros registros de gobiernos revolviendo en la opinión pública son de democracias. Las nuevas innovaciones en las tecnologías de comunicación suelen venir de partidos políticos y surgen durante campañas electorales de alto nivel.»[13] La esfera política internacional ha generado una nueva industria de servicios que opera de manera abierta en al menos veintiocho países. Unos vienen de la industria publicitaria, otros de la tecnología, varios de un contexto militar. Todos venden la posibilidad de manipular a millones de personas para alterar la realidad política. Todo progresaba ordenadamente hasta que el mundo descubrió a Cambridge Analytica, la empresa que ayudó a Donald Trump a convertirse en el 45.º presidente de Estados Unidos.

Golpe al sueño democrático

Muchos estadounidenses se habían acostado tranquilos aquella noche. Clinton no podía perder contra un candidato como Donald Trump. «Ha calificado a las mujeres que no le gustan como "cerdas gordas", "perros", "babosas" y "animales asquerosos"», empezaba la presentadora Megyn Kelly a introducir su primera pregunta en el primer debate presidencial en la Fox. Era sencillamente impensable que ganara alguien así. Muchos no volvieron a dormir tranquilos hasta que un canadiense vegano de veintinueve años con gafas de pasta y el pelo rosa les dijo que Trump había hecho trampa. Christopher Wylie explicó cómo su empresa había usado los datos personales de millones de personas en Facebook para manipular con éxito los resultados de dos procesos aparentemente democráticos: el referéndum sobre el Brexit y las elecciones estadounidenses de 2016. Que el dueño de la empresa era Robert Mercer, uno de las dos grandes fortunas detrás de la campaña de Donald Trump. Que el arquitecto del proyecto era Steve Bannon, asesor de campaña del presidente y jefe de Breitbart. Habría sido ridículo si no fuera portada en el *Guardian* y el *New York Times*, con correos, documentación y material suficiente para corroborar su historia. Pronto surgieron otros filtradores que habían trabajado en Cambridge Analytica o en su empresa madre, el Grupo de Laboratorios de Comunicación Estratégica o SCL Group.

SCL Group era una consultora británica que proporcionaba «datos, análisis y estrategia a gobiernos y organizaciones militares en todo el mundo» y que «durante veinticinco años [han] conducido programas de modificación del comportamiento en más de sesenta países». Su especialidad eran las «psyops» (operaciones psicológicas) en países como Pakistán y Afganistán. Cambridge Analytica era su hija estadounidense. Su principal accionista era un multimillonario ultraconservador llamado Robert Mercer, uno de los dos principales apoyos financieros de Trump. Steve Bannon era el estratega jefe de su campaña y más tarde consejero del presidente hasta que fue despedido en agosto de 2017.

Cuando tuvo que declarar frente a la Comisión Especial del Parlamento británico, Wylie contó que todo había empezado con un test llamado «This is your digital life». El test había sido diseñado por Alexandr Kogan, un catedrático de psicología de Cambridge de origen moldavo con una empresita de análisis de datos llamada Philometrics. Estaba basado en el sistema de evaluación psicológica OCEAN, que divide la personalidad en cinco rasgos: apertura a nuevas experiencias, responsabilidad, extraversión, amabilidad y neuroticismo o inestabilidad emocional. Teóricamente, son características que trascienden a las culturas, lenguas, modas y localismos. El suyo tenía ciento veinte preguntas y ofrecía entre dos y cuatro dólares si lo completabas en plataformas de micropagos como el Turco mecánico de Amazon y Qualtrics. También se podía completar en Facebook, donde los *quiz* están de rabiosa actualidad.

La página decía que el test estaba diseñado para estudiar el uso de emoticonos en las redes sociales. La verdad es que querían generar las bases de datos necesarias para hacer «perfiles psicométricos», un método que se usa en marketing para inferir rasgos de la personalidad a partir de los datos y acciones que registra la plataforma. Para «adivinar» aspectos interesantes del sujeto (estado emocional, preferencias, orientación sexual, inclinaciones religiosas, tendencias políticas) a través de sus movimientos en la red. Antes de la red social, esta clase de perfiles requerían una campaña de encuestas, entrevistas telefónicas y estadísticas que generaban mucho gasto y tenían muy poca precisión. Facebook ofrecía una solución precisa, barata, remota y escalable. El test servía para crear dos bases de datos: una con los perfiles deseados (*target variables*) y otra con las conductas cuantificables correspondientes a ese perfil (*feature set*). Las conductas cuantificables son las de la propia plataforma: clicks, *likes*, rutinas de lectura, círculos de amistades. Pero también todos los rasgos asociados al perfil: edad, barrio, nivel socioeconómico, horarios, etcétera. Con esos dos bancos de datos, el profesor Kogan quería generar un algoritmo predictivo que les ayudara a ciertas clases de personas. Por ejemplo, mujeres que temen a los inmigrantes. Y querían ser capaces de encontrarlas sin que ellas mismas lo manifestaran; solo a través de sus perfiles, *shares*, *likes* y clicks. Kogan convenció a doscientas setenta mil personas para que completaran el test, pero la API de Facebook le dio acceso a los datos de todos sus amigos. Muy útil para testar el algoritmo. Facebook calculó que serían al menos setenta y ocho millones de usuarios, pero podrían haber sido muchos más. Kogan insistió en que los Términos de Usuario eran claros. «Si pinchas OK, nos das permiso para diseminar, transferir o vender tus datos.» Naturalmente, nadie los leyó. Y solo las personas que hicieron el test aceptaron esos términos. Sus millones de amigos habían aceptado que la plataforma compartiría sus datos con terceros. Es interesante destacar que nada de lo que hizo Kogan era ilegal o ilegítimo, hasta que compartió los datos con Cambridge Analytica.

Facebook acusó a Kogan de haber «robado» los datos, pero no por los setenta y ocho millones de afectados. El acuerdo de desarrolladores que él mismo aceptó al subir el test al sistema decía que los datos de los usuarios no se podían comercializar, y Kogan le vendió su *dataset* de perfiles psicográficos a Cambridge Analytica. Si le hubieran contratado en lugar de comprarle el trabajo, habría sido legal. Por otra parte, el acuerdo también decía que Facebook audita y vigila todas las aplicaciones para asegurarse de que cumplen las condiciones necesarias, y el *quiz* estuvo funcionando durante año y medio hasta que el propio Kogan lo sacó del sistema. De hecho, usar *quiz* para aspirar los datos de los usuarios de Facebook y de sus amigos era una práctica conocida desde al menos 2009, cuando varias asociaciones de defensa de los derechos civiles lo denunciaron. Kogan había subido su *quiz* en 2012. Tanta era la generosidad de Facebook con sus «terceras partes» que Kogan hasta tuvo acceso a los mensajes privados de los usuarios, y así siguió durante al menos tres años más. Facebook sacaba un 30 por ciento de todas las operaciones sin preguntar para qué eran los datos ni quién los barría. Cambridge Analytica fue solo uno de los cientos de miles de agentes que aprovecharon la posibilidad, a costa de la privacidad de dos mil millones de personas.

Además del *dataset* de Kogan, Cambridge Analytica compró cientos de bases de datos en el mercado de *data brokers* y las usó para encontrar gente en Google y Facebook. Brittany Kaiser, exdirectora de desarrollo de Cambridge Analytica, explicó a la comisión del Parlamento británico que se trataba de una «táctica de vieja escuela» muy popular en las campañas políticas. Y muy efectiva, porque la mayor parte de la gente no sabe que las búsquedas de Google y el News Feed de Facebook se pueden comprar como parte de una campaña. Durante los días en los que se desarrolló el escándalo y los medios fueron desgranando los detalles de la operación, las agencias y plataformas de marketing online fueron retirando de la red la publicidad referente a este tipo de tácticas «de vieja escuela». Las páginas borradas presumían de haber ayudado a distintos partidos con tecnologías de datos en campañas de todo el mundo, incluido el Partido Conservador británico, el Partido Nacional Escocés, el Partido Liberal canadiense, las elecciones en México o la carrera del Senado estadounidense. Hasta Facebook eliminó la categoría de «Government and Politics» de sus páginas, junto con ejemplos de su efectividad, como la campaña de «alcance e influencia» de Claudia Pavlovich en México. El escándalo Cambridge Analytica hizo estallar la nueva industria del marketing político online entre los partidos políticos y, al mismo tiempo, la empujó a la clandestinidad.

Las plataformas digitales son un medio de masas diferente a la radio y la televisión, porque puede elegir a su audiencia. Hace cuarenta años, un político tenía que convencer a toda una nación con un solo mensaje, mientras que ahora puede hablar al oído de millones de personas y decirle a cada una de ellas una cosa distinta. El mensaje no es emitido a través de un terminal genérico sino por el mismo canal por el que llegan los mensajes familiares, personales y privados de cada usuario por separado. Permite decirle a cada grupo exactamente lo que quiere oír, sin que los demás lo sepan.

El plan de Cambridge Analytica no era manipular a todo el electorado —nada menos que doscientos millones de personas— para que votara a Trump. Eso sería estúpido. El plan era usar el algoritmo para crear un modelo del electorado con entre cuatro mil y cinco mil *datapoints* y encontrar a los entre dos y cinco millones de personas más susceptibles de ser convencidas en los estados donde solo necesitaran un empujoncito del 1 por ciento a su favor. Brad Parscale, el jefe de estrategia digital de la campaña, estaba convencido de que la clave eran los bloques de población rural desatendida del cinturón de acero: Wisconsin, Michigan y Pensilvania. Clinton lideraba en las encuestas, pero su voto estaba en las áreas urbanas. El campo estaba lleno de gente que había perdido el trabajo por culpa de la tecnología o el traslado de fábricas al extranjero. Gente blanca y empobrecida, sin estudios superiores, a los que el discurso de Clinton les hacía sentir pequeños, independientemente de sus inclinaciones políticas. Como decía Roger Stern, «esto ya no va de republicanos contra demócratas. Esto va de la élite de los partidos republicano y demócrata que han llevado al país a la ruina contra Donald J. Trump y el resto de Estados Unidos». Ellos fueron los beneficiarios de la campaña neoproteccionista copiada de la era Reagan: América primero. Los otros grandes ejes estaban claros: el muro entre Estados Unidos y los mexicanos que «traen drogas, traen el crimen, son violadores y algunos, supongo, son buenas personas». El bloqueo aéreo a los ciudadanos de países islámicos por el «extraordinario flujo de odio» contra los estadounidenses de «grandes segmentos de la población musulmana». El rechazo a las políticas medioambientales como «un cuento chino» o «una clase de impuesto muy caro». Y la guerra del «americano de a pie» contra el *establishment* que representan los Clinton, un violador serial de becarias de la Casa Blanca y una bruja desdeñada y vengativa con demasiados amigos en la banca.

Un algoritmo predictivo es tan bueno como la cantidad y la calidad de sus bases de datos, y no hay mejor información sobre los votantes que la que se recauda en una campaña política. Antes de la campaña presidencial, Cambridge Analytica había hecho una cosa brillante: en lugar de apoyar a Trump en las primarias, apoyaron a su competencia, el senador Ted Cruz. Desde ese momento, Robert Mercer apoyaría financieramente todo tipo de causas republicanas, siempre con la condición de que Cambridge Analytica entrara en el paquete. Cuando llegaron por fin las presidenciales, habían podido alimentar, testar y refinar su algoritmo por todo Estados Unidos. Ya no era la criatura que habían creado con Kogan, sino una herramienta mucho más efectiva para una campaña de precisión.

Clinton tenía la base de los votantes con la que Obama habían ganado las dos últimas elecciones, que hasta entonces era la mejor del mundo. Hay quien dice que Obama fue el que abrió la caja de los truenos en su histórica campaña de 2008, integrando técnicas de marketing comercial con su famosa división de magos digitales, *The Triple O*. «Como la mayoría de los innovadores de la web, la campaña de Obama no inventó nada completamente nuevo —explicaba David Carr en el *New York Times*—. En su lugar, atornillando juntas varias aplicaciones de red social en un banner de un movimiento, crearon una fuerza sin precedentes para obtener financiación, organizarse localmente, combatir campañas de descrédito y movilizar el voto que le ayudó a derrocar a la máquina Clinton y después a John McCain y los republicanos.» Sus *nerds* no solo usaron la red para predicar y distribuir su mensaje, sino que pusieron en contacto a sus seguidores, haciendo la mediación necesaria para que pudieran socializar lejos de los teclados, en la vida real. Habían aprendido del movimiento anticapitalista de Seattle —transformado en Occupy tras la crisis económica— que podían convertir la energía virtual en acción callejera. Y habían aprendido de la filosofía *open source* que poniendo herramientas para que sus seguidores pudieran contribuir a la campaña de manera activa, millones de voluntarios colaborarían recogiendo firmas y fondos, haciendo investigación, denunciando los atropellos de la competencia. Todo centralizado en la página de la campaña, My.BarackObama.com. Y sobre todo, recopilando una gran cantidad de información actualizada sobre los votantes en los diferentes distritos. «Cuando Obama llega a la Casa Blanca —concluye Carr—, Mr. Obama tendría no solo una base política sino una base de datos, millones de nombres de seguidores capaces de ser activados de manera instantánea.» La campaña de «métricas» que hizo famoso a Karl Rove en la campaña de Bush de 2004 había sido enviada al Pleistoceno.

En 2008, Barack Obama se gastó veintidós millones de dólares en campaña digital. En 2012 se gastó más del doble. Las campañas de

2016 supusieron una inversión de mil cuatrocientos millones de dólares en publicidad online.[14] Pero Clinton se gastó mucho más dinero que Trump en anuncios de Facebook y, sin embargo, tuvo muchísima menos visibilidad. La herramienta de Facebook para campañas políticas tiene una función para integrar la lista de votantes del cliente (*custom audiences*) y otra para expandir la lista original buscando a personas similares (*lookalike audiences*). Las dos campañas las usaron para apostar por sus audiencias, pero no las amortizaron igual. Como explicaba Antonio García Martínez, exjefe de producto en la división publicitaria de Facebook, el algoritmo no estaba hecho para la clase de campaña que traía Hillary.[15] Era contenido político, pero no contenido viral. La plataforma de Facebook es igual que la de Google, pero en lugar de comprar por palabras, el anunciante compra determinadas audiencias. El precio del anuncio depende de la cantidad de gente que pincha, comparte o comenta el anuncio. Cuanto más viral es el anuncio, más veces aparece, y consigue más impresiones por el mismo dinero. Si el algoritmo calcula que el contenido de un anunciante va a generar cinco o diez veces más interacciones que el de otro anunciante, entonces sus anuncios aparecerán cinco o diez veces más que los del competidor.

Los anuncios de Clinton eran serios y tradicionales, los de Trump eran reguetón. Causaban furor entre sus seguidores e indignación entre sus detractores, haciendo que los dos lados los pincharan y compartieran por igual. Por no mencionar la extraordinaria coalición de fuerzas que había trabajado a su favor: la Agencia rusa, los muchachos de Veles y su propio equipo de campaña. Todos habían ingeniado maneras de trampear los algoritmos para sacarles el máximo rendimiento, inflando artificialmente todo lo que tuviera que ver con Trump. Coordinados o no, su esfuerzo conjunto disparó la popularidad de Trump y desequilibró el valor de las dos campañas. «Básicamente, Clinton pagaba precios de Manhattan por el centímetro cuadrado de la pantalla de tu teléfono, mientras que Trump estaba pagando precios de Detroit», explica Antonio. El único delito de Trump fue ser el candidato perfecto para Facebook. Pero la plataforma infringió la ley, que establece que todos los candidatos deben ser cobrados de la misma manera. «Los precios, si hubiese, cargados a los candidatos por el mismo trabajo deben ser uniformes y no ser recuperados bajo ningún medio, directo o indirecto.»[16]

Los anuncios se usaron de manera selectiva, lo que significa que grupos de personas seleccionados por sus perfiles psicométricos vieron versiones particularmente siniestras de la campaña. Parscale ha dicho que cada día había más de cincuenta mil variaciones de los anuncios de campaña, cientos de ellos diseñados para votantes dudosos de Hillary. A diferencia de la típica campaña de marquesinas, los anuncios no podían ser monitorizados y comentados por los medios de comunicación. Eran anuncios oscuros o *dark ads*. A la liga de fuerzas oscuras que conspiraron a favor de Trump hay que sumar tres trolls muy visibles: los consejeros Roger Stone, Jerome Corsi y un conspiracionista mezquino e infatigable llamado Alex Jones. Stone ya era una leyenda negra de la campaña política; Corsi fue el orgulloso autor de la campaña por el certificado de nacimiento de Obama, que argumentaba que no había nacido en suelo estadounidense y que, por lo tanto, no podía ser presidente. Jones, por su parte, está especializado en la distribución de noticias falsas, cada vez más repugnantes y aterradoras. Su canal Infowars es una máquina expendedora de shocks.

Doctrina del shock a la carta

En el laboratorio de diseño e ingeniería humanocéntrica de la Universidad de Washington, Kate Starbird estudia un fenómeno interesante: la producción y distribución de noticias falsas y teorías de la conspiración después de una crisis. Su equipo las ha llamado «narrativas alternativas», haciendo un guiño a los famosos «hechos alternativos» de Kellyanne Conway, consejera de Donald Trump. En esta historia hay muchos estrategas, consejeros y jefes de campaña. Todo empezó con el famoso atentado de la maratón de Boston en 2013, donde dos artefactos de fabricación casera causaron la muerte de tres personas y otras doscientas ochenta y dos resultaron heridas. «Notamos un gran número de tuits (>4000) denunciando que los atentados eran una "operación encubierta" perpetrada por las Fuerzas Armadas estadounidenses.» La cascada de tuits apuntaba a una web llamada Infowars. «En aquel momento, nuestros investigadores no sabían lo que era Infowars, pero la importancia de aquella conexión se revelaría claramente con el tiempo.»

El patrón se repitió más adelante en 2015 con el tiroteo masivo en el Instituto Superior Umpqua, Oregón, en el que un hombre de veintiséis años llamado Christopher Harper-Mercer mató a nueve personas e hirió a otras nueve, antes de suicidarse. La narración alternativa era que el tiroteo había sido escenificado por «actores de crisis» contratados por grupos políticos para justificar la imposición de restricciones legales sobre el derecho a llevar armas. Increíblemente, los actores de crisis existen: son personas entrenadas para hacer el papel de víctima en simulacros de emergencia durante el entrenamiento de equipos de policía, bomberos, ambulancias y otros servicios de asistencia inmediata. Ninguno de los muertos o heridos del instituto lo eran. Un año más tarde, un estadounidense de padres afganos llamado Omar Seddique Mateen mató a cincuenta personas en la discoteca gay Pulse de Orlando con un rifle AR de calibre .223 y una pistola semiautomática de 9 mm. Aunque ISIS asumió la autoría en un boletín emitido por su agencia informativa Amaq, el padre de Seddique aseguró que el ataque no había sido religioso sino homófobo. En esta ocasión, la narración alternativa acusaba a las autoridades de mentir sobre la identidad del asaltante para poder acusar a la comunidad musulmana. El propio Trump, ya presidente, tuiteó que «si hubiera habido una persona en aquella habitación que pudiera llevar un arma y supiera cómo usarla, [la masacre] no habría ocurrido o al menos no habría sido tan grave como fue». De hecho, un policía llamado Adam Gruler, armado con una Sig Sauer P226 9 mm, estaba esa noche en la sala reforzando la seguridad. Gruler abrió fuego contra Mateen, pero no consiguió abatirlo. Mateen, por su parte, había comprado las armas de asalto sin problemas, pese a haber sido investigado por el FBI en 2013 y 2014 por sus posibles vínculos con el terrorismo yihadista. Alex Jones no es un fanático poseído por su pasión republicana ni un ciudadano que ha sido manipulado y enloquecido por los algoritmos de la red social. Es un híbrido entre los rusos, los macedonios y el propio Trump, un oportunista que usa la desinformación para llamar la atención y hacerse rico. Es interesante recordar eso cuando se discute con esta clase de *trolls*: cada minuto que pasamos negando sus disparatadas afirmaciones, él hace caja.

Es imposible saber el impacto que tuvo por separado cada una de las diferentes estrategias que confluyeron en aquellas elecciones. Si los rusos tuvieron más peso que los británicos; si fue el instinto de Brad Parscale, la avaricia de los macedonios, la estulticia oportunista de Roger Stern o el carisma incontestable de Donald Trump, cuya experiencia en los *realities* ha sido crucial para cimentar su conexión con la clase obrera de Estados Unidos. Lo que sí sabemos es que la industria del marketing político absorbió las estrategias de cada uno de ellos, como si fuera una máquina de jugar al Go, y que ahora tiene características de todos.

Carole Cadwalladr llevaba un año escribiendo sobre Cambridge Analytica, antes de convencer a Christopher Wylie de que diera la cara en la prensa y explicara su papel, pero la industria de la manipulación política ya se había manifestado en varios lugares. En la investigación de la Púnica, una trama de corrupción municipal y regional infiltrada en diversos ayuntamientos y organismos autonómicos del Partido Popular en España, se descubrió que el PP de Madrid había encargado un ejército de tuiteros para que defendiera a la entonces presidenta de la comunidad, Esperanza Aguirre, y a su segundo, Ignacio González. La empresa EICO, propiedad de Alejandro de Pedro, llegó a facturar hasta 81.999 euros en 2011 por fabricar apoyo civil para los dos políticos. «Ambas personas tienen una alta presencia en la red, sin embargo su identidad digital está determinada por la percepción negativa que se proyecta desde medios de comunicación online», decían los documentos de EICO. «Es necesario destacar la carencia de una estrategia online que considere y/o vele tanto por neutralizar los comentarios negativos como por posicionar noticias relevantes [...] en los principales buscadores [porque] existen muy pocos espacios propios que ayuden a defender, no ya a promocionar, la imagen de los objetos de estudio.» La consejera de Educación Lucía Figar encargó un ataque coordinado contra la Marea Verde, un colectivo de profesores y trabajadores de la educación pública que protestaban contra los recortes de la Comunidad y contra el entonces ministro socialista de Educación, Ángel Gabilondo. Además de llenar Flickr,

LinkedIn, Slideshare, Facebook, Twitter, Google+ y YouTube de cuentas falsas que apoyaban al PP, EICO creó docenas de «blogs temáticos» y medios digitales para la «generación y difusión de noticias favorables al cliente en diarios controlados por EICO, en la viralización en redes sociales de dichas noticias o en la generación y difusión de mensajes en la red social Twitter mediante la red de perfiles falsos creada por EICO». Estamos hablando de 2011. En 2015, la ONG berlinesa Tactical Tech había identificado sesenta compañías en distintas partes del mundo que vendían o compraban bancos de datos personales para hacer campañas políticas. Después del escándalo Cambridge Analytica, la lista era de trescientas veintinueve.[17]

La base de datos incluye empresas y organizaciones activas en el sector, no solo las que se anuncian como tales. La mayor parte son empresas con ánimo de lucro contratadas por entidades políticas por sus conocimientos técnicos, no políticos. Y todas sus actividades están basadas en la extracción y análisis de datos de votantes. La imagen que proyecta es la de un ecosistema que se retroalimenta continuamente: *data brokers* como i360 (empresa de los multimillonarios y republicanos hermanos Koch) que compra datos y los reempaqueta como datos útiles de campaña, y que es subcontratada por firmas de análisis predictivo como HaystaqDNA, que compran esa información y la usan para testar estrategias: por ejemplo, qué respuesta tendría una campaña específica contra la caravana de migrantes hondureños o a favor de un tercer baño para personas transgénero en Tennessee. La empresa 270 Strategies viene de la plataforma de voluntarios de la campaña de Barak Obama, y se especializa en «crear movimientos» a partir de análisis de datos. «Tuvimos el honor de servir al presidente Obama y seguir haciendo grandes cosas para cambiar el mundo.» Y eXelate, subdivisión de Nielsen, crea publicidad específica para audiencias específicas en lugares geoestratégicos para las campañas. Un director de campaña orquesta su estrategia con una combinación de servicios adaptada a su cliente. De momento, todas las empresas del sector son legales, a diferencia del mercado clandestino y paralelo de servicios de ciberespionaje, formado por exagentes de agencias de inteligencia como la CIA o la NSA.

Las *midterms* o elecciones generales de mitad de legislatura renuevan en Estados Unidos a los cuatrocientos treinta y cinco miembros de la Cámara de los Representantes, a treinta y seis senadores (un tercio de la Cámara Alta) y a treinta y seis gobernadores. También se votan decenas de alcaldes, cientos de jueces y los tesoreros, fiscales, directores de educación y otros puestos de instituciones relevantes de todo el país. Normalmente sirven de termómetro para medir el grado de satisfacción de los estadounidenses con el candidato que habían elegido dos años antes, y sus posibilidades de volver a ganar las siguientes. En 2018 sirvieron también para constatar la consagración de las tácticas de campaña de los últimos comicios. Las tácticas rusas se han mezclado con las estrategias de marketing para crear un organizado y tenebroso festival de despropósitos. Antes de todo aquello, la campaña de Jair Bolsonaro en Brasil consolidó el uso de sistemas de mensajería cifrados en la nueva arma de manipulación política a gran escala. Literalmente, ganó las elecciones con un partido minoritario gracias a una campaña completamente oscura en WhatsApp.

WHATSAPP, EL PRIMER MEDIO DE COMUNICACIÓN DE MASAS SECRETO

La victoria de Jair Bolsonaro no parecía probable. Y no solo porque fuera un exmilitar al que muchos han descrito como un híbrido de Donald Trump y el autócrata de Filipinas Rodrigo Duterte, abiertamente racista, machista, homófobo y un nostálgico de la dictadura militar que sometió a Brasil de 1964 a 1985. Desde fuera, su acceso a los recursos de campaña parecía muy limitado. Todo se confabulaba contra él.

En Brasil, como en otros países de Latinoamérica, las campañas políticas se financian con dinero público. La financiación privada fue prohibida por el Supremo Tribunal Federal en septiembre de 2015, en pleno escándalo de la Operação Lava Jato. Desde entonces, el dinero de la campaña se distribuye de manera proporcional al número de asientos que tiene el candidato en el Congreso. Lo mismo ocurre con el espacio en prensa, radio y televisión, que depende del tamaño del partido. El Partido Social Liberal con el que Bolsonaro se presentaba a las elecciones y al que se había unido en enero de 2018 tenía ocho diputados (de un total de quinientos trece). Era muy pequeño.

Peor aún: el Tribunal Superior Electoral había decidido ese año que los partidos dedicarían al menos el 30 por ciento de los fondos públicos de campaña y del tiempo televisivo a las candidatas mujeres. De los trece candidatos a la presidencia, solo dos eran mujeres; la exministra de medioambiente de Lula, Marina Silva, y la anticapitalista Vera Lucía, del Partido Socialista de los Trabajadores Unificado. Pero muchos candidatos llevaban una mujer de segunda. Haddad llevaba a la comunista Manuela D'Ávila; Ciro Gomes a la senadora Kátia Abreu y Geraldo Alckmin a la senadora Ana Amélia Lemos. Jair Bolsonaro, cuyo desprecio por las mujeres es tan público y notable,[18] llevaba de vicepresidente al general Hamilton Mourão, que tan solo un año antes había amenazado con una intervención militar.

Bolsonaro hizo de sus contratiempos su principal virtud. Su desprecio a las mujeres fue bien acogido en un país donde cada dos horas y media una mujer sufre una violación colectiva y casi nunca se denuncia.[19] Y el ataque que sufrió a principios de septiembre, cuando un perturbado mental de cuarenta años le apuñaló en el abdomen con un cuchillo de cocina, le sirvió de excusa para no ir a los debates. Su equipo aseguró que los medios tradicionales estaban al servicio del Partido de los Trabajadores, en el Gobierno de la República desde que Luiz Inácio Lula da Silva ganara las elecciones en 2003 y hasta que su sucesora, Dilma Rousseff, fuera destituida por corrupción en 2016. «Desde que Jair es candidato, las redes de televisión, las grandes revistas de circulación y los principales periódicos tienen un único propósito: destruir a Bolsonaro —declaraba el que iba a ser su jefe de Gabinete, Onyx Lorenzoni—. No les ha ido bien porque la formación de opinión en Brasil no pasa hoy por los medios, pasa por WhatsApp, Facebook y Twitter.»[20] Fue la primera campaña ejecutada exclusivamente en las redes sociales, diseñada para «la nueva ciudadanía». Y asesorada por Steve Bannon, jefe de Campaña de Donald Trump y fundador de Cambridge Analytica.

La Internet Research Agency había creado o colonizado grupos de Facebook para tribalizar el debate político y debilitar a la sociedad estadounidense creando división, desconfianza y violencia. Cambridge Analytica había usado Facebook para enviar mensajes distintos a personas distintas de manera semiclandestina, aprovechando la herramienta de segmentación para anunciantes de la plataforma. Pero, incluso haciendo campañas oscuras, Facebook es una red social diseñada para facilitar la distribución de contenidos. WhatsApp, que Facebook compró en 2014 por 21.800 millones de dólares, es por su parte un servicio de mensajería y, por lo tanto, estaba diseñado para restringir la distribución de contenidos. Sobre todo desde que empezó a cifrar de extremo a extremo en 2016, en plena guerra de acceso entre Apple y el FBI.

«El cifrado de extremo a extremo de WhatsApp asegura que solo tú y el receptor puedan leer lo que es enviado —explica la página de la compañía—. Esto es porque tus mensajes están seguros con un candado y solo tú y el receptor tienen el código/llave para abrirlo y leer los mensajes.» El cifrado protege las conversaciones de los usuarios hasta de la propia compañía y, por lo tanto, des-responsabiliza a la plataforma de lo que hagan allí. Teóricamente, Facebook no puede facilitar el acceso a conversaciones que Facebook mismo no puede descifrar. Cada usuario tiene una clave criptográfica única para poder descifrar los mensajes, llamadas, fotos y vídeos que se mandan. Pero los grupos pueden tener hasta doscientas cincuenta y seis personas. «Como Apple, WhatsApp está amurallándose contra el Gobierno federal —explicaba Cade Metz en la revista *Wired*— pero es un muro a gran escala, uno que se extiende a través de mil millones de dispositivos.»[21] Es el primer sistema de comunicación de masas cifrado, protegido por el secreto de comunicaciones.

El equipo de Bolsonaro creó cientos de miles de chats que recibían un mínimo de mil mensajes diarios. También compró cientos de miles de números de teléfono en Estados Unidos para enviar los mensajes desde un origen desconocido. La campaña diseñó una «estrategia combinada de pirámide y redes en la que los creadores generan contenido malicioso y lo envían a activistas locales y regionales, que después pasan la información a muchísimos grupos públicos y privados. Desde ahí, los mensajes se diseminan aún más cuando las personas crédulas los comparten con sus propios contactos».

Las listas de difusión no requieren tener al emisor en la agenda de contactos. En la página de WhatsApp dice: «Con la función de listas de difusión, puedes enviar mensajes a varios contactos a la vez. Una lista de difusión es una lista de destinatarios que queda guardada. Cuando usas esta lista, puedes volver a difundir un mensaje a los mismos destinatarios sin tener que seleccionarlos de nuevo uno por uno. [...] Los destinatarios recibirán el mensaje como si fuera un mensaje individual. Cuando respondan al mensaje, te aparecerá también como un mensaje individual en tu pantalla de chats; sus respuestas no se enviarán a los otros destinatarios en la lista».

Brasil es uno de los países en los que se usa la clase de tarifa Zero para las redes sociales. En el momento de la campaña de Bolsonaro, WhatsApp tenía ciento veinte millones de usuarios, dos tercios de la población brasileña.[22] Habían encontrado una herramienta más efectiva que los grupos de Facebook para crear tribus enfurecidas. El 44 por ciento del país usaba la aplicación como principal fuente de información electoral, pero todos los ojos estaban puestos en la sección de noticias de Facebook, los resultados de búsqueda de Google y los canales de vídeos de YouTube.

Brasil es uno de los diecisiete países donde Facebook y Google han abierto oficinas de verificación de datos externas para «identificar y combatir la desinformación en internet y las técnicas sofisticadas de manipulación». También ofrecen apoyo técnico y financiero al proyecto Comprova, coordinado por la Asociación Brasileña de Periodismo de Investigación, que incluye veinticuatro cabeceras, incluidos grandes periódicos, cadenas de radio y televisión y portales locales. También han firmado acuerdos con el Tribunal Superior Electoral de Brasil para proteger los comicios de las campañas. Mientras vigilaban las plataformas públicas, el equipo de Bolsonaro desplegaba una campaña de desinformación a gran escala por los canales privados de WhatsApp.

«Cuando la gente se dio cuenta de que había una gran operación en marcha, era ya demasiado tarde», explicaba Pablo Ortellado, profesor de Gestión de Políticas Públicas en la Universidad de São Paulo y columnista del *Folha de S. Paulo*, el segundo diario de mayor circulación en Brasil. Su informe sobre la campaña oscura de Bolsonaro, realizado con la Universidad Federal de Minas Gerais, la Universidad de São Paulo y la plataforma de verificación de datos Agência Lupa, analizó las publicaciones de trescientos cuarenta y siete grupos de chat, abiertos a nuevos usuarios y dedicados a la política, una pequeña muestra del total.

> De una muestra de más de cien mil imágenes políticas que circularon en esos trescientos cuarenta y siete grupos, seleccionamos las cincuenta más compartidas. Las analizó la Agência Lupa, considerada la principal plataforma de verificación de datos en Brasil. Ocho de esas cincuenta fotografías e imágenes resultaron ser completamente falsas; dieciséis eran fotos reales sacadas de contexto o relacionadas con datos distorsionados; cuatro eran afirmaciones sin sustento que no provenían de una fuente pública confiable. Eso significa que el 56 por ciento de las imágenes más compartidas eran engañosas. Solo el ocho por ciento se consideró completamente veraz.[23]

Cada vez que salía una noticia negativa sobre Bolsonaro o su campaña en los medios tradicionales, él y su equipo gritaban: «¡Son *fake news*!». Mientras tanto, llenaban el país de noticias falsas. Bolsonaro acusó a su oponente de haber introducido en los colegios, cuando era ministro de Educación, un libro de educación sexual para niños de seis años donde se explicaban las relaciones homosexuales. Aún se le puede ver en cientos de canales de YouTube agitando el panfleto, al que llamaba «kit gay». También circuló una campaña donde se explicaba que Haddad iba a legalizar la pedofilia, bajando la edad de consentimiento para las relaciones íntimas a los doce años. Ninguna de las dos cosas era cierta, pero las dos tenían algo de verdad. El libro había existido como parte de una campaña llamada Escuela sin homofobia, aprobada en 2004, pero estaba destinado a educadores y nunca llegó a ponerse en marcha. También existió una propuesta de ley que planteaba bajar la edad de consentimiento sexual de los catorce a los doce años, que nunca fue aprobada y con la que Haddad no tuvo nada que ver, ya que nunca había sido diputado ni senador.

La técnica se ha ido repitiendo desde entonces en el resto de países. El contenido más efectivo es material legítimo que ha sido manipulado para que parezca otra cosa; mentiras con un poso de verdad circulando por canales donde no entra la luz del sol. «Casi todo lo que vemos en todos los países es contenido que tiene un poco de verdad —asegura Claire Wardle, jefa de investigación en el proyecto First Draft, que ha monitorizado los últimos procesos electorales en Estados Unidos, Francia, Reino Unido, Alemania, Nigeria y Brasil—. Es contenido genuino pero reciclado; imágenes sacadas de contexto, el uso de estadísticas para generar interpretaciones erróneas en el lector. Más que artículos de texto, la mayor parte del contenido que vemos en todos los países se comparte como publicaciones visuales en Facebook, Twitter, Instagram y WhatsApp.» No solo por su poder inmediato. La técnica de hacer un pantallazo en lugar de compartir directamente el material emborrona el rastro hasta su lugar de origen y despista los controles de la propia plataforma, que los interpreta como un contenido nuevo, y no como la enésima iteración de un contenido viralizado artificialmente.

El ojo humano tiene problemas a la hora de detectar las inconsistencias de una imagen manipulada.[24] La imagen más compartida en WhatsApp durante la campaña mostraba a Fidel Castro acompañado de una joven Dilma Rousseff, «pupila, estudiante socialista de Castro». Solo que, en el momento de la foto, la expresidenta de Brasil estaba en su casa de Minas Gerais y tenía once años. La foto original había sido tomada por John Duprey para el *NY Daily News*, durante la visita de Castro a Nueva York en abril de 1959, cuatro meses después del triunfo de la Revolución cubana. La mentira se compartió tantas veces que, en el momento de escribir estas líneas, una búsqueda inversa del original recibe la sugerencia de Google: consulta más probable para esta imagen: Dilma y Fidel Castro. «Si dices una mentira lo suficientemente grande y la sigues repitiendo, la gente acabará creyéndola.»

Los humanos también tenemos problemas detectando inconsistencias cuando la información llega en «formato científico», como gráficos, porcentajes y fórmulas.[25] Como decía Mark Twain, «hay tres clases de mentiras: las mentiras, las jodidas mentiras y las estadísticas». Las nuevas campañas inundan la red de estadísticas que la gente retuitea considerando que un detalle tan preciso solo puede venir de un informe verídico. En España, el partido de ultraderecha Vox exigió a la policía la expulsión de cincuenta y dos mil inmigrantes con tarjeta sanitaria pero en situación irregular en Andalucía. La actuación que pedía el grupo habría significado una infracción de la Ley de Protección de Datos, por la cual las bases de datos de una administración (por ejemplo, la Seguridad Social) no pueden ser utilizadas por la de otra (como la Policía). El documento generó la predecible respuesta incendiada de columnistas en medios y tertulianos en la radio y la televisión, y la cifra fue bailando de titular en titular hasta que a alguien se le ocurrió comprobarla. Si dices una mentira lo suficientemente grande y haces que tu enemigo la repita, la gente ni siquiera se plantea la posibilidad de que no sea cierta.

Las campañas para las redes sociales tienden a normalizar el debate político en torno a los grandes temas, en detrimento de la política local. La propaganda computacional como herramienta obliga a encontrar tipologías, genomas específicos de gente para desarrollar una estrategia, y esas tipologías son genéricas, por lo tanto, las campañas también. Esta homogeneización produce aberraciones como vimos en las *midterms*, donde la pelea por los puestos locales como la dirección de instituciones educativas o la oficina de correos estaba también dominada por los temas globales: ISIS, la caravana de migrantes. Pero también facilita que el esfuerzo de unos grupos sirva como entrenamiento para otros, que aprenden de sus errores y aplican sus éxitos. También permite que los distintos grupos de la ultraderecha se coordinen como las distintas facciones de un solo ejército. Una operación centralizada en torno a la figura de Steve Bannon, arquitecto de Cambridge Analytica, exasesor de Donald Trump.

Como hemos visto antes, el escándalo Cambridge Analytica tuvo el doble efecto de demonizar a la empresa pero popularizar sus servicios. Tanto Cambridge Analytica como su filial británica declararon la bancarrota a mediados de 2018, pero su tecnología es más popular que nunca. Tras asesorar a Jair Bolsonaro en su campaña clandestina, Bannon se volvió hacia Vox, el partido más reciente de la ultraderecha en España. Su enlace fue Rafael Bardají, quien había sido la mano derecha de José María Aznar y exasesor de sus ministros de Defensa, Eduardo Serra y Federico Trillo. Tras la reunión, anunció que Bannon le había dado a Vox «su aparato tecnológico para movernos en las redes sociales con los mensajes adecuados, probar ideas y hacer una campaña electoral al estilo americano». Se une así a la liga

de partidos reaccionarios que asesora Bannon en Europa. El exestra-
tega de Trump inauguró el XVI Congreso del Frente Nacional francés, fundado por Jean-Marie Le Pen y liderado por su hija Marine Le
Pen, anunciando el nacimiento de un movimiento populista global.
«La historia está de vuestro lado —aseguró—. Vosotros formáis parte
de un movimiento más grande que Francia, más grande que Italia,
más grande que Polonia, más grande que Hungría... los pueblos se
han puesto en pie, para hacer frente a su destino.» Su franquicia populista ha quedado sustentada en cuatro temas, que se repiten de país
en país. La centralización del discurso es su principal fragilidad, porque se manifiesta como un cuadro cada vez más osificado de síntomas
que permite diagnosticar la infección.

La receta tiene cuatro ingredientes. Primero, se pone en duda la
integridad de las elecciones. Todos los candidatos, de Trump a Bolsonaro pasando por Le Pen han asegurado que el proceso electoral está
amañado (hasta que ganan ellos). En las *midterms*, Trump dijo que el
sistema estaba «masivamente infectado» en Florida, y que «ya no era
posible un recuento honesto de los votos». Segundo, la campaña de
deshumanización de los inmigrantes, basada en información falsa.
Dos ejemplos separados en el tiempo son la ola de inmigrantes sirios
que entró en Europa huyendo de la guerra a partir de 2011 y, más
recientemente, la caravana de personas procedentes de Centroaméri-
ca —principalmente Honduras, Guatemala y El Salvador— que
empezó a avanzar hacia la frontera de México para huir de la pobreza,
la violencia de las bandas y el narcotráfico, en la primavera de 2018.
Los vídeos de presuntos asilados sirios cometiendo actos de violencia
en sus países de acogida circulan de manera reiterada por las redes. El
vídeo de un ruso borracho agrediendo gravemente a dos enfermeras
en un hospital de Nóvgorod, una localidad rusa a ciento noventa kilómetros al sureste de San Petersburgo, aparece durante las elecciones
francesas como la prueba de que los sirios no pueden convivir en las
sociedades civilizadas. En España fue publicado por un presunto ciudadano canario, con la leyenda: «Musulmán dando las gracias por su
acogida en Europa en un centro de salud español. Imágenes que TVE
no difunde para no caer en la alarma social». Hay casos en los que la
misma imagen es usada para campañas opuestas. En Turquía y en

Suecia, una foto del buque de carga *Vlora* con más de veinte mil albaneses mal llegando al puerto italiano de Bari en 1991 fue reciclada como una carga de europeos que llegaban al norte de África escapando de la Primera Guerra Mundial. En Estados Unidos, Italia y Francia fue el retrato de la «invasión» de sirios en Italia. La misma foto fue usada para abochornar a los ingratos europeos que niegan asilo a sus vecinos en crisis; y para retratar la crisis migratoria como un tsunami de hombres extraños y peligrosos, una tragedia que amenaza el bienestar de la sociedad civil. El lenguaje es elegido cuidadosamente. Se habla siempre de «invasión», de conducta «criminal», de extremismo religioso, de terrorismo.

Los inmigrantes acaparan y acumulan ayudas sociales que son arrebatadas a la población local. Y son o esconden terroristas. Los verdaderos datos son ocultados por los medios, que obedecen intereses secretos. «¿Por qué los medios no están hablando del informe de que ha habido AL MENOS 100 terroristas del ISIS detenidos en Guatemala como parte de la caravana de criminales?», se pregunta Charlie Kirk en Twitter, antes de ser retuiteado decenas de miles de veces, recogido por las webs de la ultraderecha y finalmente legitimado por el propio presidente de Estados Unidos. Trump publica que hay «criminales y desconocidos de Europa del Este» en la caravana. No dice que el Gobierno te lo oculta porque, en ese momento, el Gobierno es él. El germen de la mentira parece ser unas declaraciones hechas por el presidente de Guatemala Jimmy Morales, hechas antes de que la caravana existiera. Presionado por justificar sus acusaciones, Trump dijo que no tenía datos concretos, pero que la patrulla fronteriza había detenido en el pasado a gente de Europa del Este y había detenido a infiltrados del ISIS. Aparentemente, esto tampoco es verdad: ningún sospechoso de pertenecer al ISIS ha sido detenido tratando de entrar en Estados Unidos por la frontera del sur. Cuando otro periodista insistió en que justificara sus afirmaciones, el presidente contestó de la manera más orwelliana posible: «No hay pruebas de nada. No hay pruebas de nada. Pero podría haber sido perfectamente».

Se repite también la retórica del nosotros-contra-ellos, la misma herramienta de tribalización perfeccionada por la Agencia rusa, y que se manifiesta de manera racista, clasista, sexista y violenta en general.

Se forman comunidades en torno al rechazo a otros grupos, el robo de derechos o servicios y la comisión de crímenes imaginarios o errores de ego. Demócratas buenistas o hipócritas que aman a los inmigrantes contra el pueblo sometido a sus caprichos; feministas que denuncian violaciones y malos tratos para someter y castigar a hombres inocentes; pijos de ciudad que imponen medidas medioambientales que destruyen la microeconomía de las familias buenas del campo. Como ocurrió en Estados Unidos, hay grupos antagonistas que parecen diseñados para matarse delante de una mezquita. Los informes indican que ya no son los rusos sino la «democratización» de sus tácticas de guerrilla computacional. El Kremlin ya no necesita crear división en los países vecinos porque ya lo hacen ellos solos. Todas estas tensiones fermentan en los grupos cerrados de Facebook, en las redes protegidas de WhatsApp, Instagram y Twitter, antes de llegar a la superficie y expandirse por las distintas plataformas y cabeceras de su círculo. Por eso vemos contenidos que parecen venir de la nada y estar de pronto en todas partes: se han cocinado en secreto y se ha orquestado una puesta de largo, asistida por trolls disfrazados de personas y de personas que se portan como trolls.

Finalmente, la franquicia se ha instalado en la gran conspiración del *establishment* como vehículo de destrucción de las instituciones democráticas. Aquí la inversión es el camino y el objetivo final. Como ha demostrado Víktor Orban en Hungría, nada molesta más a un régimen autoritario que las instituciones. Todos los políticos contrarios son unos radicales o unos ineptos, todos los periódicos y canales informativos están vendidos al poder. Todas las instituciones están corruptas, todos los procesos democráticos amañados, todos los poderes podridos, todos los representantes vendidos. No hay ningún lugar adonde ir, salvo la tribu. Destruir las instituciones es el acto revolucionario necesario para limpiar las cloacas del Estado y de la sociedad. Como decía Orwell, «no se establece una dictadura para salvaguardar una revolución; se hace la revolución para establecer una dictadura».

La franquicia se manifiesta a través de la hegemonía de los cuatro discursos en todos los países, donde los operadores intercambian material, retórica y canales, en un esfuerzo coordinado por ejecutar el mismo algoritmo optimizado para una viralidad inmediata. Traducen hasta los nombres: «Brasil Primeiro», «España, lo primero» y la «France first» de Marion Maréchal-Le Pen, todas versiones del «America First» de Trump, que a su vez lo había copiado de un comité aislacionista y antisemita estadounidense de 1940, llamado America First Committee. El lenguaje natural para la destrucción del Estado de derecho es el meme, porque permite testar y naturalizar conceptos que habían sido rechazados —como el machismo o la xenofobia— en un contexto sin consecuencias, porque es una broma. Y los que denuncian o rechazan la broma quedan neutralizados con un calificativo que parece diseñado a propósito para este contexto: *snowflakes*.

En realidad es una cita de *El club de la lucha*, la novela de Chuck Palahniuk, que también aparece en la fabulosa adaptación cinematográfica de David Fincher en 1999. En un momento dado, el nihilista Tyler Durden le dice al protagonista lloroso: «No eres especial. No eres un precioso y único copito de nieve». Desde entonces, el término ha sido utilizado de manera coloquial para referirse a la generación emo de niños sobreprotegidos y blanditos, destruidos por la ausencia de retos y educados en la corrección política, el languipop de guitarras y *Amelie*. De izquierdas o de derechas, lloricas de cualquier edad. Todo cambió en 2016 con la campaña de Trump. De hecho, su evolución refleja con bastante rigor las fases que ha atravesado la franquicia desde entonces.[26] En 2008, el *snowflake* era «una persona que se cree OHDIOSMIOTANESPECIAL pero que, de hecho, es igual que todo el mundo». En mayo de 2016, la definición cambió a «persona excesivamente sensible, incapaz de soportar cualquier opinión que difiera de la suya. Esas personas se pueden ver congregadas en "zonas seguras" de los campus universitarios». En 2018 cambió de nuevo: «Un milenial con ínfulas, retrasado de la justicia social[27] que huye a su "espacio seguro" para jugar con sus juguetes antiestrés y sus cuadernos de colorear cuando es "provocado" por cualquier "microagresión" inofensiva». Durante la campaña, *snowflake* era cualquiera que dijera que Trump era racista por decir que los mexicanos eran violadores y asesinos, o que era sexista por decir que a las mujeres hay que agarrarlas *by the pussy*. Cualquier manifestación en contra del supremacismo blanco, la violencia de género, la homofobia, la transfobia y la misoginia era típica de un *snowflake*. El *Guardian* la declaró palabra del año en 2016. Como todo el léxico hegemónico de la franquicia, ha sido traducido a todos los países donde opera. España tiene una de las traducciones más logradas: *ofendiditos*. Quedó retratada para siempre en el anuncio de Navidad de Campofrío de 2018, titulado «La tienda LOL».

GRUPOS SECRETOS: LA PRÓXIMA FRONTERA

Cuando empezó la investigación sobre la campaña de influencia rusa en 2016, a Mark Zuckerberg le parecía una «idea muy loca» que los algoritmos de Facebook pudieran haber contribuido a la operación. Más aún: resentida. «Los votantes toman decisiones con base en su experiencia vivida —explicaba en San Francisco, durante una conferencia—. Hay una profunda falta de empatía en afirmar que la única razón por la que alguien pueda haber votado lo que ha votado lo haya hecho por culpa de las *fake news*.» También dijo que Facebook ofrecía un entorno mediático más políticamente variado que las cabeceras tradicionales, porque la mayor parte de los usuarios tienen amigos que no comparten su visión del mundo. «Incluso si el 90 por ciento de tus amigos son demócratas, probablemente el 10 por ciento son republicanos. Incluso si vives en un estado o país, tendrás amigos que viven en otro estado o país. [...] Eso significa que la información que te llega a través del sistema social es más diversa que la que te habría llegado a través de las cabeceras de noticias.» El fundador de Facebook ofreció la misma visión del papel que su plataforma había tenido en los brotes de violencia en Myanmar y otras regiones donde habían desplegado su programa Free Basics.

Las investigaciones realizadas en Estados Unidos y Reino Unido revelaron que la empresa había sido consciente de ambos problemas y había decidido ignorarlos, amparados en la Sección 220 de la Decencia de las Comunicaciones. Alex Stamos, entonces jefe de seguridad de la plataforma, había identificado la trama rusa y alertado a sus jefes ya en el año 2015. Activistas, periodistas y hasta funcionarios de los gobiernos de Filipinas y Myanmar escribieron a Facebook denunciando los efectos que estaba teniendo la plataforma en sus respectivos países. La dirección ignoró los avisos hasta que llegaron a la prensa generalista. Entonces contrataron a la firma de comunicación Definers Public Affairs, popular entre los grupos de presión republicanos, para que hiciera su propia campaña de desinformación. Definers trató de desviar la atención hacia otras plataformas como Google y Apple, produciendo contenidos acerca de sus malas prácticas. También se inventó la historia de un complot para hundir a Facebook orquestado por George Soros, y escondido tras Freedom from Facebook, la coalición de grupos que presionan a la Comisión Federal de Comercio de Estados Unidos para que acabe con el monopolio de la compañía desarmando el grupo de redes sociales que maneja. La investigación del *New York Times* que destapó la noticia apuntaba a la directora de operaciones Sheryl Sandberg como responsable directa de la campaña, pero su jefe de comunicación Elliot Schrage asumió la responsabilidad.

Desde entonces, Zuckerberg se ha disculpado docenas de veces, alegando inocencia y falta de visión periférica. Tanto él como su equipo han aparecido en la prensa y en los órganos constitucionales estadounidense, británico y europeo, dando diferentes versiones de «estábamos demasiado ocupados haciendo del mundo un lugar mejor y no nos dimos cuenta de qué estaba mal en el universo». A finales de 2018, se han aceptado algunas responsabilidades y se han tomado algunas medidas. No muchas. En previsión de la campaña para el Parlamento europeo, los anunciantes necesitarán una autorización antes de comprar anuncios de campaña y de temas de campaña. Los usuarios podrán ver quién ha comprado una información y sus objetivos demográficos. Lamentablemente, ya hemos visto que los anuncios son solo útiles en la medida en que permiten encontrar a personas vulnerables. El verdadero problema son los grupos cerrados y los sistemas de propaganda masiva protegidos por criptografía como WhatsApp. La empresa ha limitado a cinco la cantidad de canales (que no personas) a las que se pueden reenviar mensajes de manera simultánea. La medida empezó en India, después de los brutales linchamientos provocados por las *fake news*, para ralentizar el proceso de diseminación de las noticias falsas. Pero los grupos pueden tener hasta doscientos cincuenta y seis participantes. Y sabemos que toda la acción está en los grupos: de Facebook, Twitter, Telegram, Instagram y WhatsApp. Una red de distribución coordinada puede enviar un mensaje a mil doscientas ochenta personas en cinco grupos. Si cada una de esas personas pueden reenviar el mismo mensaje a otros cinco grupos, el contenido puede llegar a millones de personas en pocos minutos con un coste cero.

Fue lo que ocurrió en Brasil, mientras todos los grupos que supervisaban la campaña estaban distraídos monitorizando Facebook. WhatsApp es imposible de monitorizar, porque la naturaleza misma del medio lo impide. Y Facebook no facilita acceso o información sobre los canales de distribución de esas noticias, solo financia a los grupos que las desmienten, mientras la acción se está moviendo a otros espacios todavía más privados: los DM rooms de Twitter e Instagram. Son los grupos privados dentro de las plataformas. Mucha gente no sabe que existen, lo que fomenta su *sex appeal*. Los dos son evoluciones del mensaje privado de usuario a usuario que ha sido reconvertido en grupo para ayudar a las empresas de marketing a viralizar contenidos en supergrupos seleccionados. Permiten una viralidad extrema combinada con el secretismo. Y pronto estarán conectados de manera directa con los grupos secretos de Facebook y de WhatsApp. En el momento de cerrar este libro, la empresa de Mark Zuckerberg trabaja para unir WhatsApp, Instagram y Messenger en una infraestructura común por medio de la cual los usuarios de todas las plataformas podrán contactarse entre ellos a través de canales cifrados. El ecosistema definitivo para la vigilancia y manipulación de miles de millones de personas en previsión de un futuro irrevocable: pronto seremos muchos más viviendo en mucho menos espacio, compitiendo por menos recursos, en un entorno cada vez más hostil. Y estas infraestructuras de poder centralizado, persistente y oscuro no están diseñadas para ayudarnos a gestionar esa crisis. Están diseñadas para gestionarnos a nosotros durante la crisis. No nos van a servir para hacer frente al poder. Las herramientas del poder nunca sirven para desmantelarlo.

Notas

1. ADICCIÓN

1. Charles Spence, *Gastrophysics: The New Science of Eating*, Viking, 2017.

2. Steven Johnson, «The Political Education of Silicon Valley», *Wired*, 24 de julio de 2018.

3. David y Charles Koch son los dueños de Koch Industries, la segunda mayor empresa privada de Estados Unidos. Son grandes magnates del petróleo y a menudo aparecen los primeros de la lista de los más ricos del mundo. Son considerados «la encarnación de 1 por ciento».

4. Una provocativa respuesta al clásico libertario de Henry David Thoreau.

5. Sand Hill Road es la famosa arteria de Menlo Park, California, donde se concentra la mayor parte de capital riesgo del Valle. Las compañías de Sand Hill han propulsado empresas como Microsoft, Amazon, Facebook, Google, Tesla, Instagram, entre muchas otras. También es uno de los metros cuadrados más caros de Estados Unidos.

6. En 2014, Mark Zuckerberg dijo que lo habían cambiado a «Move fast with stable infrastructure» («Muévete rápido con una infraestructura estable»).

7. Walter Mischel, *El test de la golosina*, Debate, 2015.

8. Emily C. Weinstein, Robert L. Selman, «Digital stress: Adolescents' personal accounts», *New Media & Society*, 18(3), 2014, pp. 391-409.

9. El Stories de Instagram es una copia bastante literal de Snapchat. Facebook trató de comprar la plataforma y no lo consiguió.

10. David Foster Wallace, «Roger Federer as Religious Experience», *New York Times*, 20 de agosto de 2006.

11. En castellano: tirar para actualizar.

12. El famoso estudio sobre el cuenco sin fondo es de Brian Wansink, James, E. Painter y Jill North, «Bottomless bowls: why visual cues of portion size may influence intake», *Obesity. A Research Journal*, 13(1), 2005, pp. 93-100.

13. Hito Steyerl, «In Free Fall: A Thought Experiment on Vertical Perspective», *e-flux*, 2011. Es uno de los ensayos recogidos en *Los condenados de la pantalla*, Caja Negra, 2012.

14. Douglas Rushkoff, *Present Shock: When Everything Happens Now*, Current, 2013.

15 *Ibid.*, «Everything is live, real time and always on».

16. Langdon Winner, «Technology Today: Utopia or dystopia?», *Social Research*, 64, 1997.

17. Zeynep Tufekci, «YouTube, the Great Radicalizer», *New York Times,* 10 de marzo de 2018.

18. James Bridle, «Something is wrong on the internet», *Medium,* noviembre de 2017. Ha sido reproducido en varios medios y está incluído en su libro *New Dark Age, Technology and the end of the future*, Verso, 2018.

19. Android/Google Play: 3,8 millones; Apple's App Store: dos millones; Windows Store: 669.000; Amazon Appstore: 430.000; BlackBerry World: 234.500. © 2018, Statista.

20. Adam Alter, *Irresistible. ¿Quién nos ha convertido en yonquis tecnológicos?*, Paidós, 2018.

21. Bianca Bosker, «The Binge Breaker», *The Atlantic*, noviembre de 2016.

2. Infraestructuras

1. Edward Said, *Cultura e imperialismo*, Debate, 2018.

2. El artículo se llamó «Simulación dgital de enrutado de patata caliente en una red de comunicaciones distribuidas de banda ancha».

3. En el original: *4-minute mile.* Se trata de una prueba olímpica medida con la milla británica, inspirada en los mil pasos de una legión de soldados romanos. Una milla son 1,609 kilómetros.

4. Steven Johnson, *Where Good Ideas Come From: The Natural History of Innovation*, Riverhead, 2010.

5. Andrew L. Russell, *Open Standards and the Digital Age: History, Ideology, and Networks*, Cambridge University Press, 2014.

6. Stephen J. Lukasik, director adjunto y director de DARPA durante el desarrollo de ARPANET (1967-1974).

7. Andrew Blum, *Tubes: A Journey to the Center of the Internet*, Harper Collins, 2012.

8. Ryan Singel, «Vint Cerf: We Knew What We Were Unleashing on the World», *Wired*, 23 de abril de 2012.

9. Al privatizarse, PTT se desdobló en dos compañías: La Poste y France Télécom.

10. Sobre esta guerra transatlántica, nada más completo que Russell, *Open Standards and the Digital Age, op. cit.*

11. Michael y Ronda Hauben, *Netizens: On the History and Impact of Usenet and the Internet*, prefacio de Thomas Truscott, John Wiley & Sons, 1997.

12. José Cervera, «IBM PC: 35 años de revolución informática», *eldiario.es*, 21 de agosto de 2016.

13. Patty McHugh, la madre de la placa base.

14. Por la película de 1967, *Los doce del patíbulo*.

15. David D. Clark, «The Contingent Internet», *Daedalus*, The MIT Press Journals, 145(1), enero de 2016, pp. 9-17.

16. USENET era un grupo de usuarios (*users net*) que publicaban mensajes clasificados por categorías para generar debates en torno a temas concretos. Creado en 1979, se considera el primer servicio de comunicación masivo de internet.

17. James Bamford, *The Shadow Factory: The Ultra-secret NSA from 9/11 to the Eavesdropping on America*, Anchor, 2009.

3. VIGILANCIA

1. «Birds of a feather flock together», los pájaros de misma pluma vuelan juntos.

2. Yasha Levine, *Surveillance Valley: The Secret Military History of the Internet*, PublicAffairs, 2018.

3. Más adelante, Wojcicki lideraría el departamento de publicidad y comercio que desarrolló AdWords, AdSense, DoubleClick y Google Analytics. También gestionó la compra de YouTube, donde ahora es presidente ejecutiva. En 2015, la revista *Time* la declaró «la mujer más poderosa de internet».

4. La semilla de Google Earth es el programa EarthViewer 3D de la compañía Keyhole Inc, financiado por la Agencia Central de Inteligencia y adquirida por Google Inc en 2004.

5. Jennifer Valentino-DeVries, «Service Meant to Monitor Inmates' Calls Could Track You, Too», *New York Times*, junio de 2018.

6. Joseph Cox, «I Gave a Bounty Hunter $300. Then He Located Our Phone», *Motherboard*, 8 de enero de 2019.

7. «IMSI-catcher» o «International mobile subscriber identity-catcher» significa «atrapador de ID de abonado a la telefonía internacional».

8. Jennifer Valentino-Devries, Natasha Singer, Michael H. Keller y Aaron Krolik, «Your Apps Know Where You Were Last Night, and They're Not Keeping It Secret», *New York Times*, 10 de diciembre de 2018.

9. Issy Lapowsky, «Your Old Tweets Give Away More Location Data Than You Think», *Wired*, enero de 2019.

10. Reuben Binns, Ulrik Lyngs, Max Van Kleek, Jun Zhao, Timothy Libert y Nigel Shadbolt, «Third Party Tracking in the Mobile Ecosystem», Department of Computer Science, University of Oxford, 2018.

11. Sam Nichols, «Your Phone Is Listening and it's Not Paranoia», *Vice Magazine*, 4 de junio de 2018.

12. Felix Krause: FACTS.

13. The Price of Privacy: Re-Evaluating the NSA, The Johns Hopkins Foreign Affairs Symposium Presents, abril de 2014.

14. Kashmir Hill, «Max Schrems: The Austrian Thorn In Facebook's Side», *Forbes*, 2012.

15. Alex Brokaw, «This startup uses *machine learning* and satellite imagery to predict crop yields», *The Verge*, 4 de agosto de 2016.

16. Max J. Krause y Thabet Tolaymat, «Quantification of energy and carbon costs for mining cryptocurrencies», *Nature*, noviembre de 2018.

17. Harvey Molotch, «The City as a Growth Machine: Toward a Political Economy of Place», *American Journal of Sociology*, 82(2), septiembre de 1976.

18. Tim Adams, «Trevor Paglen: art in the age of mass surveillance», *Guardian*, noviembre de 2017.

19. En 2007, el grupo al completo posó para la revista *Fortune*, vestidos de mafiosos, confirmando el mote. Los miembros más notorios son Peter Thiel y Elon Musk.

20. Sopan Deb y Natasha Singer, «Taylor Swift Said to Use Facial Recognition to Identify Stalkers», *New York Times*, 2018.

21. Will Knight, «Paying with Your Face», *MIT Technology Review*, 2017.

4. Algoritmo

1. GOFAI: *Good Old Fashioned A.I.*
2. Jerry Useem, «How Online Shopping Makes Suckers of Us All», *The Atlantic*, mayo de 2017.
3. Nissan declaró su propio *dieselgate* en 2018, que afectó a cinco fábricas de Japón.
4. Ellora Thadaney Israni, «When an Algorithm Helps Send You to Prison», *New York Times*, octubre de 2017.

5. Revolución

1. «Exuberancia irracional» es la combinación de palabras elegida por el antiguo presidente de la Reserva Federal de Estados Unidos y antiguo miembro del círculo de Ayn Rand Alan Greenspan en su ahora famoso discurso de advertencia en el American Enterprise Institute for Public Policy Research (AEI) en diciembre de 1996.
2. Pets.com (1998-2000).
3. El cliente es la aplicación que permite a los ordenadores del sistema de intercambio comunicarse entre ellos y con el servidor.
4. Sean Parker cuenta la historia en *Downloaded*, el documental de Alex Winter sobre Napster, estrenado en 2013.
5. «Durante el intento de golpe de Estado soviético (19-21 de agosto de 1991), el IRC desempeñó un papel crucial en la circulación de información dentro de la Unión Soviética y más allá», Kerric Harvey (ed.), *Encyclopedia of Social Media and Politics*, Sage, 2014.
6. Steven Levy, *Hackers: Heroes of the Computer Revolution*, O'Reilly, 1984.
7. Lisp Machines, Inc. creada por Richard Greenblatt en 1979 y Symbolics Inc. constituida por Robert P. Adams, Russell Noftsker y Andrew Egendorf en 1980.
8. Una frase famosa del propio Stallman para diferenciar «libre» de «gratis», que en inglés son homónimos: *free*.
9. Los DRM, o gestión de derechos digitales, son sistemas de protección anticopia para impedir la duplicación ilegal de archivos protegidos por copyright.
10. «The coming "open monopoly" in software», *CNET*, 12 de junio de 2002.

11. *Away from keyboard*: «lejos del teclado».

12. Sobre esta guerra, que no es el tema que quiero tratar, recomiendo el libro de Ainara LeGardon y David G. Aristegui, *SGAE. El monopolio en decadencia*, Consonni, 2017.

13. Nick Davies, «The bloody battle of Genoa», *Guardian*, 17 de julio de 2008.

14. Andrea Camilleri, *Un giro decisivo*, Salamandra, 2003.

15. Astra Taylor, *The People's Platform. Taking Back Power and Culture in the Digital Age*, Henry Holt & Co, 2014.

16. El famoso lema del *New York Times* era «All the news that's fit to print» («Todas las noticias que es apropiado imprimir»).

17. Raffi Khatchadourian, «No Secrets», *New Yorker*, 9 de noviembre de 2010.

18. Neil Stephenson, «Mother Earth Mother Board», *Wired*, 12 de enero de 1996.

19. Steven Levy, «Crypto Rebels», *Wired*, 1 de febrero de 1993.

20. Chris Anderson, «The long tail», *Wired*, 1 de octubre de 2004.

21. Tim O'Reilly y John Battelle, «Web Squared: Web 2.0 Five Years On», Web 2.0. Summit.

22. Kevin Kelly, «The New Socialism: Global Collectivist Society Is Coming Online», *Wired*, mayo de 2009.

23. Un script es una cadena de órdenes o funciones que debe ejecutar una máquina. Una API es un conjunto de herramientas que pone una plataforma para que programadores ajenos a la empresa desarrollen aplicaciones y productos para ella.

24. «Los chicos del autobús» es una crónica de Timothy Crouse para la revista *Rolling Stone* sobre los periodistas que cubrieron la campaña electoral de Richard Nixon y George McGovern en 1972. En Estados Unidos, la prensa sigue a los candidatos en campaña de ciudad en ciudad en un autobús.

25. Amanda Michel, «Get Off the Bus. The future of pro-am journalism», *Columbia Journalism Review*, 2009.

26 Glynnis MacNicol, «Here's Why The Unpaid Bloggers Suing Arianna Huffington For $105 Million Don't Deserve A Penny», *Business Insider*, 12 de abril de 2011, <https://www.businessinsider.com/arianna-huffington-lawsuit-unpaid-bloggers-2011-4?IR=T>.

27. El *Blackout Day* ocurrió el 17 de enero de 2012.

28. Un ataque de denegación de servicio o «Distributed denial-of-ser-

vice (DDoS)» es un tipo de ataque en el que se realizan millones de peticiones al mismo equipo informático haciendo que el servidor se sobrecargue, se bloquee y se reinicie, tirándolo efectivamente de la red. Su versión distribuida se realiza desde muchos lugares, a menudo distintas partes del mundo.

29. Steven Johnson, «In Depth with Steven Johnson», *C-span.org*, 7 de octubre de 2012.

30. Amar Toor, «European companies sold powerful surveillance technology to Egypt», *The Verge*, 24 de febrero de 2016.

31. State of Privacy Egypt, Privacy International (privacyinternational.org).

6. El modelo de negocio

1. Nicholas Carlson, «Well, These New Zuckerberg IMs Won't Help Facebook's Privacy Problems», *Business Insider*, 13 de mayo de 2010.

2. «It's not a bug, it's a feature» es una expresión que significa, literalmente, «no es un bicho [un error del sistema], sino una funcionalidad [diseñada a propósito]».

3. Katherine Losse, *The Boy Kings: A Journey into the Heart of the Social Network*, The Free Press, 2014.

4. La carta de cese y desista (*cease and desist*) es la típica solicitud que envían las plataformas para detener una actividad (cesar) y no retomarla más tarde (desistir), bajo la amenaza de enfrentarse a acciones legales.

5. Adam D. I. Kramer, Jamie E. Guillory y Jeffrey T. Hancock, «Experimental evidence of massive-scale emotional contagion through social networks», *Proceedings of the National Academy of Sciences*, 111 (24), 17 de junio de 2014, pp. 8788-8790.

7. Manipulación

1. Margaret Atwood, «My hero: George Orwell by Margaret Atwood», *Guardian*, 18 de enero de 2013.

2. Una bomba sucia o dispositivo de dispersión radiológica (RDD) combina explosivos convencionales con polvo o granulos radiactivos de bajo nivel, que añaden a la explosión una nube radiactiva.

3. Elie Mystal, «Dear Media, Please Cut the Sob Stories About Trump Voters Hurt by Trump Policies», *Nation*, 8 de enero de 2019.

4. Gleb Pavlovsky, «The Putin Files», *The Frontline Interviews*, PBS.

5. Max Otto von Stirlitz es una especie de James Bond ruso, protagonista de una serie de novelas del Yulián Semiónov. Pero Pavlovsky se refiere a su adaptación televisiva *Diecisiete instantes de una primavera*, protagonizada por Viacheslav Tíjonov. Sputnik distribuyó un videomontaje en el que Putin y Stirlitz hablan seria y elegantemente sobre Crimea mientras la exprimera ministra de Ucrania Yulia Timoshenko y su diputada Nadezhda Sávchenko bailan en el escenario y Hillary Clinton aparece completamente borracha.

6. Fancy Bear, Sofacy, Pawn Storm, Strontium, Tsar Team, Sednit, APT28.

7. «The Value of Science Is in the Foresight: New Challenges Demand Rethinking the Forms and Methods of Carrying out Combat Operations», *Military Review*, enero-febrero de 2016.

8. Lo contaba Tomas Rid, uno de los protagonistas, en la revista *Esquire*: «How Russia Pulled Off the Biggest Election Hack in U.S. History», 20 de octubre de 2016.

9. Philip N. Howard, Bence Kollanyi, Samantha Bradshaw y Lisa-Maria Neudert, «Social Media, News and Political Information during the US Election: Was Polarizing Content Concentrated in Swing States?», *COMPROP Data Memo 2017*, Oxford Internet Institute, 28 de septiembre de 2017.

10. El 14 del «código» 1488 invoca las catorce palabras escritas por el fundador del partido nazi estadounidense, George Lincoln Rockwell, antes de ser asesinado por uno de sus propios seguidores en 1967: «We must secure the existence of our people and a future for white children» («Debemos proteger la existencia de nuestra gente y un futuro para los hijos blancos»). El 88 corresponde a la octava letra del alfabeto duplicada: HH o Heil Hitler. Se usa para adornar las manifestaciones de orgullo blanco: WHITE PRIDE WORLD WIDE 1488!

11. Adam Bhala Lough, *Alt-Right: Age of Rage*, documental, 2018.

12. Maria A. Ressa, «Propaganda war: Weaponizing the internet», *Rappler.com*, 3 de octubre de 2016.

13. Samantha Bradshaw y Philip N. Howard, «Troops, Trolls and Troublemakers: A GlobalInventory of Organized Social Media Manipulation», *COMPROP Data Memo 2017*, Oxford Internet Institute, diciembre de 2017.

14. Según datos de Borrell Associates, 2018.

15. Antonio García Martínez, «How Trump Conquered Facebook-Without Russian Ads», *Wired*, 23 de febrero de 2018.

16. Communications Act of 1934, Title 47 United States Code.

17. «Who's Working for Your Vote?», *Our data, our selves*, Tactical Tech, 2017.

18. Bolsonaro le dijo en el Congreso a la diputada del Partido de los Trabajadores Maria do Rosário: «No te voy a violar porque no te lo mereces». También dedicó su voto a favor del *impeachment* de la presidenta Dilma Rousseff al torturador de la dictadura militar y excoronel Carlos Alberto Brillante Ustra.

19. Agnese Marra, «Brasil, el país en el que cada dos horas y media una mujer sufre una violación colectiva», *Público*, 28 de agosto de 2017.

20. Onyx Lorenzoni, diputado federal y eventual jefe de gabinete de Bolsonaro: «Para nosotros, Chile es un ejemplo» (*La Tercera*, 28 de octubre de 2018).

21. Cade Metz, «Forget Apple *vs.* the FBI: WhatsApp Just Switched on Encryption», *Wired*, 5 de abril de 2016.

22. «Datafolha: quantos eleitores de cada candidato usam redes sociais, leem e compartilham notícias sobre política», *Globo.com*, 3 de octubre de 2018.

23. Cristina Tardáguila, Fabrício Benevenuto y Pablo Ortellado, «WhatsApp para contener las noticias falsas en las elecciones brasileñas», *New York Times,* 17 de octubre de 2018.

24. Sophie J. Nightingale, Kimberley A. Wade y Derrick G. Watson, «Can people identify original and manipulated photos of real-world scenes?», *Cognitive Research. Principles and Implications*, 2(30), 18 de julio de 2017.

25. Aner Tal y Brian Wansink, «Blinded with science: Trivial graphs and formulas increase ad persuasiveness and belief in product efficacy», *Public Understanding of Science*, 15 de octubre de 2014.

26. Según el *Urban Dictionary*, una especie de Wikipedia del *slang*.

27. «SJW-tard», intraducible. Mezcla del peyorativo *social justice warrior* («guerreros de la justicia social») y *retard* («retrasado»).

Agradecimientos

Quiero dar las gracias a Ángela Precht, Nuria Padrós y a Gonzalo Frasca por estar conmigo en lo bueno y en lo malo, y a Pedro Bravo por cogerme de la mano en los momentos cruciales. Gracias a Daniel Yustos e Iván García por mejorar todo lo que hago, y a Valerie Miles y Lila Azam Zanganeh por acompañarme con su cariño y sus valiosos consejos. Gracias a Patrick Gyger, Lucy Olivia Smith y Sasha Theroux por devolverme el entusiasmo por mis propios proyectos cuando a mí me falta. Gracias a Manu Brabo por el apoyo, las risas y por la perspectiva heroica. Gracias a Jessica Matus, Romina Garrido y Paty Peña porque en Chile encontré el camino que me llevó a este libro, y a Julia Morandeira y Margarida Mendes porque en su Escuelita encontré la chispa de la que nació. A David Sarabia, Marta Caro y Eduardo García porque sois mi lector ideal. Gracias a Sindo Lafuente por ser un buen jefe en el peor de los tiempos. Gracias a Jose Luis de Vicente, Rosa Ferré y Bani Brusadin por contar conmigo, y a Jose Luis Brea por iluminarme incluso desde la mineralidad absoluta. Estoy en deuda con Neil Postman, Carlo Cipolla, Richard Stallman, Eleanor Saitta, Manuel de Landa, Johanna Drucker, Deyan Sudjic, Friedrich Kittler, Mohammad Salemy, Milton Mayer, James Bridle, Benjamin Bratton, Bruce Schneier y James C. Scott, porque sin ellos no habría podido ver y pensar en lo invisible. Finalmente, tengo la deuda más grande con mi editor, Miguel Aguilar, cuya generosidad, inteligencia y entusiasmo hace que todo tenga sentido.

Descubre tu próxima lectura

Si quieres formar parte de nuestra comunidad,
regístrate en **libros.megustaleer.club**
y recibirás recomendaciones personalizadas